U0185431

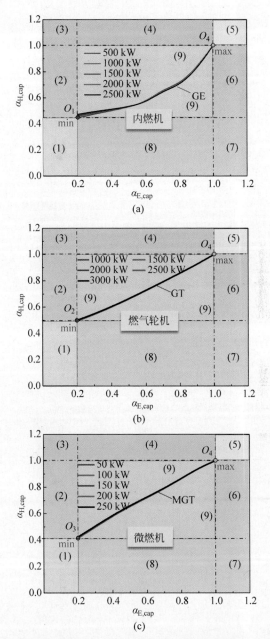

图 2.19　不同装机容量动力设备的 CCHP 系统在无量纲供需匹配图中的负荷输出比例线
(a) 内燃机；(b) 燃气轮机；(c) 微燃机

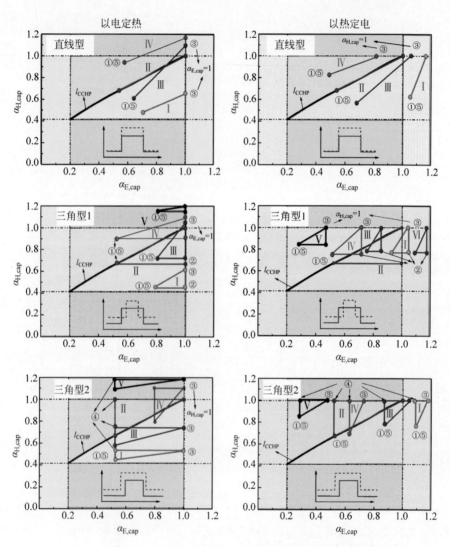

图 2.20　基于不同装机方式下的 53 种普适性负荷供需匹配情景

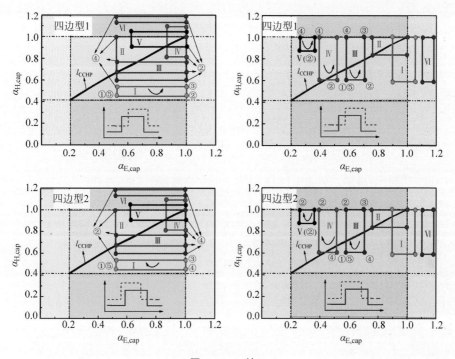

图 2.20 （续）

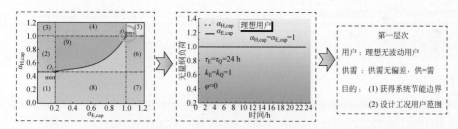

图 2.23 基于供需匹配图系统在设计工况的节能边界和适合用户范围指导

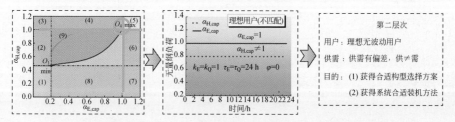

图 2.24 基于供需匹配图系统在设计工况的系统构型和装机容量指导

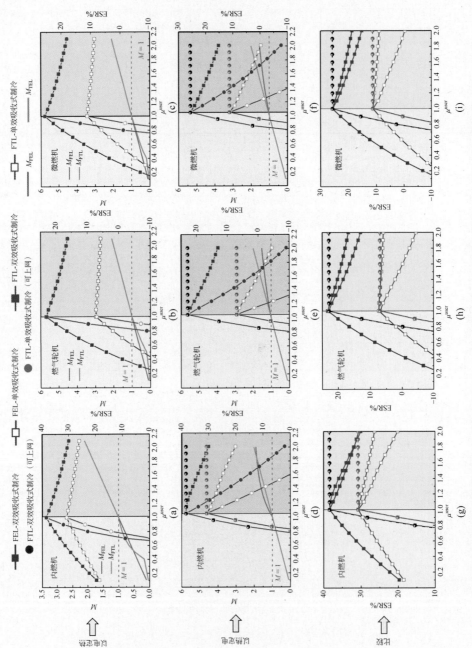

图 3.5　只有冷电供需情景下 6 种系统构型在不同装机方式运行策略下的系统相对节能率比较

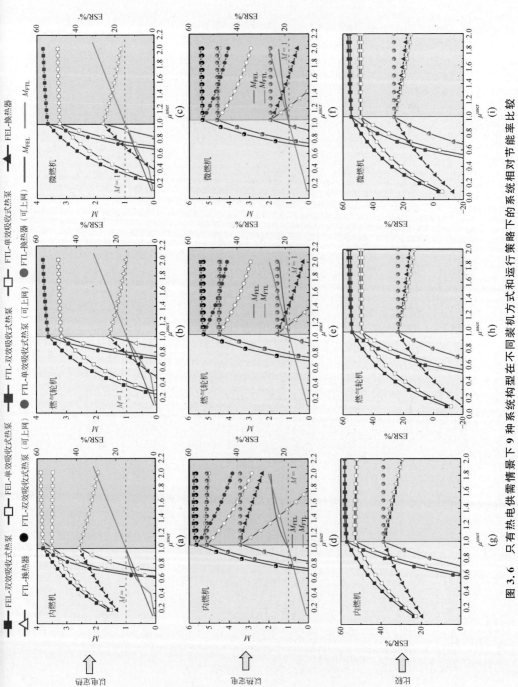

图 3.6 只有热电供需情景下 9 种系统构型在不同装机方式和运行策略下的系统相对节能率比较

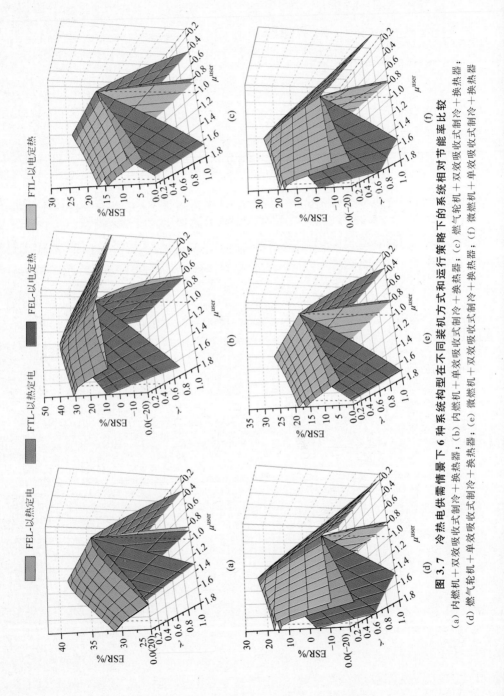

图 3.7 冷热电供需情景下 6 种系统构型在不同装机方式和运行策略下的系统相对节能率能率比较

(a) 内燃机＋双效吸收式制冷＋换热器；(b) 内燃机＋单效吸收式制冷＋换热器；(c) 燃气轮机＋双效吸收式制冷＋换热器；
(d) 燃气轮机＋单效吸收式制冷＋换热器；(e) 微燃机＋双效吸收式制冷＋换热器；(f) 微燃机＋单效吸收式制冷＋换热器

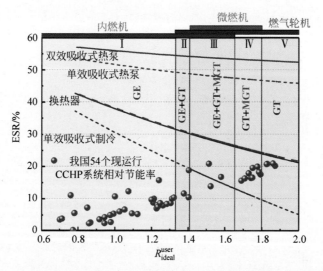

图 3.18 我国现运行的 54 个 CCHP 系统相对节能率在系统边界图中的位置

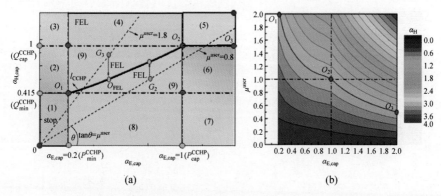

(a)   (b)

图 4.3 FEL 运行策略在供需匹配图上的示意图(a)与不同用户负荷需求下(μ^{user})综合热负荷匹配参数 α_H 随 $\alpha_{E,cap}$ 的变化趋势(b)

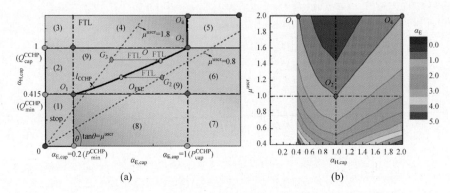

(a)

(b)

图 4.4 FTL 运行策略在供需匹配图上的示意图(a)与不同用户负荷需求下(μ^{user})
电负荷匹配参数 α_E 随 $\alpha_{H.cap}$ 的变化趋势(b)

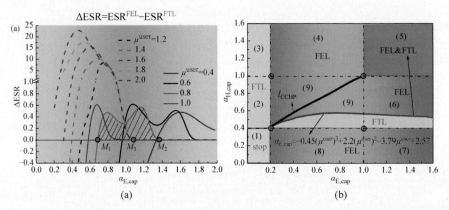

(a)

(b)

图 4.8 不同负荷供需匹配情景下系统选择 FEL 和 FTL 运行策略时系统相对节能率比
较(a)与系统运行策略普适性选择图(b)

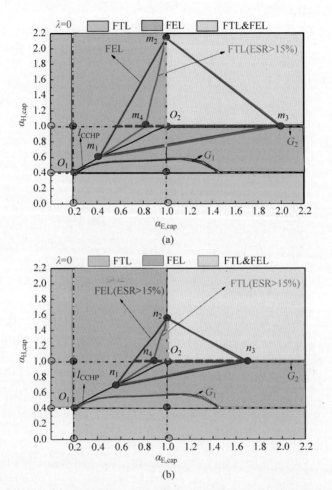

图 4.14　系统在冬季(a)和夏季(b)分别采取 FEL 和 FTL 运行策略时的适合用户范围

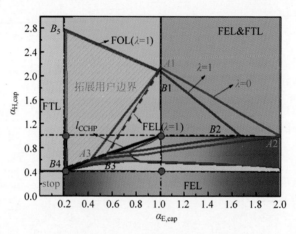

图 4.15 基于运行策略普适性选择图的用户适用范围（ESR≥15%）

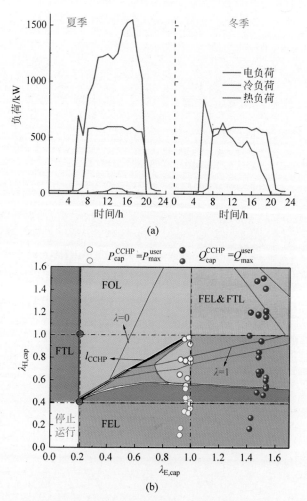

图 4.16 北京某办公楼典型天负荷需求(a)和不同装机模式下在供需匹配图
中的匹配情况(b)

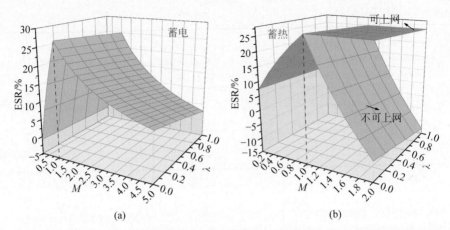

图 5.15　耦合蓄电(a)和蓄热单元(b)后系统相对节能率随用户冷负荷占比变化趋势

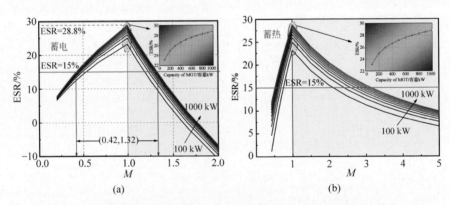

图 5.16　耦合蓄电(a)和蓄热单元(b)后微燃机在不同装机容量下的节能边界

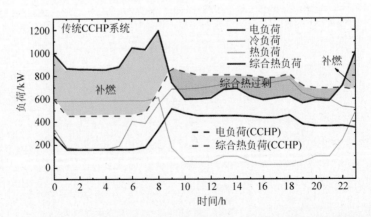

图 6.9　传统 CCHP 系统负荷输出与用户典型天负荷需求间的供需匹配关系

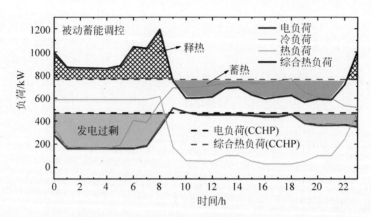

图 6.10 基于被动蓄能的系统负荷输出与用户典型天负荷需求间的供需匹配关系

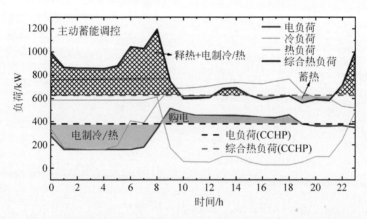

图 6.11 基于主动蓄能的系统负荷输出与用户典型天负荷需求间的供需匹配关系

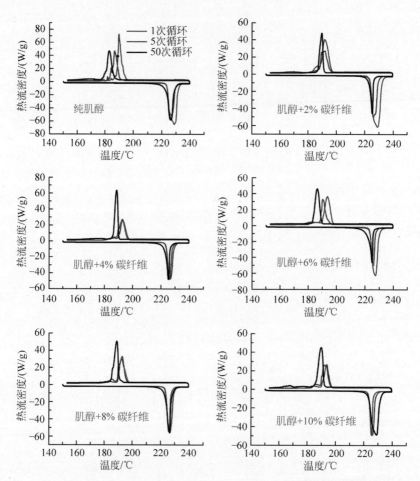

图 7.5　复合相变材料蓄/释循环 1 次、5 次和 50 次后的 DSC 测试图

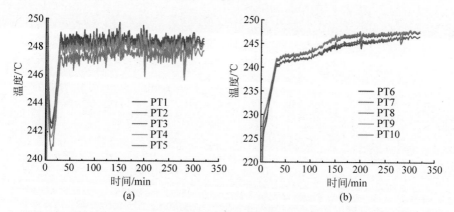

图 7.24 蓄热阶段(248 ℃)分液管上布置热电阻测试温度入口段(a)和出口段(b)

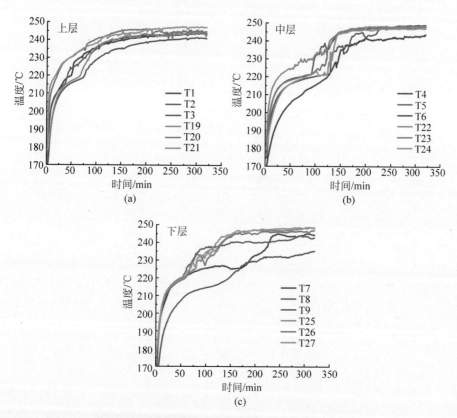

图 7.25 蓄热阶段蓄能罐内上层(a)、中层(b)和下层(c)热电偶温度分布

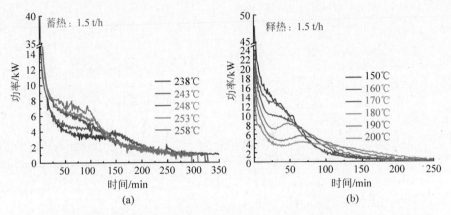

图 7.29　蓄热(a)和释热(b)阶段罐内不同蓄热温度与释热温度下蓄能功率及释能
功率变化趋势

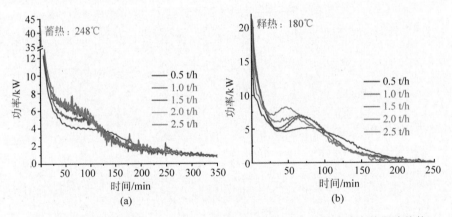

图 7.33　蓄热(a)和释热(b)阶段导热油流量对蓄能功率与释能功率的影响趋势

清华大学优秀博士学位论文丛书

分布式冷热电联供系统协同集成与主动调控方法研究

冯乐军（Feng Lejun）著

Research on the Collaborative Integration
and Active Regulation Methods for
Combined Cooling, Heating, and Power Systems

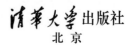
清华大学出版社
北 京

内 容 简 介

本书以系统与用户负荷供需匹配为核心,突破传统案例研究的局限性,揭示了二者负荷耦合与解耦机制,获得了普适性的系统协同集成与主动调控方法。①建立了分布式能源系统与用户通用数学模型,提出了无量纲供需匹配参数,构建了普适性供需匹配图,揭示了不同类型用户与系统的负荷供需匹配机制;②阐释了系统与用户普适性协同集成机制,明确了不同供能情景下系统构型、节能边界、装机及用户筛选模式,获得了普适性协同集成方法;③构筑了普适性运行策略选择图,明确了FEL和FTL两种运行策略的适用情景,提出了能主动改变系统与用户负荷供需比例的FOL优化运行策略;④研制了中温复合相变材料及实验平台,获得了不同调控参数下的蓄/释能实验数据,建立了普适性相变蓄能热阻模型,揭示了不同调控参数下主动蓄能解耦机制,明确了系统耦合不同蓄能形式的适用情景及节能率提高空间。

图书在版编目(CIP)数据

分布式冷热电联供系统协同集成与主动调控方法研究/冯乐军著. —北京:清华大学出版社,2023.8
(清华大学优秀博士学位论文丛书)
ISBN 978-7-302-63110-1

Ⅰ.①分… Ⅱ.①冯… Ⅲ.①热电冷联供-调控措施 Ⅳ.①TK019

中国国家版本馆 CIP 数据核字(2023)第 047582 号

责任编辑:李双双
封面设计:傅瑞学
责任校对:薄军霞
责任印制:宋 林

出版发行:清华大学出版社
  网   址:http://www.tup.com.cn, http://www.wqbook.com
  地   址:北京清华大学学研大厦 A 座   邮   编:100084
  社 总 机:010-83470000   邮   购:010-62786544
  投稿与读者服务:010-62776969,c-service@tup.tsinghua.edu.cn
  质量反馈:010-62772015,zhiliang@tup.tsinghua.edu.cn
印 装 者:三河市东方印刷有限公司
经   销:全国新华书店
开   本:155mm×235mm   印 张:15.75   插 页:8   字   数:291千字
版   次:2023 年 10 月第 1 版   印   次:2023 年 10 月第 1 次印刷
定   价:119.00 元

产品编号:092474-01

一流博士生教育
体现一流大学人才培养的高度(代丛书序)^①

人才培养是大学的根本任务。只有培养出一流人才的高校,才能够成为世界一流大学。本科教育是培养一流人才最重要的基础,是一流大学的底色,体现了学校的传统和特色。博士生教育是学历教育的最高层次,体现出一所大学人才培养的高度,代表着一个国家的人才培养水平。清华大学正在全面推进综合改革,深化教育教学改革,探索建立完善的博士生选拔培养机制,不断提升博士生培养质量。

学术精神的培养是博士生教育的根本

学术精神是大学精神的重要组成部分,是学者与学术群体在学术活动中坚守的价值准则。大学对学术精神的追求,反映了一所大学对学术的重视、对真理的热爱和对功利性目标的摒弃。博士生教育要培养有志于追求学术的人,其根本在于学术精神的培养。

无论古今中外,博士这一称号都和学问、学术紧密联系在一起,和知识探索密切相关。我国的博士一词起源于 2000 多年前的战国时期,是一种学官名。博士任职者负责保管文献档案、编撰著述,须知识渊博并负有传授学问的职责。东汉学者应劭在《汉官仪》中写道:"博者,通博古今;士者,辩于然否。"后来,人们逐渐把精通某种职业的专门人才称为博士。博士作为一种学位,最早产生于 12 世纪,最初它是加入教师行会的一种资格证书。19世纪初,德国柏林大学成立,其哲学院取代了以往神学院在大学中的地位,在大学发展的历史上首次产生了由哲学院授予的哲学博士学位,并赋予了哲学博士深层次的教育内涵,即推崇学术自由、创造新知识。哲学博士的设立标志着现代博士生教育的开端,博士则被定义为独立从事学术研究、具备创造新知识能力的人,是学术精神的传承者和光大者。

---

① 本文首发于《光明日报》,2017 年 12 月 5 日。

博士生学习期间是培养学术精神最重要的阶段。博士生需要接受严谨的学术训练,开展深入的学术研究,并通过发表学术论文、参与学术活动及博士论文答辩等环节,证明自身的学术能力。更重要的是,博士生要培养学术志趣,把对学术的热爱融入生命之中,把捍卫真理作为毕生的追求。博士生更要学会如何面对干扰和诱惑,远离功利,保持安静、从容的心态。学术精神,特别是其中所蕴含的科学理性精神、学术奉献精神,不仅对博士生未来的学术事业至关重要,对博士生一生的发展都大有裨益。

独创性和批判性思维是博士生最重要的素质

博士生需要具备很多素质,包括逻辑推理、言语表达、沟通协作等,但是最重要的素质是独创性和批判性思维。

学术重视传承,但更看重突破和创新。博士生作为学术事业的后备力量,要立志于追求独创性。独创意味着独立和创造,没有独立精神,往往很难产生创造性的成果。1929 年 6 月 3 日,在清华大学国学院导师王国维逝世二周年之际,国学院师生为纪念这位杰出的学者,募款修造"海宁王静安先生纪念碑",同为国学院导师的陈寅恪先生撰写了碑铭,其中写道:"先生之著述,或有时而不章;先生之学说,或有时而可商;惟此独立之精神,自由之思想,历千万祀,与天壤而同久,共三光而永光。"这是对于一位学者的极高评价。中国著名的史学家、文学家司马迁所讲的"究天人之际,通古今之变,成一家之言"也是强调要在古今贯通中形成自己独立的见解,并努力达到新的高度。博士生应该以"独立之精神、自由之思想"来要求自己,不断创造新的学术成果。

诺贝尔物理学奖获得者杨振宁先生曾在 20 世纪 80 年代初对到访纽约州立大学石溪分校的 90 多名中国学生、学者提出:"独创性是科学工作者最重要的素质。"杨先生主张做研究的人一定要有独创的精神、独到的见解和独立研究的能力。在科技如此发达的今天,学术上的独创性变得越来越难,也愈加珍贵和重要。博士生要树立敢为天下先的志向,在独创性上下功夫,勇于挑战最前沿的科学问题。

批判性思维是一种遵循逻辑规则、不断质疑和反省的思维方式,具有批判性思维的人勇于挑战自己,敢于挑战权威。批判性思维的缺乏往往被认为是中国学生特有的弱项,也是我们在博士生培养方面存在的一个普遍问题。2001 年,美国卡内基基金会开展了一项"卡内基博士生教育创新计划",针对博士生教育进行调研,并发布了研究报告。该报告指出:在美国和欧洲,培养学生保持批判而质疑的眼光看待自己、同行和导师的观点同样非常不容易,批判性思维的培养必须成为博士生培养项目的组成部分。

对于博士生而言,批判性思维的养成要从如何面对权威开始。为了鼓励学生质疑学术权威、挑战现有学术范式,培养学生的挑战精神和创新能力,清华大学在 2013 年发起"巅峰对话",由学生自主邀请各学科领域具有国际影响力的学术大师与清华学生同台对话。该活动迄今已经举办了 21 期,先后邀请 17 位诺贝尔奖、3 位图灵奖、1 位菲尔兹奖获得者参与对话。诺贝尔化学奖得主巴里·夏普莱斯(Barry Sharpless)在 2013 年 11 月来清华参加"巅峰对话"时,对于清华学生的质疑精神印象深刻。他在接受媒体采访时谈道:"清华的学生无所畏惧,请原谅我的措辞,但他们真的很有胆量。"这是我听到的对清华学生的最高评价,博士生就应该具备这样的勇气和能力。培养批判性思维更难的一层是要有勇气不断否定自己,有一种不断超越自己的精神。爱因斯坦说:"在真理的认识方面,任何以权威自居的人,必将在上帝的嬉笑中垮台。"这句名言应该成为每一位从事学术研究的博士生的箴言。

提高博士生培养质量有赖于构建全方位的博士生教育体系

一流的博士生教育要有一流的教育理念,需要构建全方位的教育体系,把教育理念落实到博士生培养的各个环节中。

在博士生选拔方面,不能简单按考分录取,而是要侧重评价学术志趣和创新潜力。知识结构固然重要,但学术志趣和创新潜力更关键,考分不能完全反映学生的学术潜质。清华大学在经过多年试点探索的基础上,于 2016 年开始全面实行博士生招生"申请-审核"制,从原来的按照考试分数招收博士生,转变为按科研创新能力、专业学术潜质招收,并给予院系、学科、导师更大的自主权。《清华大学"申请-审核"制实施办法》明晰了导师和院系在考核、遴选和推荐上的权力和职责,同时确定了规范的流程及监管要求。

在博士生指导教师资格确认方面,不能论资排辈,要更看重教师的学术活力及研究工作的前沿性。博士生教育质量的提升关键在于教师,要让更多、更优秀的教师参与到博士生教育中来。清华大学从 2009 年开始探索将博士生导师评定权下放到各学位评定分委员会,允许评聘一部分优秀副教授担任博士生导师。近年来,学校在推进教师人事制度改革过程中,明确教研系列助理教授可以独立指导博士生,让富有创造活力的青年教师指导优秀的青年学生,师生相互促进、共同成长。

在促进博士生交流方面,要努力突破学科领域的界限,注重搭建跨学科的平台。跨学科交流是激发博士生学术创造力的重要途径,博士生要努力提升在交叉学科领域开展科研工作的能力。清华大学于2014年创办了"微沙龙"平台,同学们可以通过微信平台随时发布学术话题,寻觅学术伙伴。3年来,博士生参与和发起"微沙龙"12 000多场,参与博士生达38 000多人次。"微沙龙"促进了不同学科学生之间的思想碰撞,激发了同学们的学术志趣。清华于2002年创办了博士生论坛,论坛由同学自己组织,师生共同参与。博士生论坛持续举办了500期,开展了18 000多场学术报告,切实起到了师生互动、教学相长、学科交融、促进交流的作用。学校积极资助博士生到世界一流大学开展交流与合作研究,超过60%的博士生有海外访学经历。清华于2011年设立了发展中国家博士生项目,鼓励学生到发展中国家亲身体验和调研,在全球化背景下研究发展中国家的各类问题。

在博士学位评定方面,权力要进一步下放,学术判断应该由各领域的学者来负责。院系二级学术单位应该在评定博士论文水平上拥有更多的权力,也应担负更多的责任。清华大学从2015年开始把学位论文的评审职责授权给各学位评定分委员会,学位论文质量和学位评审过程主要由各学位分委员会进行把关,校学位委员会负责学位管理整体工作,负责制度建设和争议事项处理。

全面提高人才培养能力是建设世界一流大学的核心。博士生培养质量的提升是大学办学质量提升的重要标志。我们要高度重视、充分发挥博士生教育的战略性、引领性作用,面向世界、勇于进取,树立自信、保持特色,不断推动一流大学的人才培养迈向新的高度。

清华大学校长

2017 年 12 月

丛书序二

以学术型人才培养为主的博士生教育,肩负着培养具有国际竞争力的高层次学术创新人才的重任,是国家发展战略的重要组成部分,是清华大学人才培养的重中之重。

作为首批设立研究生院的高校,清华大学自 20 世纪 80 年代初开始,立足国家和社会需要,结合校内实际情况,不断推动博士生教育改革。为了提供适宜博士生成长的学术环境,我校一方面不断地营造浓厚的学术氛围,一方面大力推动培养模式创新探索。我校从多年前就已开始运行一系列博士生培养专项基金和特色项目,激励博士生潜心学术、锐意创新,拓宽博士生的国际视野,倡导跨学科研究与交流,不断提升博士生培养质量。

博士生是最具创造力的学术研究新生力量,思维活跃,求真求实。他们在导师的指导下进入本领域研究前沿,吸取本领域最新的研究成果,拓宽人类的认知边界,不断取得创新性成果。这套优秀博士学位论文丛书,不仅是我校博士生研究工作前沿成果的体现,也是我校博士生学术精神传承和光大的体现。

这套丛书的每一篇论文均来自学校新近每年评选的校级优秀博士学位论文。为了鼓励创新,激励优秀的博士生脱颖而出,同时激励导师悉心指导,我校评选校级优秀博士学位论文已有 20 多年。评选出的优秀博士学位论文代表了我校各学科最优秀的博士学位论文的水平。为了传播优秀的博士学位论文成果,更好地推动学术交流与学科建设,促进博士生未来发展和成长,清华大学研究生院与清华大学出版社合作出版这些优秀的博士学位论文。

感谢清华大学出版社,悉心地为每位作者提供专业、细致的写作和出版指导,使这些博士论文以专著方式呈现在读者面前,促进了这些最新的优秀研究成果的快速广泛传播。相信本套丛书的出版可以为国内外各相关领域或交叉领域的在读研究生和科研人员提供有益的参考,为相关学科领域的发展和优秀科研成果的转化起到积极的推动作用。

感谢丛书作者的导师们。这些优秀的博士学位论文，从选题、研究到成文，离不开导师的精心指导。我校优秀的师生导学传统，成就了一项项优秀的研究成果，成就了一大批青年学者，也成就了清华的学术研究。感谢导师们为每篇论文精心撰写序言，帮助读者更好地理解论文。

感谢丛书的作者们。他们优秀的学术成果，连同鲜活的思想、创新的精神、严谨的学风，都为致力于学术研究的后来者树立了榜样。他们本着精益求精的精神，对论文进行了细致的修改完善，使之在具备科学性、前沿性的同时，更具系统性和可读性。

这套丛书涵盖清华众多学科，从论文的选题能够感受到作者们积极参与国家重大战略、社会发展问题、新兴产业创新等的研究热情，能够感受到作者们的国际视野和人文情怀。相信这些年轻作者们勇于承担学术创新重任的社会责任感能够感染和带动越来越多的博士生，将论文书写在祖国的大地上。

祝愿丛书的作者们、读者们和所有从事学术研究的同行们在未来的道路上坚持梦想，百折不挠！在服务国家、奉献社会和造福人类的事业中不断创新，做新时代的引领者。

相信每一位读者在阅读这一本本学术著作的时候，在吸取学术创新成果、享受学术之美的同时，能够将其中所蕴含的科学理性精神和学术奉献精神传播和发扬出去。

清华大学研究生院院长

2018 年 1 月 5 日

导师序言

国家"双碳"战略的提出是为应对气候变化向世界做出的庄重承诺,也是我国建设生态文明、寻求高质量发展和建设社会主义现代化强国深思熟虑的重大抉择。这意味着要进行一场深刻、系统的社会变革,能源供给侧碳减排是这场变革的主战场,而突破口就在于能源结构的深刻变革。能源结构的转变必将带来供能方式的变革,终端用能将通过分布式与集中式供能方式的有机结合来保障。分布式能源系统作为能源领域的前沿技术,在节能、经济和碳排放方面较传统供能模式均具有较大的优势。同时,系统临近用户,减少了能量输送损失,具有高效、可靠和灵活等特点,是新型能源系统的支撑技术,也是将来智慧能源网的主要能源组成形式。然而,由于对系统与用户间的负荷供需匹配机制尚不清楚,缺乏量化认识,从而面对不同类型和气候区域内的用户负荷需求,无法给出通用性的系统集成设计和变工况调控指导。

在这样的研究背景下,依托于国家重点研发项目《多能互补与综合梯级利用的分布式能源系统》,冯乐军建立了分布式能源系统与用户通用数学模型,提出了无量纲供需匹配参数,构建了普适性供需匹配图,揭示了不同类型用户与系统的负荷供需匹配机制,明确了不同供能情景下系统构型、节能边界、装机及用户筛选模式,获得了普适性协同集成方法;同时,构筑了普适性运行策略选择图,明确了系统不同运行策略的适用情景,提出了能主动改变系统与用户负荷供需比例的优化运行策略。研制了中温复合相变材料及实验平台,获得了不同调控参数下的蓄/释能实验数据,建立了普适性相变蓄能热阻模型,揭示了不同调控参数下主动蓄能解耦机制,明确了系统耦合不同蓄能形式的适用情景及节能率提高空间。以上创新成果已在 *Energy Conversion and Management*、*Applied Thermal Engineering* 等重要学术期刊发表。

本书值得从事分布式能源系统与储能研究的科研人员深度阅读,不仅可以使读者了解到当前分布式能源系统研究的热点与难点,亦可引领读者思考该领域的未来趋势及相关研究方法。也衷心希望本书描述的一些新思路、新方法、新手段能够惠及更多创新者,本书字里行间所体现的冯乐军博士的辛勤耕耘能够鼓舞更多探索者。

是为序。

史　琳

清华大学能源与动力工程系

2023 年 10 月

摘　要

分布式冷热电联供系统作为能源领域的前沿技术,在节能、经济和减少碳排放方面较传统供能模式均具有较大优势。面对多类型、多气候区域和逐时波动的负荷需求,合理的系统集成设计与变工况调控是提高系统性能的关键。本书以系统与用户负荷供需匹配为核心,突破传统案例研究的局限性,揭示了二者负荷耦合与解耦机制,获得了普适性的系统协同集成与主动调控方法。

系统与用户协同集成方面:提炼出反映用户负荷需求大小与波动的负荷特征参数,建立了用户负荷普适性模型,并提出用户归类方法(直线型、三角型和四边型)。基于系统与用户全工况负荷供需平衡关系,提出了无量纲供需匹配参数和普适性供需匹配图,明确了不同供能情景下系统构型设计方法、"以热定电"和"以电定热"装机方法的适用情景、不同构型系统节能边界及适合的用户范围。此外,定量分析了系统分别耦合蓄热、蓄电和协同蓄能单元的集成系统与用户负荷供需匹配关系,对比分析了不同蓄能形式在不同供能情景下的装机方法及对系统相对节能率的提高空间,从而明确了适合耦合蓄能单元的供能情景及蓄能形式。

系统主动调控方面:基于系统与用户的供需匹配关系,明确了电跟随(FEL)和热跟随(FTL)两种常规调控方式的适用情景;同时,提出了能主动改变系统与用户负荷供需比例的FOL优化运行策略,从而针对不同供能情景构筑了包含FEL、FTL、FOL三种系统变工况调控方式的普适性运行策略选择图。此外,对比分析了位于系统不同蓄能位置的主动与被动蓄能调控的本质区别,揭示了蓄能对系统冷热电负荷的解耦机制,提出了耦合中温蓄热单元的系统主动蓄能调控方法。同时,从中温蓄热单元实际蓄/释热特性出发,研制了高蓄能密度、高热导率的复合相变材料,并搭建了蓄热量为60~80 MJ的中温相变蓄能实验平台,获得了不同调控参数下的蓄/释能实验数据;建立了通用性相变蓄能热阻模型,分析了设计及调控参数对蓄/释能特性的影响规律,从而提出了串联式和并联式两种不同的相变蓄能调控方式。

关键词：分布式冷热电联供系统；协同集成；主动调控；供需匹配关系；蓄能

Abstract

As a leading technology in the field of energy reduction, combined cooling, heating, and power (CCHP) systems has great advantages over the traditional energy supply mode in energy savings, economical savings and carbon dioxide emissions reduction. Due to the multi-type, multi-climate and hourly fluctuation load demand of users, reasonable system integration design and off-design regulation methods are the key to improve the system performance. Therein, in this book, based on the energy matching performance between the CCHP systems load output and user requirement, and breaking through the traditional case studies, the load coupling and decoupling mechanism between systems and users are revealed, and the universal methods of collaborative integration and active regulation are obtained, respectively.

In terms of the collaborative integration method: the load demand characteristic parameters that reflect the load demand amount and hourly fluctuation for users were extracted, and comprehensive mathematical models of the load demands of users in a typical dat were established based on the simplified square wave demands, and three categories CCHP users were categorised (L-user, T-user and Q-user) based on the time-related parameters. Meanwhile, according to the proposed dimensionless load-matching parameters, a load-matching map was drawn (including 9 energy-matching sub-regions) and 53 types load-matching relations for the three categories users were constructed based on two different capacity design methods. Then the system configuration design method under different energy-matching scenarios, the applicable situation for "priority to providing electricity" and "priority to providing thermal energy" capacity sizing schemes, energy savaing boundaries and the suitable users for CCHP systems were explicated, respectively. Meanwhile, from the point of ideal energy storage systems, thermal energy storage system

(TESS), electric energy storage system (EESS), and hybrid energy storage system (HESS) were coupled with a conventional CCHP system, respectively, and the capacity sizing schemes and energy-matching performance for different system configurations are analysed quantitatively, and a performance comparison is conducted to select the most suitable energy storage coupling configurations for different climate zones of China.

In terms of the active regulation method: Based on the energy-matching performance between the load demands of users and provision of CCHP systems, two operating strategies, following the electric load (FEL) and following the thermal load (FTL) strategies, were compared and analyzed and their suitable application scenarios were also calculated. Meanwhile, the optimal operation strategy (FOL) was proposed with the goal of achieving "self-sufficiency" of cooling load of the system. And based on the FEL, FTL, and FOL operation strategies, the comprehensive operation strategy map was drawn to guide systems running in the off-design condition, which were suitable for different energy-matching performance in ESR, CO_2 emission reduction (CO_2 ER), and operation cost reduction (CostR). Moreover, the essential difference between active and passive energy storage regulation method in different energy storage positions of the system was compared and analyzed, and the decoupling mechanism of energy storage on the cooling, heating and electric load of the system was revealed, and the active energy storage regulation method of the system coupled with medium temperature heat storage unit was proposed. Meanwhile, a composite phase change material with high energy storage density and high thermal conductivity was developed based on the actual heat storage/release characteristics of the medium temperature heat storage unit, and an experimental platform for medium temperature phase change energy storage with a heat storage capacity of $60\sim80$ MJ was built to obtain experimental data of energy storage/release under different control parameters. A universal thermal resistance model for phase change energy storage was established, and the effects of design and control parameters on energy storage/release characteristics were also analyzed. Then two different kinds of phase change energy storage regulation methods, serial and parallel, were proposed.

Key words: Combined Cooling, Heating, and Power (CCHP) systems; Collaborative integration; Active Regulation; Energy Matching Performance; Energy Storage

主要符号对照表

英文字母变量

A	品位
C	冷负荷,kW
COP	制冷机性能系数
E	蓄/释能功率,kW
F	燃料,kg
f	动力机组变工况负荷率
H	热负荷,kW
k	峰谷比
L	用户冷、热、电负荷归一化参数
M	供需匹配参数
n	换热管数
NTU	传热单元数
Nu	努塞尔数
Pr	普朗特数
P	电负荷,kW
Q	综合热负荷,kW
Re	雷诺数
R	热电比
r	半径,mm
T	温度,℃
V	蓄能体积,m^3

缩写

AC	吸收式制冷机
AHP	吸收式热泵
AU	辅助补燃单元
CF	蓄能单元内填充蓄能材料的体积与系统总体积之比

CHP	分布式热电联供系统
CCHP	分布式冷热电联供系统
CO_2ER	CCHP 相对传统分产系统 CO_2 排放减少率
CostR	CCHP 相对传统分产系统运行费用减少率
ESR	相对节能率
EESS	蓄电系统
ESS	蓄能系统
EC	电制冷系统
FEL	电跟随运行策略
FTL	热跟随运行策略
FOL	优化运行策略
GE	内燃机
GT	燃气轮机
HTF	换热流体
HRS	余热回收系统
HX	换热器
HAVC	空调系统
MGT	微燃机
ORC	有机朗肯循环
PCM	相变材料
PGU	动力发电单元
PPE	以电定热
PPT	以热定电
TESS	蓄热系统

希腊字母

α	无量纲供需匹配参数
ε	传热有效度
η	发电效率
φ	峰谷错位时长,h
λ	用户冷负荷需求占比
μ	用户与系统额定热电比的比值
ρ	蓄能密度,MJ/m^3
τ	峰负荷持续时长,h
ξ	动力发电单元热损失系数

上标

Boiler	余热锅炉
C	冷负荷
c	蓄热
cap	额定容量
d	释热
E	电
excess	系统产生过剩负荷
EC	电制冷
f	燃料
grid,buy	从电网购买电量
H	热
nom	额定工况
rec	余热回收
wall	换热管

下标

aver	平均
i	小时
max	峰负荷
min	谷负荷

目　录

第1章 绪　　论

1.1　研究背景与意义

能源作为重要的物质基础始终伴随着人类社会物质的丰富与文明的进步,自 18 世纪第一次工业革命开始,人类对能源的需求急剧增加。根据《BP 世界统计年鉴 2018》[1],1965—2018 年,在人类能源消耗框架中,煤、石油、天然气一直占有着较大的消耗比例(90% 左右),如图 1.1 所示。其中,2018 年全球煤、石油、天然气的消费量分别为 3772.1×10^6 toe、4662.1×10^6 toe 和 3309.4×10^6 toe,这为化石燃料的开采与供应带来了巨大的压力。以石油为例,2018 年全球石油产量增长为 220×10^4 bbl/d,而平均消费增长高达 140×10^4 bbl/d,超过历史平均水平。虽然从 2003 年开始,各国开始注意可再生能源的开发与利用,但其在能源消费中的占比不到 5%,2018 年最高仅为 4.04%。因此,可再生能源的开发与利用还有很长的路要走。而我国随着经济的发展,对能源的需求日趋增长,能源与环保问题给我国可持续发展的国家发展战略带来巨大挑战。2018 年年底,我国能源消费增长 4.3%,仍然是世界上最大的能源消费国(占比 24%),连续 18 年

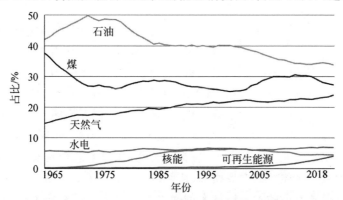

图 1.1　1965—2018 年世界一次能源消费占比[1]

占据榜首。很长时间内,我国的能源消费结构很不合理,煤始终占据主导,而天然气、可再生能源、核能和清洁能源的消费比例很小。

与此同时,一次能源的消耗也带来了严重的环境污染和温室效应问题,如温室气体排放、酸雨、雾霾等。如图 1.2 所示为全球和我国 2007—2017 年 CO_2 排放量,可以看出,随着一次能源消耗的日趋增加,CO_2 排放量也在逐渐增加。其中,2017 年全球 CO_2 排放量为 $33\,444\times10^6$ t,达到历年最高。由于煤占据较大的消费比例,且燃烧等量煤其 CO_2 排放量比石油和天然气大很多,因此我国 CO_2 排放量在全球一直占据较大比例,如图 1.2 所示。2017 年我国 CO_2 排放量为 9232.6×10^6 t,占全球 CO_2 排放量的 27.61%,为世界榜首。作为世界最大的发展中国家,随着工业化和城镇化的发展,未来 10~20 年将持续有大量的能源消耗与 CO_2 排放。

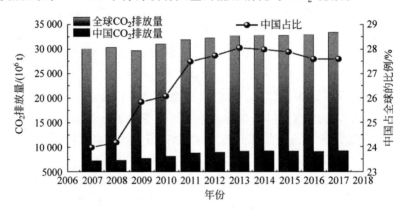

图 1.2　2007—2017 年全球和我国 CO_2 排放量[1]

此外,建筑在终端能耗中占有较大比例。《中国建筑能耗研究报告(2018 年)》[2]首次公开全国建筑碳排放数据,2016 年我国建筑能源消耗总量为 8.99×10^8 t 标准煤,占总能源消费的 20.6%,而碳排放占 19.0%,主要来源于电力碳排放。目前,我国电力供应主要为大容量、高参数、集中式的发展模式。如图 1.3 所示为我国 2013—2018 年 5 年同期的电力装机容量变化趋势[3],可以看出,2018 年达到 17.2×10^8 kW,其中火电占 63.95%,风电占 9.88%。过于追求大规模发电,不适合具有不连续、不稳定特点的可再生能源的发展模式,从而造成了大面积的弃光和弃风现象,同时也加重了源网荷的不平衡。大型发电设备要求能够稳定发电,即使以提高煤耗来降低出力的调控也十分有限,无法满足越来越不均衡的需求侧波动,特别是与气温有关的波动。同时,巨大的调峰电力设施(调峰电厂及相应的输配电设施)全年实际效用很低,构成了沉重的经济负担。此外,远距离输送有将近 5% 的电力损失,也会造成大规模停电的安全隐患,如 2008年我国南方雪灾停电事件,1977 年和 2019 年美国纽约两次大面积停电事件,英国伦敦"8·28"、莫斯科"5·25"和韩国"9·15"大停电事件。

建筑用户的冷负荷主要通过电制冷的方式获得。其中,我国 15% 左右的耗电量来源于制冷空调,在某些一线城市这个数字可高达 40%。夏季空调使用地区常发生严重缺电现象,为保民生,相关部门常对工业用电进行拉闸限电,但这也会影响实际生产。对于热负荷,我国北方约 80% 的城镇采用不同规模的集中式供热,每平方米建筑供暖能耗达 15 kg 标准煤。

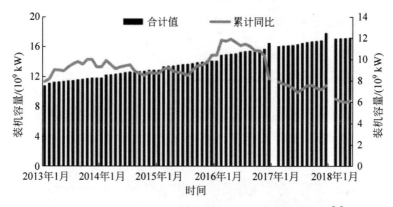

图 1.3 2013—2018 年同期我国电力装机容量变化趋势[3]

由上述传统集中供能模式可以看出,获取冷热电负荷的过程会面临高能耗、高污染和高碳排放的能源利用问题。因此,亟须发展节能减排新型供能模式。

1.2 分布式冷热电联供系统研究现状

1.2.1 分布式冷热电联供系统概述

分布式冷热电联供系统(combined cooling,heating and power,CCHP)是在热电联供系统(combined heating and power,CHP)的基础上发展而来的,动力发电机组的余热分别驱动吸收式制冷机和换热器制冷与制热,同时向用户提供冷热电负荷。系统遵循"温度对口,梯级利用"的系统集成原则[4-5],如图 1.4 所示,燃料燃烧释放出来的高温热能(900～1200 ℃)首先通过动力设备发电,效率可以达到 20%～40%;动力机组的排烟余热(中低温)可驱动吸收式制冷或热泵系统获得冷或热负荷,0～100 ℃的低温余热可在换热器中换热以提供热负荷或生活用水,从而实现能源的梯级利用。

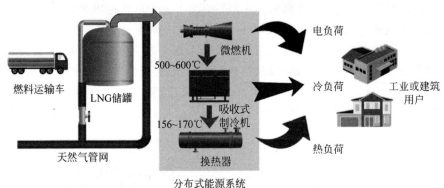

图 1.4 典型的分布式冷热电联供系统(CCHP)示意图

此外,相较于传统的集中式供能模式,分布式冷热电联供系统具有小型模块化特点,易与多项技术耦合,如图 1.5 所示。例如,系统可选择内燃机、

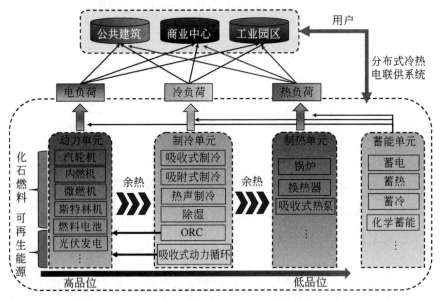

图 1.5 CCHP 系统能量梯级利用及与多技术耦合示意图

燃气轮机、微燃机、斯特林机、热声发电机和燃料电池等发电设备,吸收式制冷、吸附式制冷和除湿设备、吸收式热泵等余热利用技术,超级电容器,化学蓄能、相变蓄热、冷等蓄能技术。同时,系统安装临近用户,减少了远距离负荷输送损失的同时也保障了负荷供应的安全可靠性,可实现 80% 以上的一次能源利用率。此外,分布式冷热电联供系统不仅可以输出多种负荷,也适合多种能源输入,如天然气、煤等化石能源和太阳能、地热、生物质等可再生能源,同时也适合于多种用户,如冶金、化工等过程,电子、食品、制药等工业园区,大型公共建筑、商业建筑等。

1.2.2　分布式冷热电联供系统国外研究现状

　　分布式冷热电联供系统于 20 世纪 80 年代兴起于美国,在日本、欧洲等发达国家也得到了快速发展,在部分国家已成为电力系统发展的主要方式。1978 年,美国颁发了《公共事业政策管理法》(PURPA),允许从小型发电企业购电,从而刺激了分布式冷热电联供系统的发展[6-8]。1995 年,系统在美国的装机容量从 1980 年的 12 GW 增加到 45 GW,增长速率为 2.2 GW/a。然而,20 世纪 90 年代中期,美国政府引进了自由市场的概念,分布式冷热电联供系统发展缓慢,1995—1998 年 3 年期间,装机容量只增加了 1 GW。1998 年,政府出台了一系列的政策激励分布式冷热电联供系统的发展,其中包括美国能源部(DOE)、美国国家环境保护局(EPA)和热电联产协会(CHPA)共同颁发的"热电联产系统挑战计划"[9],预计到 2010 年系统装机容量提高到 92 GW。1999 年,美国能源部制定了"分布式能源系统 2020 纲领",明确了分布式冷热电联供系统的发展时间规划表[10-11],并提出"三步走"计划:2005 年,全面实现系统上网;2010 年,25% 新建建筑和 10% 的已有商业与工业建筑供能由分布式冷热电联供系统提供,2020 年,该比例分别提高到 50% 和 25%。2009 年,美国能源部大力推广智能电网和可再生能源的发展,分别减免和缩短分布式冷热电联供系统投资税收和折旧年限,简化审批程序。截至 2016 年,美国分布式冷热电联供系统已达 6000 多座,总装机容量超过 90 GW,占全国发电总量的 14%,其中天然气分布式冷热电联供系统占 4.1%[12]。

　　受限于高昂的天然气价格,分布式冷热电联供系统在日本主要以热电联产和分布式光伏发电为主。截至 2003 年,日本已有 2915 座分布式冷热电联供系统,约占全国发电总量的 13.4%。其中,应用于商业和工业建筑的装机容量分别为 1429 MW 和 5074 MW[12-13]。随后,一些激励政策也相继出台来推动分布式能源系统的发展。例如,允许系统发的电上网或售给第三方,且上网价格高于火电机组。另外,1998 年日本政府发布了《环境保护白皮书》,指出在 2010 年将温室气体排放量降到 6％,其中分布式冷热电联供系统是减少碳排放的主要手段。

分布式冷热电联供系统在欧盟的发展主要依赖政策和规范支撑,主要为设计规范、发展目标、碳排放交易规则、电力和天然气交易准则和市场定价等[12-13]。各成员国之间也制订了详细的微网研究计划,并搭建了不同规模的微网平台,推动了分布式冷热电联供系统的发展。系统在欧盟的发展无论是在规模还是在定位上呈现出多样性,主要由各国的政策、自然资源和电力市场等决定。截至 2004 年,欧盟总共有 9000 多套分布式冷热电联供系统,装机容量为 74 GW,占欧洲总发电量的 13％[14-15]。其中,德国、丹麦和荷兰的分布式系统发电总量分别占总发电量的 38％、53％和 38％。丹麦是对分布式冷热电联供系统推广力度最大的国家,政府先后签发了《供热法》和《电力供应法》给予项目投资补贴和调度优先。德国政府先后在 2000年和 2002 年颁布了《可再生能源法》和《热电法》,通过灵活的电价调整机制和政府补贴激励分布式冷热电联供系统的发展。截至 2011 年,德国光伏发电总量达到 24.7 GW,分布式光伏占 80％,通过能源转型,德国可再生能源发电占全部电力比例逐年上升,2020 年上半年,其可再生能源电力使用量创纪录,比例突破 50％。通过强有力的宣传和明确、积极的政策支撑,并加强电力市场自由化,分布式冷热电联供系统在荷兰取得了巨大的成功,这些政策包括燃料免税、政府财政补贴、供热免税等。

1.2.3　分布式冷热电联供系统国内研究现状

我国分布式冷热电联供系统的研究与发展相较发达国家起步较晚,尚处于起步阶段。针对巨大的能源需求与严峻的环境污染问题,近些年分布式冷热电联供系统在我国有了飞速的发展,特别是在建筑与工业领域得到了广泛应用,分布式能源系统也被列入我国能源领域国家中长期科学和技术发展规划纲要(2006—2020 年)的四项前沿技术之一[16]。分布式冷热电联供系统在我国提出已有 30 余年,项目研究与实践已有 15 年。如图 1.6所示,我国天然气分布式冷热电联供系统初期发展缓慢,2008 年之后开始迅速发展,近年来呈爆发式增长,主要分布在上海、北京、江苏等经济发达及天然气和可再生能源有保障地区[17-18]。如图 1.7 所示,从系统装机容量看,2009 年之后有了较快增长,截至 2014 年 10 月,累计装机容量为 971 MW,相比我国 2020 年 5000×10^4 kW 的目标相差较远。

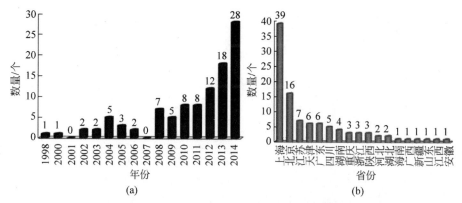

图 1.6　我国天然气分布式冷热电联供系统数量和各省的项目情况[17-18]

（a）天然气分布式能源项目数量；（b）国内各省份发展分布式能源项目情况

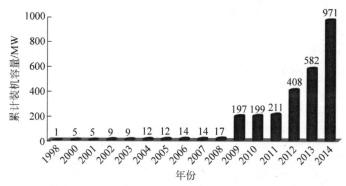

图 1.7　我国天然气分布式冷热电联供系统累计装机容量[17-18]

如图 1.8 所示，我国早期的天然气分布式冷热电联供系统都以楼宇型项目居多，如商业中心、工业用户和医院等，随着通信行业的飞速发展，数据

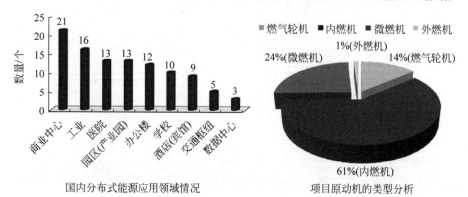

国内分布式能源应用领域情况　　　　项目原动机的类型分析

图 1.8　我国天然气分布式冷热电联供系统应用领域情况和项目原动机类型

中心项目成为近年来重点发展的领域之一(智能微网)。此外,目前动力机组主要以内燃机为主(61%),其次为微燃机(24%)和燃气轮机(14%)(见图1.8)。

政策方面,我国从1997年开始颁发了一系列的政策来激励分布式能源系统的发展,随着时间历程的推进,相关政策归纳于表1.1中。

表1.1　我国关于发展分布式能源系统相关政策

年份	文　件	内　容
1997	《中华人民共和国节约能源法》	明确发展冷热电联产技术
2000	《关于发展热电联产的规定》	提出系统节能指标
2004	《节能专项规定》	提出冷热电联产系统加强夏季冷负荷输出
2006	《"十一五"十大重点节能工程实施意见》	鼓励建设热电冷联供机组
2008	《中华人民共和国节约能源法》	提出分布式发电调度管理规定
2010	《国家能源局关于对〈发展天然气分布式能源的指导意见〉征求意见的函》	到2020年,装机容量达到5000×10^4 kW
2011	《关于发展天然气分布式能源的指导意见》	2015年前完成天然气分布式能源主要装备研制
2013	《分布式发电管理暂行办法》	分布式发电以自发自用为主,多余电量上网,电网调剂余缺。电网企业应保证分布式发电多余电量的优先上网和全额收购
2013	《能源发展"十二五"规划》	首次提出大力发展分布式能源,要求到2015年建成1000个天然气分布式能源项目
2017	《能源发展"十三五"规划》	提到优先发展分布式光伏发电

作为一个多能源输入、多能源输出的多部件耦合的复杂能源系统,我国对分布式冷热电联供系统的研究在系统集成和调控方面尚存在较多问题。系统集成方面,关键技术研发不成熟,特别是动力发电设备普遍依赖进口;集成技术不成熟,只是简单设备的组合,存在余热利用的温度断层,低温余热利用不充分,与可再生能源的互补局限在于低温热利用,构建的系统尚未有效实现能源的梯级利用;系统往往装机容量过大,造成"大马拉小车"现

象,且长期处于偏离额定工况运行状态,导致我国现有实施的项目普遍存在节能率不高的问题。系统调控方面,更多的是系统局部部件的调控,面对不同类型的用户负荷需求缺乏有效的系统变工况调控手段,大量的负荷需要额外补充。因此,为了解决当前分布式冷热电联供系统存在的技术难题,有必要深入研究系统集成与调控原理及方法。

1.3 分布式冷热电联供系统集成方法现状与分析

分布式冷热电联供系统(CCHP)主要由动力单元(发电)和余热回收单元(制冷、制热)两部分组成。动力发电单元(power generation unite,PGU)是系统的重要组成部分,在系统中扮演着"大脑"的角色。因此,系统发电设备的选择对 CCHP 系统能否达到预期节能效果起着至关重要的作用。常见的 CCHP 系统动力发电设备包括往复式内燃机、蒸汽轮机、燃气轮机、微燃机、燃料电池和斯特林机等。表 1.2 为这些动力设备基本的特征参数[19-21]。可以看出,不同动力设备的容量大小、发电效率及排烟温度等有所差异,从而对 CCHP 系统的性能影响也不同。根据"温度对口,梯级利用"的集成原则,余热利用单元分别利用动力单元的排烟余热发电、制冷或制热,实现能量的梯级利用。常见的余热利用技术包括吸收式制冷机、吸附式制冷机、除湿机、余热锅炉、吸收式热泵、有机朗肯循环等[14,22-24]。

表 1.2 CCHP 系统动力发电设备特性参数[19-21]

参数	内燃机	斯特林机	蒸汽轮机	燃气轮机	微燃机	燃料电池
容量/kW[4]	<75 000	1~55[5]	50~500 000	1000~250 000	1~1000	5~2000
发电效率/%	22~40	≈35	15~38	22~36	18~27	30~50
电热比	0.5~1.0	1.2~1.7	0.1~0.3	0.5~2.0	0.4~0.7	1.0~2.0
燃料类型	天然气、沼气、丙烷	所有	所有	天然气、沼气、油、丙烷	天然气、沼气、油、丙烷	氢气、天然气、甲醇
启动时间	10 s	—	1 h~1 d	10 min~1 h	1 min	3 h~2 d
排烟温度/℃	200~400			316~649	204~260	400~1000

续表

参数	内燃机	斯特林机	蒸汽轮机	燃气轮机	微燃机	燃料电池
安装费用 美元/kW	1100～ 2200	4～120	430～ 1100	970～ 1300	2400～ 3000	5000～ 6500
运行维修费 美元/kW	0.009～ 0.022	—	<0.005	0.004～ 0.011	0.012～ 0.025	0.032～ 0.038

不同类型的动力设备和余热回收设备的组合形成了多种形式的系统构型,研究者展开了大量研究对比分析这些系统构型在节能性、经济性和碳排放方面的差异。除了系统构型的选择外,系统集成设计阶段也需考虑装机容量的大小,研究者也相继提出了系统简化装机容量方法及借助遗传算法等优化算法的系统容量设计方法。此外,不同类型用户其负荷需求和波动特征,CCHP 系统对用户的适用性也具有一定的选择性,系统在集成设计阶段也需考虑不同类型用户的负荷需求特征。因此,对于 CCHP 系统集成现状调研,本书分别通过系统构型、装机容量方法和用户对象 3 个方面展开。

1.3.1 系统构型:内部单元的耦合集成

1. 以内燃机为动力设备的 CCHP 系统

由于内燃机具有较高的发电效率(30%以上)和较少的初投资,往复式内燃机的装机规模为 100～5000 kW,为 CCHP 系统使用率最高的动力发电机组[25]。作为一项较成熟的发电设备,往复式内燃机根据燃烧过程不同可分为压缩式(柴油机)和点火式(汽油机)。内燃机的排烟温度一般为 200～400 ℃,缸套水温度为 90～125 ℃[26]。一般而言,以小型的内燃机为发电机组的 CCHP 系统综合效率可达 80%以上。然而内燃机具有噪声大、维修频率和费用高、氮氧化物排放较高的缺点。相关文献对基于内燃机为动力发电设备的 CCHP 系统从理论和实验展开了大量研究。

理论研究部分主要从热力学第一定律和第二定律、碳排放和㶲经济等方面对系统进行分析。Parise 等[27]分析了以生物质为燃料的内燃机耦合一个蒸气压缩式热泵和余热锅炉的 CCHP 系统,其结果表明,系统一次能耗和 CO_2 排放减少率分别为 50%和 95%。Cardona 等[28-29]对内燃机耦合溴化锂-水为工质的吸收式制冷机和压缩式制冷机及余热锅炉的 CCHP 系统进行了热力学第一定律和第二定律分析,结果表明,系统的能量利用效率为 65%~81%,㶲效率为 35%~38.4%。以甲醇和太阳能为燃料,Li 等[30]研究了以内燃机为动力设备的 CCHP 系统的能量利用效率,其在夏季为 40%~50%,冬季为 38%~47%。Temir[31] 和 Huangfu[32] 等分别对内燃机、吸收式制冷机和余热锅炉耦合的微型 CCHP 系统进行了㶲经济分析,结果表明,系统在热电和冷电供能模式下的㶲经济要高于传统的单独供电模式。同时,灵敏度分析表明,内燃机发电效率的提高是系统㶲经济提高的一个主要方向。Huang[33] 等提出了一个以内燃机为动力设备的 CCHP 系统耦合生物质气化单元的联合系统。生物质气化单元产生的天然气作为内燃机燃料,产生的余热和缸套水分别进行制冷和制热。

实验研究部分,Fu 等[34] 搭建了一套以装机容量为 70 kW 的内燃机为动力设备的微型 CCHP 系统,系统分别耦合除湿和双效吸收式热泵。结果表明,系统在冬季满负荷运行时,综合效率可达 90%。Angrisani 等[35] 搭建了一套内燃机和热化学吸收式制冷系统耦合的微型 CCHP 系统,实验结果表明,其较传统的 CCHP 系统可减少 26% 的碳排放和 30% 的运行费用。Lin 等[36] 基于实验室平台搭建了一套微型 CCHP 系统,以内燃机为动力设备,排烟余热驱动一个单效吸收式制冷系统。实验结果表明,系统热效率较单纯的发电系统可提高 2.0~4.4 倍。

此外,研究者基于内燃机为动力发电设备,比较了系统耦合不同制冷设备时的性能。Gianfranco 等[37] 以内燃机为主要发电设备,分别耦合 6 种制冷方式(电网供电制冷、系统供电制冷、热泵、烟气型吸收式制冷、蒸汽型吸收式制冷、电制冷系统中冷凝余热供暖)得到 6 种不同的 CCHP 系统构型。同时,以医院典型日负荷需求为例,分析了这 6 种构型基于不同运行策略下的系统经济性和节能性。Maidment 等[38] 以超市为服务对象,提出了内燃机分别耦合不同制冷设备(单/双效氨水吸收式制冷、单效溴化锂-水吸收式制冷、单效溴化锂-水低温吸收式制冷、吸附式制冷)的 5 种 CCHP 系统构型,对比分析了其节能性。Lindmark 等[39] 基于两种发电设备(传统内燃机和湿气内燃机)和 3 种制冷机(单/双效溴化锂吸收式制冷机、低温吸收式制冷机)组成的 5 种系统构型进行了对比分析。结果表明,湿气内燃机组成的系统构型具有较好的收益。Jiang 等[40] 提出了系统构型,即动力设备为内燃机,排烟余热驱动吸收式制冷机,缸套水用来除湿。

2. 以微燃机或燃气轮机为动力设备的 CCHP 系统

一般而言,微燃机的容量为 30~400 kW[41],美国 Capstone 公司利用系统集成技术将微燃机模块化,可拓展到 1000 kW[42]。微燃机较内燃机小而灵活、启动快、维护次数少,排烟温度在 200～300 ℃,可以更好地驱动制冷和制热设备。然而,由于其发电效率较低,微燃机为动力设备的 CCHP 系统在居民和商业建筑中的应用受限。研究者对以微燃机或燃机为动力设备的 CCHP 系统从系统模型建立、热力学第一定律和第二定律分析、系统构型等方面展开大量研究。

Calva 等[43]以燃气轮机和吸收式制冷机为设计模型,同时采用热集成的方法对 CCHP 系统进行了系统集成设计。Huicochea 等[44]构建了容量为 28 kW 的微燃机耦合一个双效吸收式制冷机的微型 CCHP 系统,并建立了其设计工况热力学模型。Ameri 等[45]构建了微燃机和蒸汽喷射式制冷系统耦合的 CCHP 系统,同时,建立了系统热力学第一定律模型,并通过改变动力余热与喷射式制冷工质间的夹点温差分析系统节能率。结果表明,当夹点温差从 10℃增大到 60℃时,系统的相对节能率从 33% 降到 28%。Minciuc 等[46]以系统㶲效率为目标,对以微燃机为动力设备的 CCHP 系统进行了参数优化分析。

此外,也有一些研究者聚焦于设备参数对系统整体性能的影响规律。Khaliq 等[47-48]分析了透平入口温度、压缩机压比、燃烧室压损和吸收式制冷机中蒸发器温度等对系统热力学第一定律和第二定律的影响规律。结果表明,80% 的系统㶲损失来自燃烧室和蒸汽产生过程。Martins 等[49]对燃机和以氨水为工质的吸收式制冷系统耦合的 CCHP 系统进行了热力学分析,结果表明,压缩机压比和透平膨胀比是影响系统性能的关键参数,当制冷系统 COP 为 0.48 时系统的热效率最高,为 82%。Salehzadeh 等[50]以 100 MW 的燃气轮机为研究对象,其制冷和制热容量分别为 9 MW 和 70 MW,并分析了不同参数对系统性能的影响规律。

为将动力余热进行更好的梯级利用,Wang 等[51]以氨水为动力余热载体,分别进行二次发电和驱动溴化锂-水吸收式制冷系统制冷。结果表明,新型系统较传统的 CCHP 系统可减少 31.7% 的天然气消耗。同时,通过氨水透平产生的电也可通过电制冷系统制冷,可将 CCHP 系统输出的冷电比从 1.28 扩大到 3.32。进一步地,Wang 等[52]利用动力余热进行甲烷重整,同时引进太阳能进行预热水蒸气,构建了新型 CCHP 系统构型。结果表明,当太阳能输入热占总能量输入的 26% 时,新系统构型较传统构型可减少 30.4% 的燃料消耗,同时也可减少 33% 的碳排放。Ziher 等[53]为满足某医院全年的冷热电负荷,提出一个吸收式制冷和电制冷复合制冷 CCHP 系统,并配置蓄冷装置,同时分析了该系统运行一年的经济性。

3. 耦合有机朗肯循环的 CCHP 系统

有机朗肯循环(organic rankine cycle,ORC)是一项利用余热进行发电的技术,其驱动温度为 100～300 ℃。同时,生物质和太阳能等可再生能源也可以作为有机朗肯循环的能量输入进行发电。目前,广泛使用的 ORC 机组小于 200 kW[54]。将有机朗肯循环与 CCHP 系统耦合的研究已开展多年,主要是从系统热力学分析、构型等方面展开。Ebrahimi 等[55]以小型 ORC 和喷射式制冷耦合的 CCHP 系统为研究对象,对其进行了热力学第一定律和第二定律分析,结果表明,系统在夏季和冬季的热效率分别为 22.82% 和 62.15%,燃料节约率分别为 69% 和 25%。Huang 等[56]构建了生物质驱动的 CCHP-ORC 系统,并建立了其热力学模型。结果表明,当只有电负荷输出时系统综合效率为 11.1%,热电输出时效率提高到 85%,而同时有冷热电负荷输出时效率为 71.7%,作者指出系统热电比输出范围为 4.5～6.7。Wang 等[57]构建了以 ORC(R245fa 为工质)为发电单元和喷射式制冷系统为制冷单元的 CCHP 系统,太阳能作为系统热源。结果表明,CCHP 系统的综合效率与 ORC 中透平入口温度呈非线性递增比例关系,而与入口压力则呈递减关系。系统在输出热电、冷热电和只有电 3 种模式下的效率分别为 19.1%、27.24% 和 10.41%。

4. 动力设备组合的 CCHP 系统

为提高系统性能及稳定性,一些研究者对不同的发电设备组合的 CCHP 系统进行了分析。Saito 等[58]以微燃机和燃料电池组合作为 CCHP 系统的发电单元,余热驱动双效吸收式制冷机制冷。同时,分析了该系统在公寓、办公楼和宾馆的燃料消耗情况。结果表明,相对于分产系统,3 种用户的燃料消耗分别减少 32%、36% 和 42%。Al-Sulaiman 等[59]将燃料电池(solid oxide fuel cell,SOFC)和有机朗肯循环(ORC)结合作为 CCHP 系统的发电单元,相较于传统的分产系统,新型系统具有较好的节能性。Jing 等[60]分析了 SOFC-CCHP 系统在中国 5 个不同气候区不同建筑的经济性、环保性和节能率,并与传统的 CCHP 作对比。Kang 等[61]提出了耦合 ORC 和地源热泵(ground source heat pump,GSHP)的新型 CCHP-ORC-GSHP 系统构型,同时对比分析了系统在不同运行策略下的经济性、节能率和碳排放。

5. 耦合蓄热装置的 CCHP 系统

由于用户逐时波动的负荷需求,系统与用户负荷供需不匹配是目前系统面临的最大问题。蓄热系统的引入可以有效缓解供需不匹配,即在电负荷需求高峰期系统满负荷运行,可将多余的余热储存待需要时再释放。因此,蓄热装置起到"减容增效,移峰填谷"的双重作用,耦合了蓄热装置的 CCHP 系统也得到了广泛研究[62-63]。

目前的蓄热技术主要分为显热、潜热和化学蓄热。其中,潜热蓄热较显热具有较高的蓄能密度,而较化学蓄热则成本更低。潜热蓄热的关键是相变材料的制备与筛选。由文献[64]可知,在较低温度(0～100 ℃)和较高温度(500～900 ℃)范围内的材料研究较为成熟,而中温相变材料(200～300 ℃)主要以硝酸盐为主,还有一定的开发潜力。因此,较宽温度范围内的相变材料也拓宽了 CCHP 系统的应用场景。

目前,对于 CCHP 系统与蓄热系统的耦合还局限于理论研究阶段,大部分将蓄热系统以"黑箱"模型处理,忽略实际过程的蓄/释热特性。Wang 等[65]构建了以高温烟气和缸套水蓄热两种方式耦合的 CCHP 系统新构型。其中,CCHP 系统动力发电设备为内燃机,其高温排烟被相变温度为 280 ℃ 和 240 ℃ 的熔融盐蓄热组合系统储存,缸套水热量则利用热水罐储存。研究结果表明,当烟气余热优先驱动双效吸收式热泵的高压发生器时的系统性能要优于利用缸套水驱动低压发生器,且系统余热应优先供冷,多余部分储存。同时,蓄热系统的引入使系统的热电比输出由 1.35 拓宽到 2.24。Qu 等[66]以北京地区某办公楼为研究对象展开研究,结果表明,CCHP-TES 系统夏季和冬季一次能耗分别减少 9% 和 15%;相对节能率分别为 6.4% 和 8.7%;蓄能设备的加入,使冬季收益大于夏季。Jiang 等[67]从理论上分析了在吸收式制冷系统前后两个位置分别蓄能时对系统相对节能率的影响规律,作者指出蓄能位置与系统关键设备性能系数及产生的电负荷能否上网息息相关,当电负荷不可上网时在吸收式制冷机后蓄能要优于吸收机前。Khan 等[68]从技术和经济两方面评估并比较耦合和不耦合蓄热装置时 CCHP 系统的性能,结果表明,耦合蓄热系统后系统的运行经济费用减少 23%,一次能耗减少 21%。Liu 等[69]以天津某 CCHP 系统为例,将系统引入蓄能系统,结果表明,制冷设备的装机容量减少了 15.8%,制热设备容量减少 37.5%。Brahman 等[70]指出蓄热系统的引入可以最大限度避免 CCHP 系统输出能量的浪费,可以为系统降低将近 40% 的运行费用。Wang 等[71]构建了将压缩空气储能和蓄热装置同时与 CCHP 系统耦合的新型系统构型,结果显示,蓄能系统的引入使得系统在冬季和夏季的综合效率分别达到 50% 和 35%,高于传统 CCHP 系统。

1.3.2 系统装机容量设计

CCHP 系统集成除了系统构型外,设备容量的设计对系统性能也有较大的影响,特别是动力发电设备的容量大小。动力设备容量太小,过多的冷热电负荷需要额外补充,CCHP 系统的优势较传统分产系统削弱;容量太大,系统初投资增大,且系统长时间处于偏离额定工况运行状态,效率降低。研究者对系统装机容量的设计也展开了大量的研究,大多基于用户案例,以建模或优化的方法对设备定容,大体可归纳为基于用户负荷需求设计和基于系统整体运行情况设计。

基于用户负荷需求的方法常见的有“以电定热”和“以热定电”两种模式,即分别根据用户的电或冷负荷需求决定动力机组或余热回收单元的容量。其中,“以电定热”模式为根据用户电负荷需求决定动力机组装机容量,再根据动力余热的量决定制冷或制热设备的容量大小;“以热定电”模式则根据用户冷或热的负荷需求决定制冷或制热设备的容量大小,再根据排烟余热量的大小反推动力机组容量。Cardona 等[72]最早提出了一种 ATD 的容量设计方法,即将用户的热和冷需求折合为综合热负荷需求,即可得到用户全年的电和综合热负荷需求曲线。可根据负荷延时曲线计算负荷需求与时间围成的最大面积,从而估算动力机组或余热单元的装机容量。结果表明,系统按“以热定电”模式装机时,在夏季以用户冷负荷峰值的 70% 装机时性能较优,而在冬季以用户热负荷峰值需求的 48% 装机时最佳。Martinez 等[73]综合考虑了系统的节能性和经济性,对 ATD 方法进行了改进。Ortiga 等[74]将用户全年负荷以典型日数据来代替,通过典型日负荷需求设计系统装机容量,大大提高了计算速度。Sanaye 等[75]利用最大矩形法确定了以内燃机为动力机组的 CCHP 系统装机容量,作者根据“以电定热”和“以热定电”两种常规装机思路,借助用户负荷延时曲线确定最佳动力机组或余热回收单元容量。通过比较,“以电定热”模式表现出较好的系统性能。Ebrahimi 等[76]通过最大矩形法分析了气候条件对系统最佳装机容量的影响规律。

而基于系统整体运行情况的容量设计方法则需建立完整的系统优化模型,根据单目标或多目标优化方法得到系统最优装机容量。Piacentino

等[77]采用混合整数线性规划算法（MILP）对 CCHP 系统的关键设备容量进行了优化。以宾馆为研究案例，对 3 个不同的系统构型（内燃机＋单效吸收式制冷、内燃机＋双效吸收式制冷、微燃机＋双效吸收式制冷）进行了优化分析，优化目标为最小运行经济费用和最大节能率及碳排放。同样，Buoro 等[78]采用 MILP 方法对一个太阳能供热的分布式系统进行了优化分析，优化目标为考虑年投资、运行和维修费用的经济性目标，结果显示，当系统同时耦合区域供热、CCHP 系统、太阳能热电厂和蓄热设备时可达到最优解，可减少 5％的总费用和 15％的节能率。Ghaebi 等[79]采用遗传算法对以燃气轮机为动力设备的 CCHP 系统进行了优化设计，以经济性指标为优化目标，相较常规的设计方法可减少 15％的经济投入。Soppato 等[80]以一个内燃机、光伏系统、余热锅炉和蓄能设备耦合的分布式系统为研究对象，采用粒子群算法对系统在不同的案例中进行了优化设计。结果显示，当系统在冬季和夏季分别满足用户电负荷的 87％和 89％，热负荷的 19％和 100％时，系统经济性最好。

1.3.3　系统的应用情景：服务对象

系统在集成设计的同时不仅需要考虑系统构型和各关键设备的装机容量，同时也应对系统的适应场景进行合理分析，从而有针对性地给出系统构型和装机容量方法。研究者对系统的应用情景进行了大量的案例研究，其中包括不同类型和不同气候区域的用户。

目前，基于实际运行系统所服务的用户对象可分为楼宇型、区域型和产业型[5]。其中，楼宇型用户较区域型和产业型用户负荷需求相对较小，所需 CCHP 系统装机容量小，便于系统的调节与控制。我国《公共建筑设计标准》[81]将公共建筑划分为宾馆、医院、办公楼、商场和学校 5 类。这 5 类公共建筑在生活中较为常见，具有一定的代表性。同时，文献调研中的这 5 类公共建筑也为 CCHP 系统用户案例研究的"明星"建筑。Medrano 等[82]对比分析了 3 种不同构型的 CCHP 系统应用于加利福尼亚州南部地区（温和气候）4 种典型建筑（小型办公楼、中型办公楼、医院和学校）的系统经济性、相对节能率和环保性。Mago 等[83]分析了位于芝加哥 8 种不同类型的用户（饭店、大型宾馆、小宾馆、小学、门诊、超市、医院和小办公楼）应用 CCHP 系统的环保性、经济性和一次能耗。Wu 等[84]提出了 CCHP 系统的 3 种系统运行方式，并对比分析了位于上海的学校、商场、医院、剧院、体育场、博物馆、宾馆和办公楼 8 类用户采取不同运行策略下的最优装机容量和一次能耗。Jiang 等[85]对中国长春一所大学应用 CCHP 系统的经济性和节能性做了敏感性分析。Wang 等[86]分析了 CCHP 系统耦合蓄电装置后在不同运行策略下宾馆、医院、办公楼和商场 4 类商业建筑的节能情况。Li 等[87]对比分析了 CCHP 系统和空调(HAVC)系统分别应用于大连某宾馆的节能性、碳排放和经济性。分析结果表明,系统采取电跟随(FEL)运行策略时更节能。Gua 等[41]从经济和节能不同角度分别分析了以内燃机和燃料电池为发电设备的 CCHP 系统对上海居住楼的适用性,结果表明,以内燃机为主的 CCHP 系统具有优势。Li 等[88]以居民楼、宾馆、办公楼和混合楼为案例,分析了 CCHP 系统在 5 种不同的运行场景下各个建筑的经济性、节能性和碳排放。

　　系统的性能不仅与用户类型有关,同时在不同的气候区域内也有所差异。Mago 等[89]分析了位于美国 4 个不同气候区的办公楼应用 CCHP 系统的一次能耗和碳排放。Cho 等[90]对美国 16 个城市(代表不同气候区)的 5 类型用户(大型办公楼、中型办公楼、小办公楼、大宾馆和医院)应用 CCHP 系统的环保性、经济性和一次能耗做了对比分析。Yang 等[91]用统计方法分析了美国 16 类用户(13 472 个用户)负荷需求大小、7 个不同气候条件、系统不同运行策略对 CCHP 系统节能性的影响。结果表明,用户在较冷的地区系统节能性较好。Fatemeh 等[92]对伊朗 5 个不同气候区的居民建筑应用微型 CCHP 系统的经济性和相对节能率做了对比分析。Ebrahimi 等[93]提出了一套针对 CCHP 系统多目标优化方法,并以伊朗 5 个不同气候区的居民楼为研究对象,分析了不同气候区 CCHP 系统的性能。Wu 等[94]以日本 6 个气候区 4 类典型建筑(宾馆、医院、商场和办公楼)为用户研究对象,分析了用户类型和气候特征对 CCHP 系统的影响。Fong 等[95]分析了 CCHP 系统在新加坡及中国的香港、北京和上海这 4 个不同区域(代表 4 种不同气候特征)办公楼运行的节能性。Giorgio 等[96]提出了一个简化评估用户负荷的方法,并以一个建筑模型为例,分析了该建筑位于希腊(雅典)、意大利(罗马)、瑞典(斯德哥尔摩)、德国(柏林)和加拿大(渥太华)不同气候区应用 CCHP 系统的节能性。Wang 等[97]研究了 4 种类型的用户(宾馆、办公楼、医院和学校)位于中国 5 个不同气候区(严寒、寒冷、夏热冬冷、温和和夏热冬暖)应用 CCHP 系统的经济性、相对节能率和环保性。Zheng 等[98]从经济角度分析了上海和日本 6 个不同气候区电价上网政策对 CCHP 的影响,结果表明,不同气候区的上网政策对系统经济性的影响从寒冷气候区到热区逐渐减小。Wu 等[99]对比分析了日本和中国不同气候区宾馆和医院应用 CCHP 系统的节能情况,研究结果表明,日本应用 CCHP 系统较中国具有较好的收益。Ren 等[100]分析了中国 5 个气候区 6 种类型用户(居民楼、办公楼、医院、学校、商场和宾馆)在不同的供能模式下 CCHP 系统的性能。

1.3.4　系统集成方法现状小结

　　通过上述文献调研可以看出,CCHP 系统在集成设计过程中主要考虑系统构型选择、装机容量设计和适合的应用情景 3 个方面,主要为用户案例、系统构型确定、装机容量和运行策略选择的直线设计方法,如图 1.9 所示,其各个环节均有一定的弊端与缺陷,分别如下。

图 1.9　目前现有 CCHP 系统直线型集成设计思路

　　(1) 局限于系统集成层面:传统的集成方法注重系统内部能量的梯级利用,通过不同的技术耦合使余热利用得更好,如耦合燃料电池或甲烷重整反应。实际上,系统负荷输出与用户需求属于相辅相成的关系,在不同工况下系统应尽量满足用户波动的负荷需求。因此,这就要求在系统层面进行内部集成的同时,需揭示系统与用户负荷的供需耦合机制,从而实现与用户的协同集成。

　　(2) 设计工况:系统的冷热电负荷是按一定的输出比例设计的,但为满足用户逐时波动的负荷需求,系统会偏离设计工况运行,负荷输出比例也相应发生了变化,此时与用户的负荷需求会出现不匹配。然而,仅考虑设计工况的集成方法并不能准确描述系统与用户间的逐时不匹配关系。因此,有必要从全局角度出发来研究系统全工况的负荷输出特性。

　　(3) 案例性:装机方面,以热定电和以电定热两种装机方法在不同的案例研究中均各有优劣,其适用场合目前无定性说法,无法给设计者合理的指导,即不同供能情景下到底应选择以热定电还是以电定热。用户方面,CCHP 系统服务的用户是多类型、多功能的,这些用户在不同的气候区域内的负荷需求有所差异。实际上,不同类型用户与系统表现出不同的供需匹配关系,并不是所有用户都适用于 CCHP 系统。虽然研究者对不同的建筑用户进行了大量的案例研究,但缺乏对用户进行合理的评估与筛选。同时,在制定 CCHP 系统标准和政策时,需要给设计者合理的指导与建议,如什么类型的用户适合安装 CCHP 系统、系统适合安装的气候区域及所建系统的节能边界等。显然,案例性的研究结果通用性较差,无法满足上述标准和政策要求。因此,为适应 CCHP 系统的发展趋势,不管是系统装机方式还是服务用户选择,有必要从普适性角度开展研究,从而给设计者或政策制定者提供合理的指导与建议。

因此,针对不同类型的用户负荷需求和不同形式的系统构型,需突破传统案例研究的局限性,抓取冷热电负荷需求与输出的供需特征,构筑二者普适性供需匹配关系,从而在不同的供能情景下指导系统构型和装机容量设计,并对系统节能边界和适合的用户进行合理评估。

1.4 分布式冷热电联供系统调控方法现状与分析

为满足用户逐时波动的负荷需求,系统需随时做出调整,即改变冷热电负荷的输出比例。研究者从局部的设备参数调控、运行策略条件和蓄能调控多方面展开系统调控方法研究,具体如下。

1.4.1 设备参数调控

由于动力发电单元为分布式系统的"大脑",许多研究者也基于分布式系统的动力发电设备参数提出了相应的调控方法。陈晓利等[101]研究了燃气轮机中压气机进口可转导叶(inlet guide vanes,IGV)角度不调和可调两种调控方式。Han 等[102]提出了压气机入口压力主动调控方法。当系统降负荷时,可主动降低压气机入口空气压力来减小系统出功。降低压力会使入口空气密度减小,从而其质量流量减小。虽然透平排烟温度随偏离额定工况程度增加而升高,但其质量流量减小。因此,制冷机冷负荷量随之也降低。Wang 等[103]提出了透平排气回注主动调控,将系统排放至空气中的低温烟气抽取一部分与空气预混,使入口空气温度升高,密度减小,质量流量增加,从而减小系统出功率。因此,通过主动改变入口空气压力或者温度的方式,均可主动调节系统冷热电负荷的输出比例关系。

1.4.2 运行策略调控

CCHP 系统运行策略对于系统的装机容量和设备变工况运行效率有重要影响,从而直接决定了系统的经济性、节能率和环保性。电跟随

(following the electric load,FEL)和热跟随(following the thermal load,
FEL)是两种常见的运行策略。Cardona 和 Piacentino 等[72]于 2003 年根据
用户冷热电的负荷需求特征提出了系统电管理和热管理方法。在此基础
上,Mago 等[104]提出了系统电跟随和热跟随运行策略。FEL 运行策略即
系统在运行时优先满足用户电负荷需求,即动力机组根据电负荷需求调整
运行状态;相反,FTL 运行策略则优先满足用户综合热负荷需求(冷和热
的折合),即动力余热刚好满足用户的冷和热需求。研究者通过大量的案例
研究,发现这两种运行策略在不同的供能情景下所发挥的作用各有优劣。
Mago 和 Hueffed 等[105]以 CCHP 系统应用于芝加哥某大型办公楼为案
例,对比分析了系统采用 FEL 和 FTL 运行策略时的系统性能,结果表明,
FEL 展现出较优的系统节能性。Gan 等[106]以亚特兰大某宾馆为案例,对
比分析了这两种运行策略下的 CCHP 系统节能性,结果显示 FEL 运行策
略更具优势。同样,Wang 等[107]以北京某宾馆为案例研究,对比分析了
FEL 和 FTL 两种运行策略下的系统性能,FEL 运行策略同样表现出更好
的系统节能性,且冬季比夏季优势更明显。与 Mago、Gan 和 Wang 等的结
论相反,Jalalzadeh-Azar 等[108]对比分析了系统采取 FEL 和 FTL 运行策略
时的节能性,结果表明对于一次能源消耗的减少率,FTL 运行策略比 FTL
高出 11%。Teng 等[109]通过理论分析也发现 FTL 较 FEL 运行策略具有
更好的系统性能。

　　由于 FEL 和 FTL 运行策略会使系统产能过剩或不足,因此研究者也
相继提出一些新的系统运行策略。Liu 等[110]基于"平衡"思想调整电制冷
和吸收式制冷制取冷负荷的比例关系,保证其能时刻满足用户冷负荷需求。
案例研究表明,新型运行策略下的系统节能性、经济性和碳排放均优于单独
的 FEL 和 FTL 策略。Mago 等[111]提出了混合运行策略(following hybrid
load,FHL),即以系统不产生过剩电负荷为基准切换 FTL 和 FEL 运行策
略。Fang 等[112]提出了 FEL/FTL 切换运行策略,即系统在运行过程中根
据节能性、经济性和碳排放的最优指标随时切换,对比混合运行策略,新运
行策略的相对节能率、运行经济和碳排放减少率分别为 8%、22.5% 和
24%;而 FHL 运行策略分别为 15.2%、20% 和 19%。Cardona 等[113]提出
了以利润为导向的系统优化运行策略,综合考虑了系统各设备性能和能量
交易价格。Fumo 等[114]则提出以碳排放为导向的系统优化运行策略,其
目的是减少系统温室气体的排放。该运行策略为系统停-开控制,即当系统
的温室气体排放高于设定值时即停机,当低于设定值时则继续运行满足用

户负荷需求。Zheng 等[115]提出了最小距离运行策略,即用户负荷需求点和系统动力机组变工况负荷输出线的距离最小。作者指出最小运行策略比 FEL 和 FTL 在节能性、经济性和碳排放方面均具有优势,例如,FEL 和 FTL 运行策略对应的系统相对运行费用减少率分别为 37% 和 34%,而最小距离运行策略为 40%;FEL 和 FTL 相对节能率分别为 34% 和 37%,最小距离为 42%。Afzali 等[116]以动力机组全工况运行全局最优为基础,提出新型系统运行曲线来决定系统的运行方式。

1.4.3　蓄能调控

不同于设备参数和运行策略调控,蓄能装置的引入可保持系统以额定工况运行,起着"减容增效,移峰填谷"的双重作用。因此,蓄能调控是一种从时空角度着手的全局调控方式,从整体上对系统输出负荷解耦,从而更好地匹配用户需求。根据目前文献调研,引入蓄能后的 CCHP 系统研究分为两大类:①将蓄能作为系统运行的调控方式,分为满负荷运行策略和优化运行策略;②将蓄能看作系统的辅助补燃设备,被动式调控。

Haeseldonckx 等[117]在 CCHP 系统中应用蓄热装置作为系统调控手段,保证了动力机组持续运行,延长了系统的运行时间。同时,分析结果也表明蓄热装置(thermal storage system,TES)的调控,使系统的 CO_2 排放较无蓄能减少 1/3。随后,Haeseldonckx 等[118]提出 FLT(full load-tank)蓄能运行策略,该运行策略以蓄热罐为核心。动力单元保持满负荷运行,根据蓄能罐的蓄热状态决定动力机组的开关。当蓄热罐蓄热量小于其额定容量的 20% 时,动力机组满负荷运行;当蓄热罐蓄热量达到其额定容量时,动力机组关闭。Zheng 等[119]综合考虑蓄能罐内能量存储状态和 FEL、FTL、FHL 3 种运行策略,提出了新型的蓄能运行策略(TSS2),动力机组的运行状态由用户冷热电负荷需求和蓄能罐状态同时决定。作者以上海某医院为案例研究,对比无蓄能装置的 CCHP 系统,在运行经济方面,传统运行策略的最高减少率为 14.84%,TSS2 运行策略的最高减少率可达 20.22%;而在碳排放方面和节能性方面,新型运行策略均优于传统运行策略。

大多数研究者将蓄能作为被动式补燃设备。例如,Verda 等[120]基于 CCHP 系统分析了不同容量的蓄热罐对系统一次能耗和经济性的影响。Wang 等[121]提出了带蓄能 CCHP 系统的线性规划优化方法。Henze 等[122]提出了带蓄冷的系统调度优化方法。Smith 等[123]针对带蓄能和不带蓄能的两种 CCHP 系统,对比分析了系统服务于芝加哥 8 种不同类型用户时的系统性能。结果表明,对于大部分用户,带蓄能的 CCHP 系统在运行费用、一次能耗和碳排放方面更占优势。Wang 等[124] 对比分析了带蓄冷和蓄热装置的 CCHP 系统服务于饭店和商场的系统节能性及经济性,结果表明蓄能装置的引入可提高系统节能率和降低运行成本。

1.4.4   系统调控方法现状小结

由以上文献调研可以看出,为满足用户逐时波动的负荷需求,研究者从系统设备参数局部调节、运行策略和引入蓄能进行系统全局调控。综合来讲,主要存在以下几个方面的弊端与缺陷。

(1)局部性:CCHP 系统为各个单元高度耦合的复杂系统,动力机组某个参数的变化(透平入口压力等)容易引发"牵一发而动全身"的局面。同时,由于各设备关键参数存在调控边界,从而系统冷热电负荷输出比例的调控范围也有限。

(2)案例性:作为系统全局调控方式,FEL 和 FTL 两种运行策略在不同的适用场景下表现出不同的优势。虽然研究者针对这两种运行策略进行了大量的案例研究,但逐时波动的负荷需求、变工况负荷输出和系统调控三者间的内在耦合机制尚不清楚,从而在不同情景下无法给出普适性的系统调控建议。

(3)理想和被动蓄能:不同于局部参数和运行策略调控,蓄能的引入可减小系统装机容量,同时保证以额定工况运行。但目前大部分文献把蓄能作为理想的"黑箱"处理,忽略蓄能系统蓄/释能效率、速率等实际的蓄/释能特性;同时,蓄能位于用户侧,被动地接收系统多余的能量,不参与系统动力机组或运行方式的调控,蓄能的调控作用未充分发挥。实际上,蓄能作为一种调控手段,可对系统冷热电负荷进行有序解耦。然而,针对不同的供能情景,目前对蓄能调控的解耦机制和所发挥作用的空间尚不清楚,从而无法合理评估蓄能的调控能力及适用情景。

因此,需突破案例研究的局限性,从普适性角度出发揭示系统调控方式和用户逐时波动负荷需求间的内在关系。针对不同的供能情景,在运行策略方面,需明确 FEL 和 FTL 运行策略的适用情景并寻求系统优化运行策略;蓄能调控方面,需揭示蓄能对冷热电负荷的解耦机制并明确适合加蓄能的供能情景。

1.5　本书的研究内容和拟解决的问题

　　CCHP 系统作为能源领域的前沿技术,在节能、经济和碳排放方面较传统供能模式均具有较大的优势。同时,系统临近用户,减少了能量输送损失,具有高效、可靠和灵活等特点,是新型能源系统的支撑技术,也是将来智慧能源网的主要能源组成形式。然而,由于对系统与用户间的负荷供需匹配机制尚不清楚,缺乏量化认识,从而当面对不同类型和气候区域内的用户负荷需求时,无法给出通用性的系统集成设计和变工况调控指导。因此,本书依托国家重点研发项目"多能互补与综合梯级利用的分布式能源系统",针对系统集成与调控两方面的问题,从普适性角度出发开展以下研究。

　　(1) CCHP 系统与用户协同集成方法研究。突破传统案例研究的局限性,在用户负荷需求方面,抓取用户负荷需求大小和逐时波动特征,提炼负荷特征参数并建立用户负荷需求普适性模型与归类方法;在系统负荷输出方面,建立系统负荷输出全工况模型,提炼冷热电负荷输出非线性比例关系。与此同时,以系统与用户负荷全工况供需匹配关系为协同集成核心,提出二者无量纲供需匹配参数并绘制通用性供需匹配关系图,以节能性、经济性和碳排放为评价指标,综合考虑不同供能情景下用户类型、系统构型、装机模式和运行策略对系统性能的影响规律。最后,基于二者的协同集成关系,给出典型 CCHP 系统的节能边界和适用的用户范围。

　　(2) CCHP 系统与不同形式蓄能的耦合集成。基于两种典型装机容量方式("以电定热"和"以热定电"),定量分析了典型 CCHP 系统分别耦合理想蓄热、理想蓄电和协同蓄能单元的集成系统与用户负荷供需匹配关系,从而回答了 3 个方面的问题:①集成蓄能单元后,系统应选择"以电定热",还是"以热定电"方法进行装机? ②理想蓄能的节能边界是什么? ③不同集成系统对应的适合用户范围,即带蓄能系统的适用场景是什么?

　　(3) 基于运行策略的系统主动调控方法。基于系统与用户的无量纲供需匹配关系,明确 FEL 和 FTL 的适用情景,绘制了不同供能情景下系统普适性运行策略选择图。同时,通过主动改变系统冷热电负荷的输出比例关系,提出 FOL 优化运行策略,并定量分析了该策略的适用情景。

　　(4) 主动蓄能调控方法研究。以中温蓄热单元为系统主要调控方式,构筑了系统耦合 ORC 单元后的系统构型,阐释了主动蓄能与传统被动蓄能调控的本质区别,定量分析了发电过剩和不足两种不同供需匹配情景下的蓄能主动解耦机制及主动调控方法。同时,从探究蓄能系统在实际过程中的蓄/释能特性角度出发,研制了高蓄能密度、高热导率的中温复合相变材料,并搭建了中温相变蓄热实验台。基于蓄/释能实验数据,建立了普适性相变蓄热热阻模型,分析了蓄热流体温度和流量对蓄能系统蓄、释能效率和功率的影响规律,从而为 CCHP 系统的主动蓄能调控提供实验和理论支撑。

第 2 章　CCHP 系统与用户负荷普适性供需匹配耦合机制

2.1　本 章 引 论

目前,我国现有 CCHP 系统节能率较之传统分产系统相对较低(一般低于 20%),且经济性不能达到预期目标。主要原因有两个:一是系统局限于设计工况内部部件的耦合集成,缺乏不同工况下系统与用户负荷的供需耦合机制研究,从而造成系统常偏离设计工况低效运行;二是系统变工况调控方法局限于案例研究,针对不同的供能情景缺乏有效的调控手段。由此可以看出,用户负荷的波动及大小分别对 CCHP 系统的设计和调控有很大的影响。因此,针对不同类型且逐时波动的负荷需求,有必要揭示系统与用户在不同情景下的供需匹配机制,从而进一步获得系统集成与调控普适性方法,为实际系统指导、政策和标准的制定提供依据。

普适性供需匹配关系建立的难点主要有两个:①普适性,系统为多构型,负荷输出比例不同,用户为多类型用户,不同类型和气候区域内负荷需求及波动特征不同;②匹配关系,系统为多源头、多部件耦合、多品位、多时间尺度、冷热电负荷比例输出,用户负荷逐时波动,受气候条件影响,冷热电负荷独立需求。

针对上述难点,本书的研究思路如图 2.1 所示,为获得普适性的负荷供需匹配关系,需针对不同的用户类型和系统构型分别提炼负荷需求和输出特征,建立普适性的供需模型,基于模型和二者的能量平衡关系,提出能反映负荷供需特性的无量纲参数,从而构筑不同供能情景下的无量纲供需匹配关系。

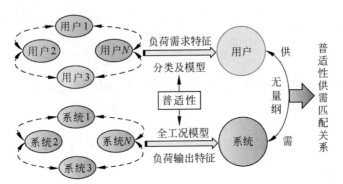

图 2.1　CCHP 系统与用户普适性供需匹配关系的研究思路

2.2　用户负荷特征及简化模型建立

2.2.1　不同类型用户负荷特征及影响因素

为方便分析不同类型用户负荷特征,即聚焦负荷逐时波动特性,本章将用户典型天负荷需求进行归一化处理,即用户逐时负荷与典型天总负荷需求比值,其中,冷、热、电负荷归一化参数计算如式(2.1)~式(2.3)所示:

$$L_{\mathrm{C},i} = \frac{C_i^{\mathrm{user}}}{C^{\mathrm{user}}}, \quad \sum_i L_{\mathrm{C},i} = 1, \quad i = 0,1,2,\cdots,23 \qquad (2.1)$$

$$L_{\mathrm{H},i} = \frac{H_i^{\mathrm{user}}}{H^{\mathrm{user}}}, \quad \sum_i L_{\mathrm{H},i} = 1, \quad i = 0,1,2,\cdots,23 \qquad (2.2)$$

$$L_{\mathrm{P},i} = \frac{P_i^{\mathrm{user}}}{P^{\mathrm{user}}}, \quad \sum_i L_{\mathrm{P},i} = 1, \quad i = 0,1,2,\cdots,23 \qquad (2.3)$$

其中,C_i^{user}、H_i^{user}、P_i^{user} 分别为用户逐时冷、热、电负荷需求;C^{user}、H^{user}、P^{user} 分别为用户典型天总的冷、热、电负荷需求。$L_{\mathrm{C},i}$、$L_{\mathrm{H},i}$、$L_{\mathrm{P},i}$ 分别为归一化参数,其取值范围为 $[0,1]$。则典型天 $L_{\mathrm{C},i}$、$L_{\mathrm{H},i}$、$L_{\mathrm{P},i}$ 平均值(L_{aver})均为 0.0417,如式(2.4)所示:

$$L_{\mathrm{aver}} = \frac{\sum\limits_i L_{\mathrm{C},i}}{24} = \frac{\sum\limits_i L_{\mathrm{H},i}}{24} = \frac{\sum\limits_i L_{\mathrm{E},i}}{24} = 0.0417, \quad i = 0,1,2,\cdots,23$$

$$(2.4)$$

图 2.2 所示为本书所调研的位于北京地区的宾馆、医院、饭店、学校、体

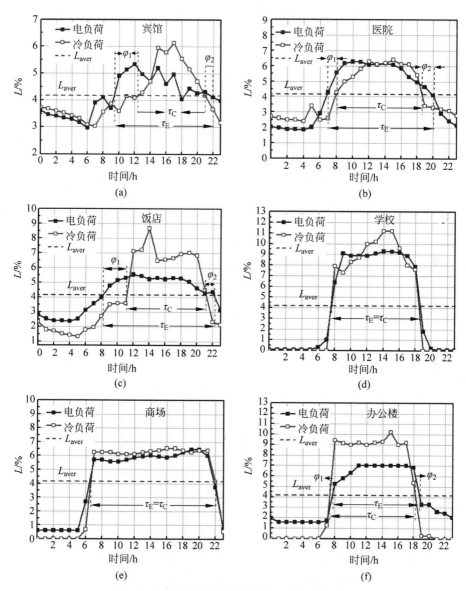

图 2.2　不同类型用户夏季典型天冷电负荷需求

育馆和办公楼 6 种用户夏季典型天归一化处理后的冷电负荷需求。可以看出,宾馆、医院和某些饭店属于全天候运行,而学校和商场运行时间分别为7:00—18:00 和 6:00—22:00,办公楼为 7:00—18:00。本书定义归一化参数大于其平均值(0.0417)时的负荷为峰负荷,反之为谷负荷。这6种用户表现出不同的负荷需求特征,其中,宾馆、医院和饭店的电负荷需求高峰期要早于冷负荷,而办公楼则刚好相反;学校和商场电负荷与冷负荷需求高峰期与低谷期刚好同步。同时,宾馆、医院和饭店的电负荷峰值需求时间要大于冷负荷峰值需求时间,学校、商场和办公楼的需求时间则几乎相等。

　　究其本质,造成不同功能用户表现出不同的负荷需求和波动特征的原因主要分为外因和内因两部分,即用户自身特征(人员作息、设备使用率等)和气候条件。其中,不同功能的用户其内部设备和人员的作息时间不一致,因此会导致冷热电负荷的逐时波动有所差异。表征用户负荷逐时波动特征的因素主要包括空气调节和供暖系统的运行时间、室温、照明功率密度、室内人均占有面积及在室率、新风量及机组运行时间、电器设备功率密度等。我国《公共建筑节能设计标准》[81]给出了办公楼、宾馆、商场、医院和学校5种不同功能的公共建筑的逐时照明功率密度和设备运行时间等,同时,这5种公共建筑的建筑特性参数列于表2.1中。

表 2.1　不同功能用户建筑特性参数用户

用户	时间段	作息时间	人均面积/ $(m^2/人)$	人均新风量/ $[m^3/(h \cdot 人)]$	照明功率/ (W/m^2)	电器设备/ (W/m^2)
办公楼	工作日	7:00—18:00	10	30	9	15
宾馆	全年	1:00—24:00	25	30	7	15
商场	全年	8:00—21:00	8	30	10	13
医院	全年	1:00—24:00	8	30	9	20
学校	工作日	7:00—18:00	6	30	9	5

　　从建筑自身特性角度,影响用户负荷波动因素主要包括四大类:照明开关时间、人员扰动、电器设备使用率和新风系统开关。图2.3为办公楼、宾馆、商场、医院和学校5种公共建筑照明开关时间比例、房间人员逐时在室率、电器设备逐时使用率和新风系统运行情况(1表示开启,0为关闭)。办公楼和学校教学楼作息时间相近,因此办公楼和教学楼四大波动因素逐时参数相同。从图2.3中可以看出,办公楼(教学楼)的运行时间为7:00—18:00,照明开关时间、人员扰动、电器设备使用率的峰值均为8:00—17:00,12:00—13:00为午餐时间,峰值有所降低。新风系统峰值时间为7:00—19:00。宾馆为全天24 h运行,照明开关时间和电器设备使用率

峰值为 18：00—22：00,人员扰动峰值为 1：00—8：00 和 19：00—24：00,
新风系统则一直以峰值运行。商场的运行时间为 8：00—21：00,照明开
关时间和新风系统峰值时间为 8：00—21：00,人员扰动和电器设备使用
率峰值为 10：00—20：00。医院分住院部和门诊楼考虑,住院部运行时间
为全天,门诊楼为 8：00—21：00。住院部照明时间、人员扰动和新风系统
峰值与宾馆一样,电器设备一直以峰值运行。门诊楼照明时间和人员扰动
与商场相同,电器设备运输时间峰值为 10：00—16：00,新风系统峰值为
8：00—18：00。综合考虑这四大因素的逐时运行情况,可以综合得到办公
楼和教学楼、门诊、宾馆和医院住院部、商场的负荷高峰期分别出现在 8：00—
17：00、10：00—20：00、18：00—24：00 和 10：00—20：00。另外,根据
用户功能可归纳为居住类用户和非居住类用户,居住类包括宾馆和医院住
院部,负荷峰值主要集中于夜间。非居住类包括办公楼、教学楼、商场和门
诊楼,负荷高峰期主要集中于白天。

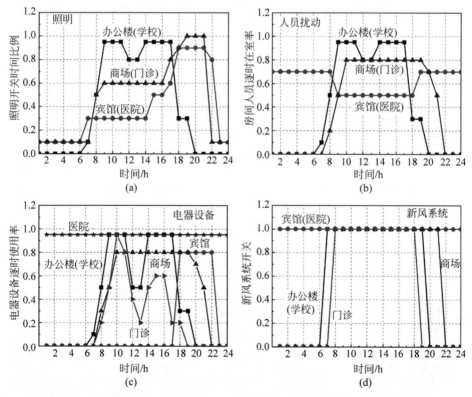

图 2.3　用户照明(a),人员扰动(b),电器设备(c)和新风系统(d)逐时运行率

气候对用户冷热电负荷的影响主要为室外温度和湿度的变化。《公共建筑节能设计标准》[125] 和《民用建筑设计规范》[126] 根据建筑所处的不同气候特征将我国建筑所在气候区分为 5 个区域,分别为严寒、寒冷、夏热冬冷、夏热冬暖和温和地区,各个气候区代表城市分别为哈尔滨、北京、上海、香港和昆明。图 2.4 为各个代表城市每月平均室外温度和太阳辐射强度变化,从图中可以看出,上海和香港(夏热地区)的太阳能辐射强度的峰值出现在 7 月,而其他 3 个地区的峰值出现早于 7 月。北京和哈尔滨(寒冷和严寒地区)全年太阳能辐射强度变化幅度较大,而昆明(温和地区)的变化辐度则相对较小,春季辐射强度达到最大。5 个气候区的室外平均温度均在夏季达到最大,温度由高到低分别为香港、上海、北京、哈尔滨和昆明,而冬季则为香港、昆明、上海、北京和哈尔滨。

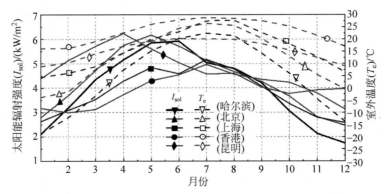

图 2.4　我国不同建筑气候区每月太阳能辐照强度和室外温度

根据不同地区的气候特征,我国《公共建筑节能设计标准》[81] 给出了建筑在不同气候区的基本设计参数,如表 2.2 所示。

表 2.2　我国不同气候区建筑基本设计参数[81]

地区	围护结构					室内温度/℃		HVAC	
	传热系数/[W/(m²·K)]			窗户遮阳系数	穿墙比	夏季	冬季	冷	热
	墙	窗	房顶						
哈尔滨	0.31	1.8	0.35	0.39	0.35	25	20	中央空调	燃气锅炉
北京	0.22	1.8	0.55	0.68	0.35	25	20		
上海	0.30	2.0	0.70	0.40	0.30	25	20		
昆明	0.60	2.7	0.89	0.31	0.30	25	20		
香港	0.95	3.0	0.54	0.33	0.20	25	21		

Smith 等[127]根据 EnergyPlus 的基准建筑模型提出了一个基于用户月负荷估算小时负荷的方法。该方法需要的计算量大,且对于除美国外其他地区的建筑负荷预估偏差较大。Pagliarini 和 Rainieri 等[128]提出了一个 h-LEP(hourly loads estimation procedure)冷热负荷预估模型,该模型给出了冷热负荷与气候参数的关联。作者指出用户的冷热负荷与室外温度和太阳辐射强度相关。Giorgio 等[129]提出了冷和热负荷随室外温度和太阳辐射强度变化的预测模型,如式(2.5)所示。由于室外温度与太阳能辐射强度有关,因此用户所需的冷和热负荷与室外温度呈非线性关系。

$$q = K(T_i - T_e) + K_e(X_i - X_e) - A_{sol}I_{sol} - q_s - q_e \qquad (2.5)$$

其中,q 为用户冷或热负荷,W;K 和 K_e 分别为通风设备显热和潜热总传热系数,单位分别为 W/℃ 和 W/(kg_v/kg_a);T_i 为室内舒适温度,夏季为 25 ℃,冬季为 20 ℃;T_e 为室外空气温度,℃;X_i 和 X_e 分别为室内外空气湿度,kg_v/kg_a;A_{sol} 为太阳能集热器面积,m^2;I_{sol} 为水平面太阳能辐射强度,W/m^2;q_s 和 q_e 分别为室内外显热和潜热,W。

综上所述,不管是内因(建筑功能特征)还是外因(气候条件),影响用户负荷需求大小及其波动特征的因素非常复杂。同时,不同类型建筑的大小及结构不同,其冷热电负荷的获取需要知道建筑详细的建筑参数,如建筑模型、空调系统、气候环境、人员扰动等。在用软件对负荷进行精确模拟时则需考虑更详细的输入参数,或者需要借助专业的人员经验参数完成。同时,对于现有的建筑来说,很难获得其逐时负荷数据(大部分为月或年数据),这也为用户负荷的研究增加了困难。

2.2.2　用户负荷特征参数提炼及普适性模型建立

考虑到影响用户负荷需求因素的复杂性,有必要对用户负荷进行简化处理,以期得到用户负荷需求普适性模型。从图 2.2 中可以看出,尽管不同类型用户典型天负荷存在逐时波动性,但其具有明显的需求高峰期和低谷期,且在负荷高峰期或低谷期需求较为稳定。因此,可将负荷高峰期和低谷期负荷需求的平均值分别代表用户峰期和谷期负荷,如式(2.6)和式(2.7)所示:

$$C_{max}^{user} = \frac{\sum_{max} C_i^{user}}{\tau_C}, \quad H_{max}^{user} = \frac{\sum_{max} H_i^{user}}{\tau_H}, \quad P_{max}^{user} = \frac{\sum_{max} P_i^{user}}{\tau_E}, \quad i = 0,1,2,\cdots,23$$

$$(2.6)$$

$$C_{\min}^{\text{user}} = \frac{\sum_{\min} C_i^{\text{user}}}{24 - \tau_{\text{C}}}, \quad H_{\min}^{\text{user}} = \frac{\sum_{\min} H_i^{\text{user}}}{24 - \tau_{\text{H}}}, \quad P_{\min}^{\text{user}} = \frac{\sum_{\min} P_i^{\text{user}}}{24 - \tau_{\text{E}}}, \quad i = 0, 1, 2, \cdots, 23$$

$$(2.7)$$

其中，$C_{\max}^{\text{user}}$、$H_{\max}^{\text{user}}$ 和 $P_{\max}^{\text{user}}$ 分别为用户典型天冷、热、电峰期平均负荷；τ_{C}、τ_{H} 和 τ_{E} 分别为负荷需求峰期持续时间；$C_{\min}^{\text{user}}$、$H_{\min}^{\text{user}}$ 和 $P_{\min}^{\text{user}}$ 分别为期平均负荷。

同时，为表征负荷需求峰期与谷期平均负荷需求大小关系，本书定义参数 k 表示其峰谷比，如式(2.8)所示。以参数 R 表示其热电比，如式(2.9)所示：

$$k_{\text{C}} = \frac{C_{\max}^{\text{user}}}{C_{\min}^{\text{user}}}, \quad k_{\text{H}} = \frac{H_{\max}^{\text{user}}}{H_{\min}^{\text{user}}}, \quad k_{\text{E}} = \frac{P_{\max}^{\text{user}}}{P_{\min}^{\text{user}}} \tag{2.8}$$

$$R_{\text{C,max}} = \frac{C_{\max}^{\text{user}}}{P_{\max}^{\text{user}}}, \quad R_{\text{H,max}} = \frac{H_{\max}^{\text{user}}}{P_{\max}^{\text{user}}}, \quad R_{\text{C,min}} = \frac{C_{\min}^{\text{user}}}{P_{\min}^{\text{user}}}, \quad R_{\text{H,min}} = \frac{H_{\min}^{\text{user}}}{P_{\min}^{\text{user}}}$$

$$(2.9)$$

此外，由于用户冷、热、电负荷高峰期需求持续时间不一致，因此将会存在峰负荷需求开始或结束的时空错位。因此，本书定义参数 φ 表示其错位时长。以电负荷峰负荷需求开始和结束为基准，若冷或热负荷峰期需求开始早于电负荷，记为 φ_1，否则为 $-\varphi_1$；同理，若冷或热负荷峰期需求消失早于电负荷，记为 φ_2，否则为 $-\varphi_2$，即"早到早退为 φ_1 和 φ_2，晚到晚退为 $-\varphi_1$ 和 $-\varphi_2$"。

总之，用户负荷需求大小特征参数可以峰谷比 k 和热电比 R 表示，波动特征则以峰谷错位参数 φ 和峰负荷持续时长 τ 表示。因此，基于平均峰谷负荷需求及负荷的峰谷错位关系可将用户简化为"方波"型用户，如图 2.5 所示。

由此，根据图 2.5 中简化后的方波型用户负荷，可得到其对应的普适性负荷数学模型，典型天冷热电负荷分别如式(2.10)～式(2.12)所示：

$$C_i^{\text{user}} = \left\{ (k_{\text{C}} - 1) \frac{1}{\pi} \left[\arctan\left(\frac{i - i_0 - \varphi_{\text{C1}}}{\delta}\right) - \arctan\left(\frac{i - i_0 + \varphi_{\text{C2}}}{\delta}\right) \right] + 1 \right\} C_{\min}^{\text{user}}$$

$$(2.10)$$

$$H_i^{\text{user}} = \left\{ (k_{\text{H}} - 1) \frac{1}{\pi} \left[\arctan\left(\frac{i - i_0 - \varphi_{\text{H1}}}{\delta}\right) - \arctan\left(\frac{i - i_0 + \varphi_{\text{H2}}}{\delta}\right) \right] + 1 \right\} H_{\min}^{\text{user}}$$

$$(2.11)$$

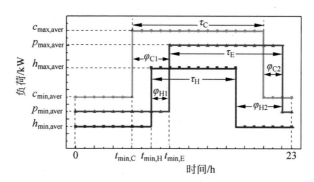

图 2.5　简化后的典型天方波型负荷

$$P_i^{\mathrm{user}} = \left\{ (k_E - 1) \frac{1}{\pi} \left[\arctan\left(\frac{i - i_0}{\delta}\right) - \arctan\left(\frac{i - i_0 - \tau_E}{\delta}\right) \right] + 1 \right\} P_{\min}^{\mathrm{user}}$$

(2.12)

其中,$\delta = 0.001$;i_0 为电负荷的峰值负荷开始需求时间。

2.2.3　普适性用户类型归纳

一般用户冷和热负荷由动力机组余热分别驱动吸收式制冷机和换热器提供,因此,可将用户冷和热负荷折合为综合热负荷,即需要动力余热量,如式(2.13)所示。本书后续将以电负荷和综合热负荷代表用户负荷需求。

$$\begin{cases} Q^{\mathrm{user}} = Q_C^{\mathrm{user}} + Q_H^{\mathrm{user}} = \lambda Q^{\mathrm{user}} + (1 - \lambda) Q^{\mathrm{user}} \\ Q_C^{\mathrm{user}} = C^{\mathrm{user}} / COP_{AC}, \quad Q_H^{\mathrm{user}} = H^{\mathrm{user}} / \eta_{HX}, \quad \lambda = Q_C^{\mathrm{user}} / Q^{\mathrm{user}} \end{cases}$$

(2.13)

其中,COP_{AC} 和 η_{HX} 分别为吸收式制冷系统性能系数和换热器余热回收率;λ 为满足用户冷负荷所需动力余热占总的综合热负荷比例,当 $\lambda = 0$ 时,用户无冷负荷需求,当 $\lambda = 1$ 时,用户无热负荷需求。

根据用户电负荷与综合热负荷的峰谷负荷错位,可分为 5 种情况(①②③④⑤),具体如表 2.3 所示。根据用户典型天峰谷错位 5 种情况可将用户归纳为直线型、三角型和四边型这 3 种类型,如图 2.6 所示。

表 2.3　电负荷与综合热负荷峰谷错位的 5 种情况

项　　目	峰谷错位类型				
错位代表符	①	②	③	④	⑤
错位情况	谷同步	峰电谷热	峰同步	峰热谷电	谷同步
比例关系	$R_{\min}^{\mathrm{user}}$	$R_{\min}^{\mathrm{user}} / k_E$	$R_{\max}^{\mathrm{user}}$	$k_Q R_{\min}^{\mathrm{user}}$	$R_{\min}^{\mathrm{user}}$

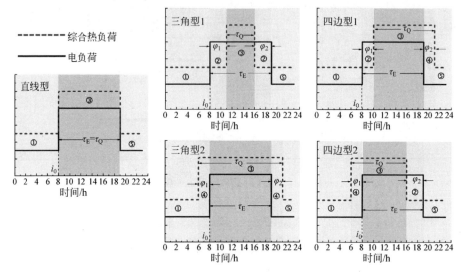

图 2.6　3 种类型用户归纳示意图

以直线型、三角型和四边型的用户类型归纳命名由其典型天所出现的峰谷类型数量决定。例如,直线型用户表示用户电负荷与综合热负荷峰谷同步,其峰负荷需求持续时间相等($\tau_E = \tau_Q$),对应的峰谷错位类型只有①③⑤,而①和⑤情况一致。因此,用户典型天负荷只存在两个负荷状态点,即构成一条直线。同理,三角型用户为综合热负荷峰负荷需求时间"晚到早退"(三角型 1)或"早到晚退"(三角型 2),即综合热负荷峰期持续时间大于(三角型 1)或小于(三角型 2)电负荷,其对应峰谷错位类型分别为①②③②⑤或①④③④⑤,典型天共有 3 个负荷状态点,构成三角形。四边型用户的综合热负荷峰负荷需求时间较电负荷为"晚到晚退"(四边型 1)或"早到早退"(四边型 2),二者峰期持续时间大小不定,对应的峰谷错位类型为①②③④⑤或①④③②⑤,典型天共有 4 个负荷状态点,构成四边形。同时,这 3 种类型用户典型天时间大小关系列于表 2.4 中。

表 2.4　3 种类型用户典型天时间特征参数关系

用户类型	直线型	三角型		四边型	
		1	2	1	2
时间关系	$\tau_E = \tau_Q$; $\varphi = 0$	$\tau_E = \tau_Q +$ $\varphi_1 + \varphi_2$	$\tau_E = \tau_Q -$ $\varphi_1 - \varphi_2$	$\tau_E = \tau_Q +$ $\varphi_1 - \varphi_2$	$\tau_E = \tau_Q +$ $\varphi_2 - \varphi_1$

总之,任何用户进行简化后,根据其对应的峰谷错位类型,都可以归纳

到 3 种类型用户中。因此,直线型、三角型和四边型用户代表了所有用户的负荷需求特征,具有普适性。

2.3　CCHP 系统全工况模型及评价指标

2.3.1　系统描述

图 2.7 给出了以微燃机为动力机组的典型 CCHP 系统流程。系统基于“温度对口,梯级利用”的集成原则进行关键部件耦合,主要分为发电、制冷与制热 3 个单元。其中,动力发电单元为带回热的微燃机,加压预热后的空气与燃料在燃烧室内混合燃烧,产生的高温高压烟气驱动透平做功,从而提供用户电负荷需求。透平排出的高温烟气经压缩、空气换热后分别驱动吸收式制冷系统高压发生器和换热器分别提供制取冷负荷和热负荷。同时,经高压发生器换热后的烟气也可进入换热器制热提供热负荷。不足的冷热电负荷分别通过压缩式制冷、余热锅炉和电网购电补充。

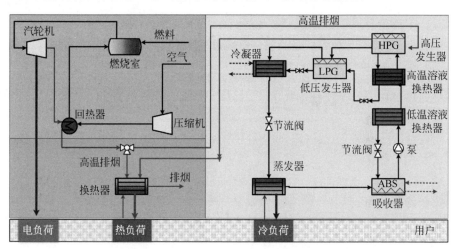

图 2.7　以微燃机为动力机组的典型 CCHP 系统流程示意图

2.3.2　系统全工况模型

本书研究的系统动力发电设备主要有内燃机、燃气轮机和微燃机,其全工况模型采用蔡睿贤等提出的解析解模型[130],本节将详细介绍微燃机的建模过程,燃气轮机和内燃机的建模过程类似,此处不再赘述,只提供其全工况发电效率与负荷率的非线性模型。余热利用单元为吸收式制冷系统、吸收式热泵或换热单元。其全工况模型建立分别如下。

1. 微燃机全工况模型

如图 2.8 所示为微燃机示意图和与其对应的温熵图,主要由压缩机、燃烧室、透平和回热器 4 个部件组成。其经历了冷空气绝热压缩(1→2a)、等压回热(2a→2a′,4a→5)、等压加热(2a′→3)和绝热膨胀(3→4a)4 个过程。各部件设计工况和变工况模型如下。

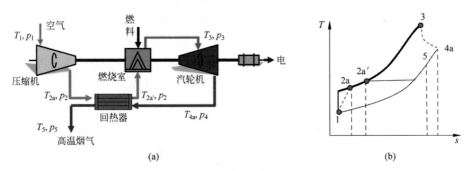

图 2.8 微燃机示意图(a)与微燃机温熵图(b)

(1)压气机设计工况及变工况热力学模型

压气机设计工况模型如下。

质量守恒:

$$m_{in} = m_{out} \tag{2.14}$$

压力变化:

$$p_{2a} = \pi_c p_1 \tag{2.15}$$

绝热效率:

$$\eta_c = \frac{h_2 - h_1}{h_{2a} - h_1} = \frac{T_2 - T_1}{T_{2a} - T_1} \tag{2.16}$$

压气机耗功:

$$w_c = m_1 (h_{2a} - h_1) \tag{2.17}$$

需要说明的是,压气机设计阶段压比 π_c 和转速 n 为设计值。

压气机变工况的实验成本比较昂贵,各个厂家公开的实验数据较少,且实验数据只能针对某种特定型号的压气机。因此建立普适性的模型对于分布式系统分析具有重要意义。本书采取蔡睿贤和张娜[130-131]建立的普适性模型。

流量(G_c)、转速(n_c)、压比(π_c)及效率(η_c)这 4 个参数通常可以用来表征压气机的变工况特性,选择其中两个独立变量的折合参数作为自变量,如折合流量$\overline{G}_c = G_c\sqrt{T_1}/p_1$,折合转速$\overline{n}_c = n_c/\sqrt{T_1}$,本书选取折合流量和转速作为独立变量,则压比和效率可分别如式(2.18)和式(2.19)所示。其中,为使模型解析结果简明,本书采取无量纲比折合参数,即折合参数值与设计参数值的比值,用·表示。

$$\dot{\pi}_c = c_1(\dot{n}_c)\dot{G}_c^2 + c_2(\dot{n}_c)\dot{G}_c + c_3(\dot{n}_c) \tag{2.18}$$

$$\dot{\eta}_c = [1 - c_4(1 - \dot{n}_c)^2](\dot{n}_c/\dot{G}_c)(2 - \dot{n}_c/\dot{G}_c) \tag{2.19}$$

其中,折合参数和参数c_1, c_2, c_3的计算如下:

$$\begin{cases} \dot{\pi}_c = \pi_c/\pi_{c0}, \dot{G}_c = \overline{G}_c/\overline{G}_{c0} \\[2mm] \overline{G}_c = \dfrac{G_c\sqrt{T_1}}{p_1} \\[2mm] \dot{n}_c = \dfrac{\overline{n}_c}{\overline{n}_{c0}} \\[2mm] \overline{n}_c = \dfrac{n_c}{\sqrt{T_1}} \\[2mm] \dot{\eta}_c = \eta_c/\eta_{c0} \\[2mm] c_1 = \dot{n}_c/[p(1 - m/\dot{n}_c) + \dot{n}_c(\dot{n}_c - m)^2] \\[2mm] c_2 = (p - 2m\dot{n}_c^2)/[p(1 - m/\dot{n}_c) + \dot{n}_c(\dot{n}_c - m)^2] \\[2mm] c_3 = -(pm\dot{n}_c - m^2\dot{n}_c^3)/[p(1 - m/\dot{n}_c) + \dot{n}_c(\dot{n}_c - m)^2] \end{cases} \tag{2.20}$$

其中,m为压气机设计转速延长线与$\dot{m}_c$轴的交点;r为压气机设计转速延长线与$\dot{m}_c$轴两交点的距离。其中,当$m = 1.8, p = 1.8, c_4 = 0.3$时,压气机特性曲线如图 2.9 所示。

由此可以看出,只要确定压气机$\dot{m}_c$和$\dot{n}_c$,压气机变工况绝热效率和压比即可得到。通过式(2.14)~式(2.17)可得到压气机出口温度T_{2a}和耗功w_c,如式(2.21)和式(2.22)所示:

$$T_{2a} = T_1\left(1 + \frac{\pi_c^{ke} - 1}{\eta_c}\right) \tag{2.21}$$

$$w_c = m_c c_p T_1 \left(\frac{\pi_c^{ke} - 1}{\eta_c} \right) \qquad (2.22)$$

其中，$k_e \left(k_e = k_c - \dfrac{1}{k_c} \approx 0.686 \right)$ 为空气绝热指数，k_c（约为 1.4）为空气平均比热比。

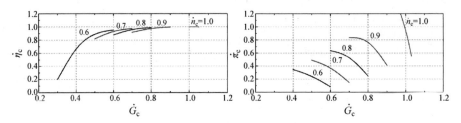

图 2.9　压气机变工况特性曲线

（2）燃烧室设计工况及变工况热力学模型

燃烧室计算模型如下。

质量守恒：

$$m_3 = m_c + m_f \qquad (2.23)$$

压力损失：

$$p_3 = \varepsilon_b p_2 \qquad (2.24)$$

燃烧效率：

$$\eta_b = \frac{(m_c + m_f) h_3}{m_c h_{2a} + m_f (h_f + \mathrm{LHV})} \qquad (2.25)$$

其中，LHV 为燃料的低热值，kJ。

　　燃料燃烧后的烟气主要成分为燃烧产物和不参与反应的气体，主要包括 CO_2、H_2O、N_2 等。本书烟气按照理想气体处理，假设满足理想气体状态方程。微燃机消耗燃料主要为碳、氢、氧、氮、硫等元素组成的化合物，可用 $C_x H_y O_z N_u S_v$ 表示。假设燃料燃烧空燃比为 α，空气中氮氧比为 d（3.714 28），则燃料燃烧化学反应方程如式（2.26）所示：

$$C_x H_y O_z N_u S_v + \alpha \left(x + \frac{y}{4} + v - \frac{z}{2} \right) (O_2 + d N_2) \rightarrow x CO_2 + \frac{y}{2} H_2O + v SO_2 +$$

$$\left[\alpha \left(x + \frac{y}{4} + v - \frac{z}{2} \right) - x - \frac{y}{4} - v \right] O_2 + \left[\alpha d \left(x + \frac{y}{4} + v - \frac{z}{2} \right) + \frac{u}{2} \right] N_2$$

$$(2.26)$$

则烟气理论物质的量为

$$n_{gas} = \alpha(1+d)\left(x+\frac{y}{4}+v-\frac{z}{2}\right)+\frac{u}{2}+\frac{y}{4} \qquad (2.27)$$

烟气组分 CO_2、H_2O、SO_2、O_2 和 N_2 物质的量比为

$$n(CO_2) : n(H_2O) : n(SO_2) : n(O_2) : n(N_2)$$
$$= x : \frac{y}{2} : v : \left[\alpha\left(x+\frac{y}{4}+v-\frac{z}{2}\right)-x-\frac{y}{4}-v\right] :$$
$$\left[\alpha d\left(x+\frac{y}{4}+v-\frac{z}{2}\right)+\frac{u}{2}\right] \qquad (2.28)$$

空燃比 α 的计算如下:

$$Q = LHV\eta_b = (1+\alpha L_0)(h_g^{T_3}-h_g^{T_0})-\left[(h_f^{T_2}-h_f^{T_0})+\alpha L_0(h_c^{T_2}-h_c^{T_0})\right] \qquad (2.29)$$

其中,LHV 为单位燃料的发热量;L_0 为理论空气量;$h_g^{T_3}$ 和 $h_g^{T_0}$ 为透平入口(T_3)单位量燃料的焓值和标准态($T_0=25\ ℃$)下的燃料焓值;$h_f^{T_2}$ 为燃烧室入口单位燃料的焓值;$h_c^{T_2}$ 和 $h_c^{T_0}$ 分别为燃烧室入口单位空气的焓值和标态下的焓值。本书所选燃料为天然气,其主要成分为 CH_4,其低位热值为 41.023 MJ/m³(918.92 kJ/mol)。理论空气量 $L_0=9.52$ m³/m³(17.255 kg/kg)。

影响燃烧室燃烧效率的因素很多,其中空燃比 α 对其有很大影响,α 在设计值附近时效率最高。由于 η_b 的变化范围很小,一般为 0.96～0.99,多数为 0.99 左右。因此本书假设燃烧室效率为 0.99 进行变工况计算。燃烧室压力损失与燃烧温度和流量有关。同样,压力损失变化很小,因此本书也将其当定值来计算其变工况,取值为 1,视为等压过程。

(3) 透平设计工况及变工况热力学模型

透平计算模型如下。

质量守恒:

$$m_{in} = m_{out} \qquad (2.30)$$

压力变化:

$$\pi_t = \frac{p_3}{p_{4a}} \qquad (2.31)$$

透平膨胀效率:

$$\eta_t = \frac{h_3 - h_{4a}}{h_3 - h_4} = \frac{T_3 - T_{4a}}{T_3 - T_4} \qquad (2.32)$$

透平做功：

$$w_t = m_3(h_3 - h_{4a}) \qquad (2.33)$$

其中，透平压比 π_t 和转速 n 为设计值。透平变工况流量为

$$G_t / G_{t0} = \alpha \sqrt{T_{30}/T_3} \sqrt{(\pi_t^2 - 1)/(\pi_{t0}^2 - 1)} \qquad (2.34)$$

其中，G_t、T_3 和 π_t 分别为透平流量、入口温度和膨胀压比。采取 $\alpha = \sqrt{1.4 - 0.4 n_t/n_{t0}}$ 来表征透平转速。压气机和透平转速相等，$n_t = n_c$。透平变工况效率如式 (2.35) 所示：

$$\dot{\eta}_t = [1 - t_4(1 - \dot{n}_t)^2](\dot{n}_t/\dot{G}_t)(2 - \dot{n}_t/\dot{G}_t) \qquad (2.35)$$

其中，$t_4 = 0.3$，折合参数计算如下：

$$\dot{G}_t = \bar{G}_t/\bar{G}_{t0}, \quad \bar{G}_t = \frac{G_t\sqrt{T_3}}{p_3}, \quad \dot{n}_t = \frac{\bar{n}_t}{\bar{n}_{t0}}, \quad \bar{n}_t = \frac{n_t}{\sqrt{T_3}}, \quad \dot{\eta}_t = \eta_t/\eta_{t0}$$

$$(2.36)$$

透平变工况特性曲线如图 2.10 所示，只要知道折合流量和折合转速，就可确定透平运行压比和膨胀效率。

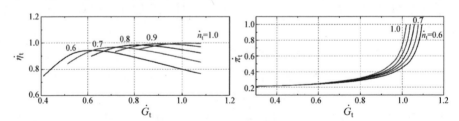

图 2.10　透平变工况特性曲线

（4）回热器设计工况及变工况热力学模型

质量守恒：

$$m_{in} = m_{out} \qquad (2.37)$$

能量守恒：

$$Q_{2a} = kA\Delta t_m = m_{2a}(h_{2'} - h_{2a}) = m_{2a}(h_{4a} - h_5)$$

$$\Delta t_m = (\Delta t_{max} - \Delta t_{min})/\ln(\Delta t_{max}/\Delta t_{min}) \qquad (2.38)$$

回热度：

$$\sigma = \frac{h_{2a'} - h_{2a}}{h_{4a} - h_5} = \frac{T_{2a'} - T_{2a}}{T_{4a} - T_5} \qquad (2.39)$$

回热器变工况回热度计算如式(2.40)所示:

$$\sigma = \sigma_0 / [\sigma_0 + (1 - \sigma_0)(G/G_0)^{0.2}] \qquad (2.40)$$

(5) 全工况发电效率模型

由上述各部件全工况的模型建立方法, Cai 等[130-131]也得到微燃机全工况发电效率通用模型, 如式(2.41)所示:

$$\eta_{\text{MGT}} = (4.8f - 14.02f^2 + 23.88f^3 - 20.412f^4 + 6.752f^5)\eta_{\text{MGT}}^{\text{nom}}$$
$$(2.41)$$

其中, f 为动力单元的负荷输出偏离额定功率的比例, 即负荷率; $\eta_{\text{MGT}}^{\text{nom}}$ 为额定工况发电效率。负荷率 f 如式(2.42)所示:

$$f = \frac{P^{\text{CCHP}}}{P_{\text{cap}}^{\text{CCHP}}} \qquad (2.42)$$

其中, P^{CCHP} 为系统输出的电负荷; $P_{\text{cap}}^{\text{CCHP}}$ 为动力单元装机容量。

2. 内燃机与燃气轮机全工况发电效率

与上述微燃机的建模过程类似, 具体过程不再赘述。内燃机和燃气轮机全工况发电效率通用模型分别如式(2.43)和式(2.44)所示:

$$\eta_{GE} = (-1.6f^2 + 2.47f + 0.13)\eta_{GE}^{\text{nom}} \qquad (2.43)$$

$$\eta_{GT} = (-1.18f^4 + 3.69f^3 - 4.69f^2 + 3.18f)\eta_{GT}^{\text{nom}} \qquad (2.44)$$

其中, η_{GE}^{nom} 和 η_{GT}^{nom} 分别为内燃机和燃气轮机的额定工况发电效率。根据不同型号和容量的发电设备, 本书对其额定工况的发电效率数据进行拟合, 从而得到不同容量下的发电设备额定发电效率, 如图 2.11 所示。其中, 商业发电设备型号和效率列于表 2.5[4-5,19,132]中, 内燃机、燃气轮机和微燃机的装机容量范围分别为 10~9500 kW、1150~45 000 kW 和 30~1000 kW。其拟合得到的稳定发电效率分别如式(2.45)~式(2.47)所示:

$$\eta_{GE}^{\text{nom}} = 0.0404\ln(P_{\text{cap}}^{\text{CCHP}}) + 0.1064 \qquad (2.45)$$

$$\eta_{GT}^{\text{nom}} = -10^{-10}(P_{\text{cap}}^{\text{CCHP}})^2 + 8 \times 10^{-6}(P_{\text{cap}}^{\text{CCHP}}) + 0.2464, \quad P_{\text{cap}}^{\text{CCHP}} > 1000 \text{ kW}$$
$$(2.46)$$

$$\eta_{\text{MGT}}^{\text{nom}} = 0.0202\ln(P_{\text{cap}}^{\text{CCHP}}) + 0.1837, \quad P_{\text{cap}}^{\text{CCHP}} < 1000 \text{ kW} \qquad (2.47)$$

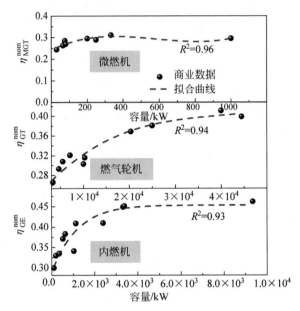

图 2.11　不同装机容量和型号的动力发电设备额定发电效率拟合

表 2.5　不同型号和装机容量的发电设备额定发电效率[4-5,19,32]

动力设备	型号	容量/kW	额定发电效率
内燃机	Tecogen Inverde Ultra 100	100	0.300
	G3306TA	100	0.273
	G3406TA	190	0.330
	G3406LE	350	0.335
	G3412TA	519	0.371
	GE Jenbacher(GEJ) JMS-312C65	633	0.383
	G3508LE	1025	0.341
	GEJ JMS-416B85	1121	0.409
	G3612SITA	2400	0.410
	GEJ JMS-620F01	3326	0.449
	G3616SITA	3385	0.451
	Wartsila 20V34SG	9341	0.462
燃气轮机	Solar Saturn 20	1150	0.236
	Solar Centaur 40	3304	0.266
	Solar Centaur 50	4600	0.293
	Solar Taurus 60	5457	0.308

续表

动力设备	型　　号	容量/kW	额定发电效率
燃气轮机	Solar Taurus 70	7038	0.321
	Solar Mars 100	9950	0.303
	Solar Mars 100	10 239	0.316
	Solar Titan 250	20 336	0.369
	GE LM2500	25 000	0.381
	GE LM6000PD	40 000	0.411
	GE LM6000	44 488	0.399
微燃机	Capstone C30	30	0.244
	Capstone C65 CARB	65	0.263
	Allied signal AS75	75	0.285
	Bowmen TG80CG	80	0.27
	Capstone C65 CARB	65	0.263
	Allied signal AS75	75	0.285
	Bowmen TG80CG	80	0.27
	Capstone C200 CARB	200	0.295
	FlexEnergy MT250	250	0.289
	FlexEnergy MT330	333	0.311
	Capstone C1000-LE	1000	0.295

3. 吸收式制冷系统全工况模型

图 2.12 为双效吸收式制冷系统和其对应的系统压焓图。系统主要由高、低压发生器,高、低温溶液换热器,冷凝器,蒸发器,吸收器,节流阀和泵组成。其中,发生器和吸收器借助溶液中分离制冷剂蒸气及其被溶液的吸收混合以达到制冷蒸气升压的目的,相当于蒸气压缩制冷系统中压缩机的作用。Han 等[102]给出了吸收式制冷系统详细的全工况模型,本书不再赘述。而对于单效吸收式制冷系统则无低压发生器。

实际上,不管是吸收式制冷系统还是热泵系统,均可视为由一个化学热机(CHP)和热泵(HP)子循环耦合而成,如图 2.13 所示。其中,化学热机子循环的功能类似于电制冷系统中压缩机的功能,具有虚拟做功能力。其对应的 COP 计算分别如式(2.48)和式(2.49)所示。

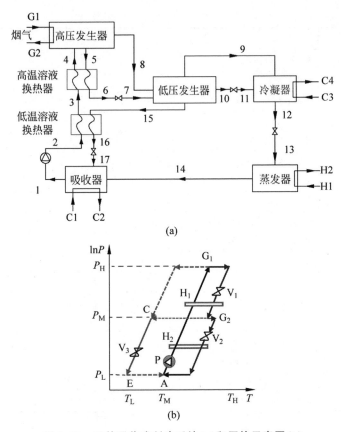

图 2.12　双效吸收式制冷系统(a)和压焓示意图(b)

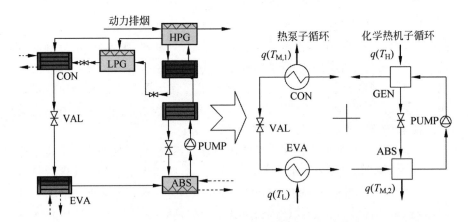

图 2.13　化学热机和热泵子循环耦合示意图

$$\text{COP}_{\text{AC}} = \eta_{\text{AC}} \frac{T_{\text{H}} - T_{\text{M}}}{T_{\text{H}}} \frac{T_{\text{L}}}{T_{\text{M}} - T_{\text{L}}} \tag{2.48}$$

$$\text{COP}_{\text{AHP}} = \eta_{\text{AHP}} \frac{T_{\text{H}} - T_{\text{L}}}{T_{\text{H}}} \frac{T_{\text{M}}}{T_{\text{M}} - T_{\text{L}}} \tag{2.49}$$

其中,η_{AC} 和 η_{AHP} 分别为吸收式制冷和热泵系统的热力学完善度;T_{H}、T_{M}、T_{L} 分别为系统中对应的高温、中温与低温,对应的部件分别为发生器、冷凝器/吸收器和蒸发器。

同时,不同形式吸收式机组的性能系数列于表 2.6 中。

表 2.6　不同余热利用技术性能系数[5,133-136]

余热利用技术	功　能	COP	
单效吸收式制冷	提供冷负荷	① Q_{E}/② Q_{G}	0.5~0.8[133-134]
双效吸收式制冷	提供冷负荷	Q_{E}/③ Q_{G1}	1.2~1.4[134-135]
单效吸收式热泵	提供热负荷	$1 + Q_{\text{E}}/Q_{\text{G1}}$	1.6~1.7[5]
双效吸收式热泵	提供热负荷	$1 + Q_{\text{E}}/Q_{\text{G1}}$	2.0~2.1[5]

① Q_{E} 表示蒸发器中释放的热。
② Q_{G} 表示发生器中吸收的热。
③ Q_{G1} 表示在高压发生器吸收的热量[136]。

4. 换热器模型

本书假设所选换热器为套管式逆流换热器,其效能如式(2.50)所示:

$$\varepsilon = 1 - e^{\text{NTU}} \tag{2.50}$$

根据经验公式,其变工况总的传热系数如式(2.51)所示:

$$\begin{cases} \kappa = \kappa_{\text{D}} \left(\dfrac{m}{m_{\text{D}}} \right)^n \\ \Delta T_{\text{m}} = \dfrac{\Delta T_{\text{in}} - \Delta T_{\text{out}}}{\ln \dfrac{\Delta T_{\text{in}}}{\Delta T_{\text{out}}}} \end{cases} \tag{2.51}$$

其中,κ_{D} 为设计工况换热系数;n 为换热器结构参数,为 0.4;m 和 m_{D} 分别为变工况和设计工况烟气流量。

2.3.3　系统冷热电负荷输出比例关系

由上述全工况模型可知,系统的输入项为天然气,输出项为冷热电负荷,如图 2.14 所示。天然气(F_{gas})在燃烧室内燃烧,高温烟气驱动透平做功,系统发电量为 P^{CCHP},其计算如式(2.52)所示;透平排烟量热量被回收

部分为 Q^{CCHP}；其计算如式(2.53)所示；余热分别驱动吸收式制冷或换热器得到的冷和热负荷分别为 C^{CCHP} 和 H^{CCHP}，其计算分别如式(2.54)和式(2.55)所示。

图 2.14　CCHP 系统能量输入与输出示意图

$$P^{\mathrm{CCHP}} = F_{\mathrm{gas}}\eta_{\mathrm{pgu}} \tag{2.52}$$

$$Q^{\mathrm{CCHP}} = F_{\mathrm{gas}}(1-\eta_{\mathrm{pgu}})\xi\eta_{\mathrm{rec}} \tag{2.53}$$

$$C^{\mathrm{CCHP}} = \alpha_{\mathrm{C}}Q^{\mathrm{CCHP}}\mathrm{COP}_{\mathrm{AC}} \tag{2.54}$$

$$H^{\mathrm{CCHP}} = (1-\alpha_{\mathrm{C}})Q^{\mathrm{CCHP}}\eta_{\mathrm{HX}} \tag{2.55}$$

其中，η_{pgu} 为动力机组变工况发电效率，内燃机、燃气轮机和微燃机的计算模型分别如式(2.43)、式(2.44)和式(2.41)所示；ξ 为动力机组余热进入余热回收单元部分比例，为 0.9；η_{rec} 为余热回收单元回收余热效率，为 0.8；α_{C} 为驱动制冷的余热比例。

根据上述计算模型，动力机组变工况热电比的变化趋势如图 2.15(a)所示，可以看出系统越偏离额定工况，热电比越小，且内燃机由于具有较大的发电效率，其热电比小于微燃机和燃机。同时，图 2.15(b)为系统输出冷热电负荷的非线性比例关系，可以看出三者直接的比例与动力机组余热的分配系数 α_{C} 息息相关。

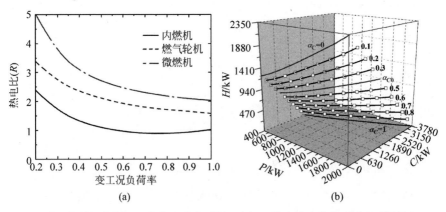

图 2.15　动力机组变工况热电比变化趋势(a)和系统冷热电负荷输出比例关系(b)
　　　　(见文前彩图)

2.3.4　系统评价指标

为评价不同供需匹配情景下负荷特征参数对系统性能的影响,本书选择相对节能率(ESR)、碳排放减少率(CO_2ER)和运行费用减少率(CostR)作为系统节能性、环保性和经济性评价指标,其计算分别如式(2.56)~式(2.58)所示:

$$ESR = 1 - \frac{E_r}{E_{ab}} \tag{2.56}$$

$$CO_2ER = 1 - \frac{CO_2E_r}{CO_2E_{ab}} \tag{2.57}$$

$$CostR = 1 - \frac{Cost_r}{Cost_{ab}} \tag{2.58}$$

其中,E_r、CO_2E_r 和 $Cost_r$ 分别为 CCHP 系统消耗的折标煤能量、碳排放量和运行费用;E_{ab}、CO_2E_{ab} 和 $Cost_{ab}$ 分别为分产系统消耗折标煤能量、碳排放量和运行经济费用,其计算式分别如式(2.59)~式(2.61)所示:

$$E_{ab} = P^{user}E_{ref,p} + C^{user}E_{ref,c} + H^{user}E_{ref,h} \tag{2.59}$$

$$CO_2E_{ab} = (P^{user} + C^{user}/COP_{EC})\mu_{CO_2,e} + Q_H^{user}\mu_{CO_2,f} \tag{2.60}$$

$$Cost_{ab} = (P^{user} + C^{user}/COP_{EC})C_e + Q_H^{user}C_f \tag{2.61}$$

其中,$E_{ref,p}$、$E_{ref,c}$ 和 $E_{ref,h}$ 分别为传统分产系统产生单位($kW \cdot h$)电冷、热负荷需要消耗的标准煤($kgce$,29.3 kJ)。例如,$E_{ref,p}$ 代表电厂产生 1 $kW \cdot h$ 电负荷时消耗的标准煤量。由于气候条件对系统机组运行效率有较大影响,因此 $E_{ref,c}$、$E_{ref,h}$ 和 $E_{ref,p}$ 的值在不同气候区内也有所差异。根据中华人民共和国国家标准[137],我国不同温度范围内冷热电的折标煤系数列于表 2.7 中。天然气折标煤系数为 0.1229 $kgce/(kW \cdot h)$。$\mu_{CO_2,f}/\mu_{CO_2,e}$ 和 C_f/C_e 分别为天然气/电的碳排放和经济费用折算系数。我国不同建筑气候区域内的天然气和电的碳排放与经济性折算系数如表 2.8 所示。

表 2.7　我国不同温度范围内 $E_{ref,c}$、$E_{ref,h}$ 和 $E_{ref,p}$ 取值[134,137]

平均温度/℃	$E_{ref,p}$/[gec/(kW·h)]	$E_{ref,c}$/[gec/(kW·h)]	$E_{ref,h}$/[gec/(kW·h)]
≤-5	352.94	86.08	
-5<T≤0	354.71	80.61	147.25
>0	356.47	82.90	

表 2.8　我国不同建筑气候区域（代表城市）的碳排放和运行经济折算系数[97]

折算系数		数值				
	气候区域	哈尔滨	北京	上海	香港	昆明
$CO_2 ER$	$\mu_{CO_2,e}/[g/(kW\cdot h)]$	877	968	911	877	877
	$\mu_{CO_2,f}/[g/(kW\cdot h)]$					220
CostR	$C_e/[元/(kW\cdot h)]$					0.964
	$C_f/[元/(kW\cdot h)]$					0.194

2.4　CCHP 系统与用户负荷普适性供需匹配关系

2.4.1　无量纲供需匹配参数

如图 2.16 所示为用户与系统能量平衡示意图。系统产生的冷热电分别以 C^{CCHP}、H^{CCHP} 和 P^{CCHP} 表示。动力单元产生的余热被余热回收单元收集部分以 Q^{CCHP} 表示，其中，用于驱动吸收式制冷系统和换热器的部分分别记为 Q_C^{CCHP} 和 Q_H^{CCHP}，其对应输出的冷和热负荷分别为 C^{CCHP} 和 H^{CCHP}。若系统产生电负荷大于用户需求，则有 P_{EC}^{CCHP} 可用于驱动电制冷系统制冷。若系统供给小于用户需求时，通过电制冷、补燃锅炉和电网补偿的部分分别记为 Q_{EC}、Q_{boiler} 和 $P_{grid,buy}$。

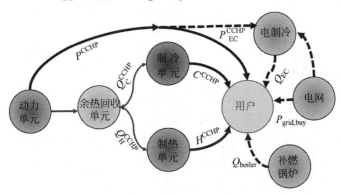

图 2.16　CCHP 系统能量平衡示意图

因此，系统与用户电和综合热负荷供需平衡分别如式（2.62）和式（2.63）所示：

电平衡 $\begin{cases} P^{\text{user}} > P^{\text{CCHP}} \to P^{\text{user}} = P^{\text{CCHP}} + P_{\text{grid,buy}} \\ P^{\text{user}} < P^{\text{CCHP}} \to P^{\text{user}} = P^{\text{CCHP}} - \omega P_{\text{EC}}^{\text{CCHP}} - P_{\text{excess}}^{\text{CCHP}} \end{cases}$　(2.62)

综合热负荷平衡 $\begin{cases} Q^{\text{user}} > Q^{\text{CCHP}} \to Q^{\text{user}} = Q^{\text{CCHP}} + Q_{\text{boiler}} + \omega Q_{\text{EC}} \\ Q^{\text{user}} < Q^{\text{CCHP}} \to Q^{\text{user}} = Q^{\text{CCHP}} - Q_{\text{excess}}^{\text{CCHP}} \end{cases}$　(2.63)

由电制冷系统补充部分综合热负荷 Q_{EC} 部分为

$$Q_{\text{EC}}^{\text{CCHP}} = C_{\text{EC}}^{\text{CCHP}}/\text{COP}_{\text{AC}} = P_{\text{EC}}^{\text{CCHP}} \cdot \text{COP}_{\text{EC}}/\text{COP}_{\text{AC}} \quad (2.64)$$

将式(2.62)和式(2.63)分别除以 P^{CCHP} 和 Q^{CCHP},则分别变为式(2.65)和式(2.66)的无量纲平衡关系:

$$\begin{cases} \alpha_{\text{E}} > 1 \to \alpha_{\text{E}} = 1 + \alpha_{\text{grid,buy}} \\ \alpha_{\text{E}} < 1 \to \alpha_{\text{E}} = 1 - \omega \alpha_{\text{E,EC}} - \alpha_{\text{E,excess}} \end{cases} \quad (2.65)$$

$$\begin{cases} \alpha_{\text{H}} > 1 \to \alpha_{\text{H}} = 1 + \omega \alpha_{\text{H,EC}} + \alpha_{\text{boiler}} \\ \alpha_{\text{H}} < 1 \to \alpha_{\text{H}} = 1 - \alpha_{\text{H,excess}} \end{cases} \quad (2.66)$$

其中,无量纲参数 α_{E} 和 α_{H} 分别表示系统变工况电负荷和综合热负荷输出与用户需求间无量纲匹配关系,其定义如式(2.67)所示:

$$\begin{cases} \alpha_{\text{E}} = \dfrac{P^{\text{user}}}{P^{\text{CCHP}}} \\ \alpha_{\text{H}} = \dfrac{Q^{\text{user}}}{Q^{\text{CCHP}}} \end{cases} \quad (2.67)$$

同时,引入无量纲参数 M 表示系统与用户间电和综合热负荷整体匹配关系,如式(2.68)所示:

$$\begin{cases} M = \dfrac{\alpha_{\text{H}}}{\alpha_{\text{E}}} = \dfrac{R^{\text{user}}}{R^{\text{CCHP}}} \\ R^{\text{user}} = \dfrac{Q^{\text{user}}}{P^{\text{user}}} \\ R^{\text{CCHP}} = \dfrac{Q^{\text{CCHP}}}{P^{\text{CCHP}}} \end{cases} \quad (2.68)$$

其中,R^{user} 和 R^{CCHP} 分别为用户和系统对应的"综合热电比"。

由此,无量纲参数 α_{E}、α_{H} 和 M 分别表示系统与用户电负荷、综合热负荷和负荷整体供需匹配关系。由于系统装机容量对负荷的供需匹配有很大影响,因此,引入参数 $\alpha_{\text{E,cap}}$ 和 $\alpha_{\text{H,cap}}$ 分别表示用户电和综合热负荷需求与系统动力机组($P_{\text{cap}}^{\text{CCHP}}$)和余热回收单元($Q_{\text{cap}}^{\text{CCHP}}$)装机容量的匹配关系,如式(2.69)所示。同时,当系统以"电跟随"或"热跟随"策略运行时,$\alpha_{\text{E,cap}}$ 和 $\alpha_{\text{H,cap}}$ 也可反映系统偏离额定工况的程度。

$$\begin{cases} \alpha_{\text{H,cap}} = \dfrac{Q^{\text{user}}}{Q_{\text{cap}}^{\text{CCHP}}} \\[3mm] \alpha_{\text{E,cap}} = \dfrac{P^{\text{user}}}{P_{\text{cap}}^{\text{CCHP}}} \end{cases} \tag{2.69}$$

同理,对于给定 CCHP 系统,本书以参数 $\alpha_{\text{H,cap}}$ 和 $\alpha_{\text{E,cap}}$ 的比值 μ^{user} 来表示用户综合负荷需求与装机容量间的关系,如式(2.70)所示:

$$\begin{cases} \mu^{\text{user}} = \dfrac{\alpha_{\text{H,cap}}}{\alpha_{\text{E,cap}}} = \dfrac{R^{\text{user}}}{R_{\text{cap}}^{\text{CCHP}}} \\[3mm] R_{\text{cap}}^{\text{CCHP}} = \dfrac{Q_{\text{cap}}^{\text{CCHP}}}{P_{\text{cap}}^{\text{CCHP}}} \end{cases} \tag{2.70}$$

2.4.2　无量纲供需匹配图

为直观得到用户与系统负荷供需匹配的关系,本书基于上述提出的无量纲参数绘制了负荷无量纲供需匹配图,如图 2.17 所示,图中,横坐标和纵坐标分别为 $\alpha_{\text{E,cap}}$ 和 $\alpha_{\text{H,cap}}$,图中任何一点($\alpha_{\text{E,cap}}$,$\alpha_{\text{H,cap}}$)与坐标原点(0,0)的斜率即为特征参数 μ^{user}。曲线 l_{CCHP} 为 CCHP 系统全工况无量纲负荷输出线,不同构型对应的线型不同。以微燃机为例,电和综合热负荷最小出力分别是负荷率为 0.2 和 0.415,则其变工况电负荷输出范围 $\alpha_{\text{E,cap}} \in [0.2,1]$,对应的综合热负荷输出范围 $\alpha_{\text{H,cap}} \in [0.415,1]$。则点 O_1(0.2,0.415)和 O_4(1,1)分别为系统最小负荷输出和设计工况。由此,根据系统无量纲负荷输出边界线:$\alpha_{\text{E,cap}} = 0.2$、$\alpha_{\text{E,cap}} = 1$、$\alpha_{\text{H,cap}} = 0.415$、$\alpha_{\text{H,cap}} = 1$ 可将无量纲供需匹配图划分为 9 个供需匹配区:(1)~(9)。其中,区域(1)内用户电和综合热负荷需求均小于系统最小输出($\alpha_{\text{E,cap}} < 0.2$,$\alpha_{\text{H,cap}} < 0.415$),此时系统应停机,用户负荷由传统分产系统提供。相反,区域(5)内用户电和综合热负荷需求均大于系统最大负荷输出($\alpha_{\text{E,cap}} > 1$,$\alpha_{\text{H,cap}} > 1$),此时系统应保持额定工况运行,不足的负荷由辅助补燃系统提供。区域(2)和区域(6)内用户综合热负荷在系统负荷输出范围内,而电负荷分别小于和大于系统最小输出和最大输出;相反,区域(4)和区域(8)内用户电负荷在系统负荷输出范围内,但综合热负荷需求分别大于和小于用户最大输出和最小输出。区域(2)、区域(4)、区域(6)、区域(8)内用户负荷可通过合适的运行策略减少负荷输出过剩或不足。区域(3)和区域(7)则为两种极端情况,用户在区域(3)内电负荷小于系统最小输出,但综合热负荷需求大于系统最大输出,区域(7)内则刚好相反。若用户负荷需求在区域(9)内,则电和综合热负荷均在系统负荷输出范围内,可通过选择合适的运行策略满足用户负荷需求。当用户需求与系统负荷输出线重合时,系统刚好满足用户需求,负荷输出既无过剩也无不足。

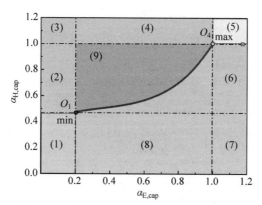

图 2.17　系统与用户负荷无量纲供需匹配图

　　此外,位于系统负荷输出线上方区域的用户综合热负荷大于系统输出,而下方则相反。同时,由于 $\mu^{\text{user}}=1$ 的用户经过系统额定工况点 O_4,可以看出, $\mu^{\text{user}}>1$ 的供需匹配区绝大部分位于负荷输出线上方;而 $\mu^{\text{user}}<1$ 的供需匹配区则位于下方,系统综合热负荷输出过剩。因此,图 2.17 中的 9 个供需匹配区域囊括了用户与系统供需匹配的所有情景,具有普适性。9 个区域内无量纲参数大小关系列于表 2.9 中。

表 2.9　负荷供需匹配图各区域无量纲参数大小关系

μ^{user}	区　域	无量纲匹配参数大小关系	运 行 状 态
$\mu^{\text{user}}>1$	(1^{UB})	$0<\alpha_{\text{E,cap}}<0.2, 0<\alpha_{\text{H,cap}}<0.415$	停机
	(2)	$0<\alpha_{\text{E,cap}}<0.2, 0.415\leqslant\alpha_{\text{H,cap}}\leqslant 1$	j:热跟随
	(3)	$0<\alpha_{\text{E,cap}}<0.2, 1<\alpha_{\text{H,cap}}$	i:满负荷
	(4)	$0.2\leqslant\alpha_{\text{E,cap}}\leqslant 1, 1<\alpha_{\text{H,cap}}$	g:FEL 或满负荷
	(5^{UB})	$1<\alpha_{\text{E,cap}}, 1<\alpha_{\text{H,cap}}$	f:满负荷
	(8^{UB})	$0.2\leqslant\alpha_{\text{E,cap}}\leqslant 1, 0<\alpha_{\text{H,cap}}<0.415$	k:电跟随
	(9^{UB})	$0.2\leqslant\alpha_{\text{E,cap}}\leqslant 1, 0.415\leqslant\alpha_{\text{H,cap}}\leqslant 1$	a:热或电跟随

续表

μ^{user}	区　域	无量纲匹配参数大小关系	运 行 状 态
$\mu^{\text{user}}<1$	(5^{LB})	$1<\alpha_{\text{E,cap}},1<\alpha_{\text{H,cap}}$	c：满负荷
	(6)	$1<\alpha_{\text{E,cap}},0.415\leqslant\alpha_{\text{H,cap}}\leqslant1$	b：电跟随
	(7)	$1<\alpha_{\text{E,cap}},\alpha_{\text{H,cap}}<0.415$	d：满负荷
	(8^{LB})	$0.2\leqslant\alpha_{\text{E,cap}}\leqslant1,0<\alpha_{\text{H,cap}}<0.415$	e：电跟随
	(9^{LB})	$0.2\leqslant\alpha_{\text{E,cap}}\leqslant1,0.415\leqslant\alpha_{\text{H,cap}}\leqslant1$	a：电或热跟随

如图 2.18 所示，3 个发电设备为动力单元的 CCHP 系统全工况负荷输出比例线放置在同一负荷供需匹配图中。其中，内燃机、燃机轮机和微燃机为动力机组的 CCHP 系统负荷输出比例线分别为曲线 O_1O_4、O_2O_4 和 O_3O_4，可以看出其最小负荷输出分别为 $(0.2,0.45)$、$(0.2,0.5)$ 和 $(0.2,0.415)$，设计工况对应的匹配参数 μ^{user} 分别为 2.25、2.5 和 2.075。燃气轮机最小负荷输出范围大于内燃机和微燃机，微燃机最小。内燃机全工况负荷输出比例线呈非线性变化趋势，而燃气轮机和微燃机几乎呈线性变化趋势。

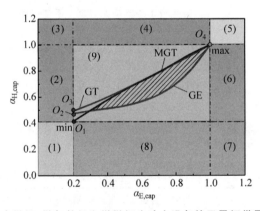

图 2.18　以内燃机、燃气轮机和微燃机为动力设备的无量纲供需匹配示意图

将不同装机容量的动力设备全工况负荷输出比例线对应到无量纲供需匹配图中，如图 2.19 所示，可以看出动力设备装机容量对系统负荷输出比例线的影响较小。因此，以某一装机容量的动力设备为代表，即可在无量纲供需匹配图中研究系统与用户间的负荷供需匹配关系，具有普适性。

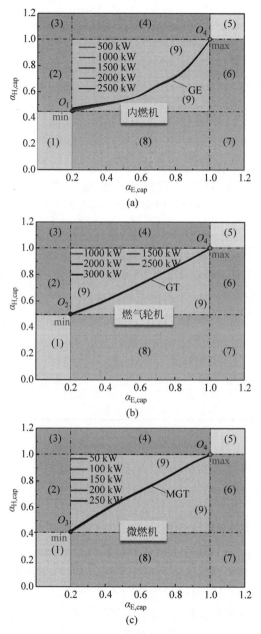

图 2.19　不同装机容量动力设备的 CCHP 系统在无量纲供需匹配图中的负荷输出比例线（见文前彩图）

（a）内燃机；（b）燃气轮机；（c）微燃机

2.4.3 基于供需匹配图的普适性供需匹配情景

由供需匹配参数 $\alpha_{E,cap}$ 和 $\alpha_{H,cap}$ 可以看出,系统装机容量对供需匹配关系影响较大。例如,当 $\alpha_{E,cap}>1$ 时,系统与用户供需匹配关系位于区域(5)(6)(7),当增大系统装机容量时,匹配参数 $\alpha_{E,cap}$ 值逐渐减小,此时匹配关系将位于区域(4)(8)(9)。从普适性研究的角度出发,本书选择传统的"以电定热"和"以热定电"两种装机方法对系统进行容量设计,同时以2.2.3节中的3类简化用户(直线型、三角型和四边型)作为研究对象,开展系统与用户负荷供需匹配普适性情景研究。由于简化后的方波用户典型天只有平均峰负荷(P_{max}^{user},Q_{max}^{user})和平均谷负荷(P_{min}^{user},Q_{min}^{user}),因此,"以电定热"装机模式下,动力机组以 P_{max}^{user} 进行装机,即以用户平均峰电负荷为准,此时 $\alpha_{E,cap}=1$;相反,若选择"以热定电"装机方法,则以用户峰期平均综合热负荷为准,此时余热回收单元装机容量为 Q_{max}^{user},则 $\alpha_{H,cap}=1$。在两种装机模式下,系统各关键部件的装机容量列于表 2.10 中。

表 2.10 "以电定热"和"以热定电"两种模式下系统关键部件容量

装机模式	条件	关键设备容量			
		动力单元	余热回收单元	制冷单元	制热单元
以电定热	$\alpha_{E,cap}=1$	P_{max}^{user}	Q_{max}^{CCHP}	$Q_{max}^{CCHP} \cdot COP_{AC}$	$Q_{max}^{CCHP} \cdot \eta_{HX}$
以热定电	$\alpha_{H,cap}=1$	$Q_{max}^{user}/R_{max}^{CCHP}$	Q_{max}^{user}	$Q_{max}^{user} \cdot COP_{AC}$	$Q_{max}^{user} \cdot \eta_{HX}$

如图 2.20 所示为 3 种类型用户在无量纲供需匹配图上与系统普适性供需匹配情景。对于直线型用户,若系统以"以电定热"模式装机,则电负荷高峰期 $\alpha_{E,cap}=1$,但谷期 $\alpha_{E,cap}<1$(假设负荷峰谷比 k_E 始终大于1)。可根据综合热负荷与系统的匹配关系分为 I、II、III、IV 4 种供需匹配情景。

情景 I 为典型天峰期(③)和谷期(①⑤)负荷需求均位于系统负荷输出线 l_{CCHP} 下方($\alpha_H<1$),此时系统在峰谷期会有过剩的综合热负荷产生。

情景 II 为比较理想的供需匹配情景,即峰期和谷期负荷均落在系统负荷输出线上,系统供给刚好满足用户需求($\alpha_E=1$,$\alpha_H=1$)。

情景 III 为负荷需求峰期(③)位于负荷输出线上方,而谷期(①⑤)位于下方,此时系统在谷期有过剩综合热负荷产生($\alpha_H<1$),而在峰期则供能不足($\alpha_H>1$)。

情景 IV 为峰谷期负荷需求位于系统负荷输出线上方,此时系统产生的

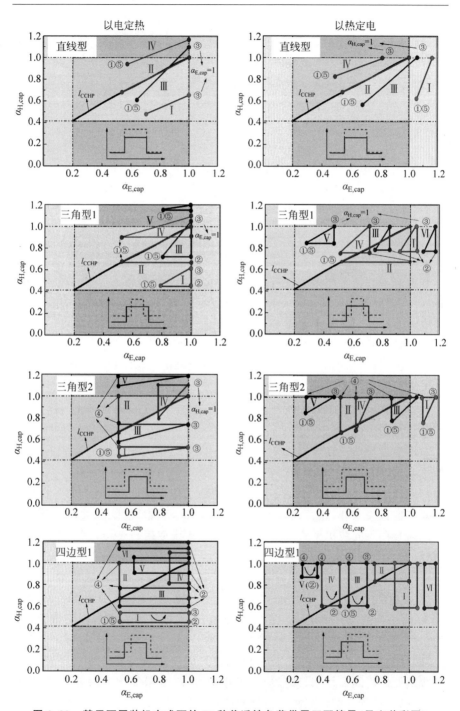

图 2.20　基于不同装机方式下的 53 种普适性负荷供需匹配情景（见文前彩图）

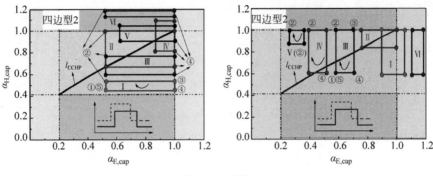

图 2.20　（续）

综合热负荷均在峰期和谷期均不能满足用户需求（$\alpha_H > 1$），此时则需要借助补燃锅炉补充。

若对于直线型用户，系统以"以热定电"模式装机，则综合热负荷高峰期 $\alpha_{H,cap} = 1$，但谷期 $\alpha_{H,cap} < 1$（假设负荷峰谷比 k_Q 始终大于 1）。同理，可根据电负荷与系统的匹配关系分为 Ⅰ、Ⅱ、Ⅲ、Ⅳ 4 种供需匹配情景。

情景Ⅰ和情景Ⅳ分别为全天候电负荷需求大于（$\alpha_E > 1$）和小于（$\alpha_E < 1$）系统输出，此时不足部分可向电网购电，而过剩的电负荷可根据不同的上网政策进行处理；

情景Ⅱ也为理想匹配情况，负荷需求刚好落在负荷输出线上，无过剩和不足负荷产生（$\alpha_E = 1$，$\alpha_H = 1$）；

情景Ⅲ为负荷高峰期 $\alpha_{H,cap} > 1$，谷期 $\alpha_{H,cap} < 1$，则峰期电负荷不足，谷期过剩或刚好满足（电跟随运行策略）。

同理，对于三角型和四边型用户，其除了负荷峰期、谷期负荷与负荷输出线的位置关系外，还存在负荷峰谷错位期（②和④）的匹配关系。其供需匹配情景在不同装机模式下的分类原则与直线型用户类似，因此本书不再赘述。

如图 2.20 所示，在"以电定热"的装机模式下，直线型、三角型 1、三角型 2、四边型 1 和四边型 2 用户与系统的供需匹配情景分别为 4 种、5 种、5 种、6 种和 6 种，共计 26 种；在"以热定电"装机模式下的供需匹配情景分别为 4 种、6 种、5 种、6 种和 6 种，共计 27 种。因此，在"以热定电"和"以电定热"两种装机模式下，3 种类型用户典型天负荷需求与系统输出共计有 53 种普适性供需匹配情景，即任何一种用户，经 2.2 节简化方法处理后，均可对应到这 53 种匹配情景中。基于这 53 种普适性供需情景，本书探讨不同供需匹配情景下负荷特征参数对系统的影响规律,初步判断用户的适用性。

以北京某宾馆为例,其夏季典型天电负荷和综合热负荷需求如图 2.21 所示,若系统按"以电定热"模式装机时,动力机组和余热回收单元装机容量分别为 500 kW 和 1180 kW;若选择"以热定电"模式装机时,其对应的装机容量则分别为 760 kW 和 1740 kW。

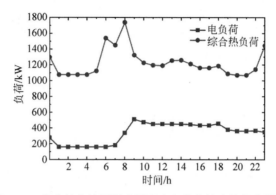

图 2.21　北京某宾馆夏季典型天电负荷和综合热负荷需求

图 2.22 为系统在"以电定热"和"以热定电"两种装机模式下与宾馆典型天负荷的供需匹配情况。可以看出,宾馆可归纳为三角型用户,在"以电定热"装机模式下负荷位于区域(4)和(9),大量的综合热负荷需要额外补充;而当按"以热定电"装机时,由于系统装机容量增大,典型天逐时负荷落在区域(9)内,系统可以满足需求。

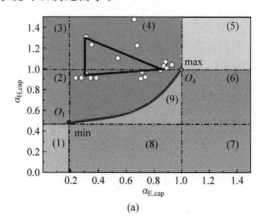

(a)

图 2.22　系统在"以电定热"(a)和"以热定电"(b)两种装机模式下与宾馆典型天负荷匹配情况

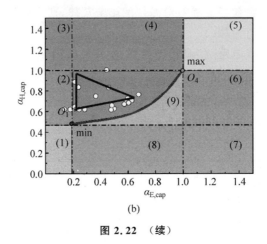

(b)

图 2.22　(续)

2.4.4　基于供需匹配图的系统集成与调控初步指导

从上述分析可知,供需匹配图中各个供需匹配状态点、线或区域均代表不同的供需匹配情景。因此,可根据不同的供能情景指导系统的集成及调控,具体如下。

（1）集成方面:系统节能边界、构型及装机容量设计;设计工况适合用户范围

如图 2.23 所示,若用户与系统的供需匹配点始终为额定工况点,即点 O_4,无量纲装机容量供需匹配参数 $\alpha_{E,cap}$ 与 $\alpha_{H,cap}$ 均等于 1。此时用户综合热与电负荷需求同时等于系统的额定输出,且无波动,对应的用户为理想无波动用户,负荷供等于需。本书称该类型用户为第一层次用户。因此,通过供需匹配点 O_4 即可获得系统节能边界或设计工况适合的用户范围。

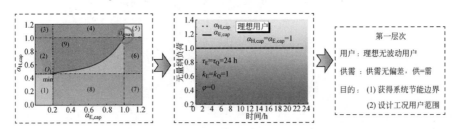

图 2.23　基于供需匹配图系统在设计工况的节能边界和适合用户范围指导(见文前彩图)

当无量纲装机容量参数 $\alpha_{E,cap}$ 等于 1,而 $\alpha_{H,cap}$ 不等于 1 时,系统的额

定工况电负荷输出刚好满足用户电负荷需求,但综合热负荷供给过剩或不足,此时对应的匹配情景为图 2.24 中竖直绿线;反之,当 $\alpha_{\mathrm{H,cap}}$ 等于 1,而 $\alpha_{\mathrm{E,cap}}$ 不等于 1 时,系统的额定工况综合热负荷输出刚好满足用户需求,但电负荷供给过剩或不足,此时对应的匹配情景为图 2.24 中横向绿线。该两种供需情景对应的用户理想无波动,但与系统额定工况输出有偏差,此时该类用户称为第二层次用户。通过横向和竖向两条直线对应的供需情景,即可获得系统合适的构型选择方案和装机容量方法。

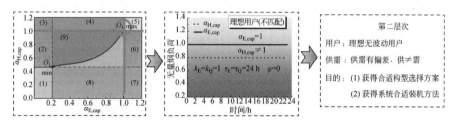

图 2.24　基于供需匹配图系统在设计工况的系统构型和装机容量指导(见文前彩图)

由上述分析可知,供需匹配图中的"一点两线"可指导系统的集成设计。

（2）系统调控方面:变工况调控方法及变工况用户适用范围

如图 2.25 所示,若用户与系统的供需匹配情景不满足上述"一点两线",即容量匹配参数 $\alpha_{\mathrm{E,cap}}$ 与 $\alpha_{\mathrm{H,cap}}$ 均不等于 1,此时系统偏离额定工况运行。此时对应的用户冷热电负荷需求会发生错位,且与系统的负荷输出有偏差,供不等于需,该类用户为第三层次非理想有偏差用户。由于用户需求偏离了系统额定输出,需要通过不同的变工况调控手段和方法缓解二者间的供需不匹配,使第三层次用户供需情况向第一层次和第二层次转变。因此,通过供需匹配图,可分析不同调控手段下的供需匹配情况及系统在变工况运行时适合的用户范围。

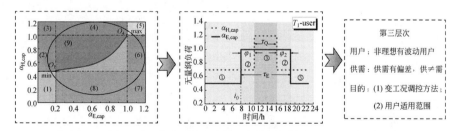

图 2.25　基于供需匹配图的系统变工况调控方法和适合用户范围指导

2.5　本章小结

本章从普适性角度出发,首先建立了系统与用户普适性模型,并基于负荷波动特征参数将用户分为直线型、三角型和四边型 3 类。基于模型和二者的能量供需平衡关系,定义了反映变工况与设计工况供需匹配关系的两类无量纲匹配参数,从而绘制了普适性负荷供需匹配图。

然后,本章分析讨论了供需匹配图 9 个区域内的供需匹配情况,并构筑了 53 种普适性供需匹配情景。最后,本章基于供需匹配图内的点、线、面初步分析了通过匹配关系对系统集成与调控的普适性指导。其中,通过系统额定工况输出点可获得系统节能边界及设计工况适合的用户范围;通过综合热或电负荷等于系统装机容量的两条横向与竖向直线可获得系统构型与装机容量设计方案;通过 9 个区域内的供求匹配情景可分析系统调控方法的适用性及调控能力,同时获得变工况条件下的用户适用范围。

第 3 章　CCHP 系统与用户协同集成设计研究

3.1　本 章 引 论

　　虽然 CCHP 系统较传统分产系统在经济、环保和节能方面具有较大优势,但是由于系统在设计阶段的设备选型、装机容量和服务用户等的选择不合理导致负荷供需不匹配,因此现有系统相对分产系统的节能率只有 10%～20%,因此其节能潜力未充分发挥。由第 2 章可知,负荷的供需匹配性是系统与用户协同集成的核心,供需匹配图中的“一点两线”可指导系统的集成设计。在用户负荷需求特定的前提下,可通过不同的构型与装机容量设计使系统输出与用户负荷需求匹配;而当系统与用户负荷供需发生偏差时,则需通过一定的调控手段来改善供需匹配关系。因此,系统与用户的协同集成设计需同时考虑设计与变工况负荷的供需匹配关系。本章以负荷的供需匹配性为指导思想,基于无量纲供需匹配图定量分析了不同供能情景下系统构型设计、装机容量选择、节能边界及适合的用户范围,从而为 CCHP 系统标准及政策的制定提供参考。

3.2　基于不同供能情景下的系统构型与装机容量研究

3.2.1　不同供能情景下的系统构型描述

　　如图 3.1 所示,动力单元常见的发电设备有内燃机、燃气轮机和微燃机,余热利用单元有冷负荷输出的单、双效吸收式制冷技术,热负荷输出的单、双效吸收式热泵和换热器。用户不足的冷和热负荷可通过补燃锅炉和电制冷补充,而不足的电负荷向电网购买。当系统发电过剩时,本章将根据不同的上网政策分别讨论系统性能。图 3.1 中不同的动力单元与余热利用单元耦合可构成不同的系统构型。

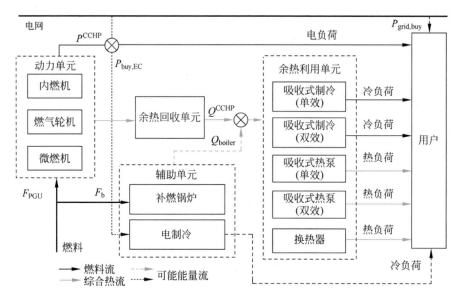

图 3.1　CCHP 系统不同单元涉及的可供选择的相关发电、制冷和制热技术

　　基于建筑用户的负荷需求特征,我国《民用建筑设计规范》[126]将建筑气候区主要分为严寒、寒冷、夏热冬冷、夏热冬暖和温和地区 5 个气候区域,用户在不同气候区域内的负荷需求特征不同。例如,在严寒和寒冷地区对热负荷的需求较大,夏热冬暖地区则更需要冷负荷,而温和地区对冷热电负荷均有需求,需求量较均衡。因此,根据用户在不同气候区域的负荷需求特征及系统的负荷输出特性,系统构型分为 3 种供能情景:冷电负荷需求、热电负荷需求和冷热电负荷需求,其对应的系统构型如图 3.2 所示。可以看出,在冷电供能情景下,系统的余热利用单元为单、双效吸收式制冷系统,与 3 种动力发电设备(内燃机、燃气轮机和微燃机)可构成 6 种不同的供能构型;在热电供能情景下,系统的余热利用单元为单、双效吸收式热泵和换热器,与动力机组可组合为 9 种不同的系统构型;而系统同时有冷热电负荷输出时,此时系统的供冷设备为单、双效吸收式制冷系统,供热设备为换热器,则与动力设备组合可构成 6 种不同的系统构型。由此,在 3 种不同的供能情景下,不同的动力发电设备和余热利用技术的耦合可构成 21 种不同的系统构型。本章将基于系统与用户的协同集成,对这 21 种系统构型的容量设计方法、运行策略的选择、节能边界和适合的用户范围展开讨论。

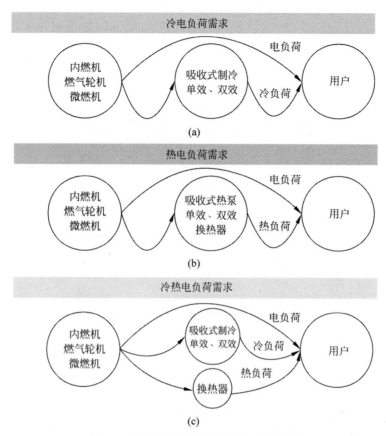

图 3.2　不同供能情景下对应的系统构型
(a) 冷电负荷需求；(b) 热电负荷需求；(c) 冷热电负荷需求

3.2.2　"以电定热"和"以热定电"装机模式下的供需匹配性

由 2.4.3 节可以看出，在"以电定热"和"以热定电"两种不同的装机模式下，系统与用户表现出不同的供需匹配关系。当系统按"以电定热"装机时，根据用户电负荷需求优先考虑动力机组的装机容量，其对应的无量纲容量匹配参数 $\alpha_{E,cap}=1$；相反，按"以热定电"装机时，优先考虑余热回收单元的装机容量，其容量匹配参数 $\alpha_{H,cap}=1$。

如图 3.3 所示，在供需匹配图上这两种装机模式分别以 PPE 和 PPT 表示。在系统变工况运行阶段，由式(2.68)可知无量纲匹配参数 M 可以表示系统与用户间电和综合热负荷整体匹配关系。其中，当 $M>1$ 时，表示用户综合热负荷大于系统输出或电负荷小于系统动力单元供给（$\alpha_H>1$ 或

$\alpha_E<1$）；当 $M<1$ 时，表示系统输出大的综合热负荷过剩或供电不足（$\alpha_H>1$ 或 $\alpha_E<1$）。当 $M=1$ 时，表示负荷供需达到理想匹配，此时系统无须额外补充也无供给不足。

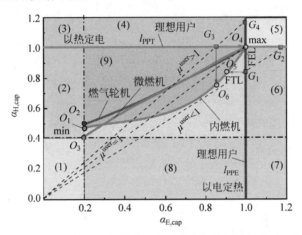

图 3.3　以内燃机、燃气轮机和微燃机为动力设备的无量纲供需匹配示意图

由 2.4.4 节可知，供需匹配图中的"一点两线"对应第一、第二层次的理想用户，可指导系统进行节能边界计算、装机容量和适合用户筛选。因此，当对"以电定热"和"以热定电"两种装机容量进行定量分析时，需根据 $\alpha_{H,cap}=1$ 和 $\alpha_{E,cap}=1$ 两条横向与纵向的直线进行分析，如图 3.3 所示。这两条直线上的负荷输出与用户需求间存在一定的偏差，如当系统按"以热定电"装机时（$\alpha_{H,cap}=1$），供需匹配点 G_3 在 FEL（优先满足电负荷）运行策略下电负荷能满足需求，而综合热负荷反而供给不足。因此，在评价"以电定热"和"以热定电"两种装机模式的适用情景时，也应综合考虑系统变工况运行策略的选择。本章只考虑 FEL（优先满足电负荷）和 FTL（优先满足综合热负荷）两种变工况运行策略的选择，其在不同装机模式下对应的供需匹配关系分以下 3 种情况。

（1）用户电和综合热负荷需求与系统额定工况输出刚好匹配，$\alpha_{E,cap}$ 和 $\alpha_{H,cap}$ 均等于 1，对应点 O_4（$\mu^{user}=1$），此时 $M=1$。该情况为供需匹配最理想情况，对应第一层次用户，可获得系统节能边界。

（2）系统按"以电定热"模式装机，对于负荷需求位于系统负荷输出比例线下方的用户，如图 3.3 中的点 G_1（$\mu^{user}<1$），系统以 FEL 和 FTL 运行时，运行点分别为 O_4 和 O_5，综合热负荷输出过剩和供电不足，对应的匹配参数 $M<1$。若用户负荷需求位于负荷输出比例线上方，如图 3.3 中的点 G_4（$\mu^{user}>1$）所示，系统以 FEL 和 FTL 运行时系统均以额定工况运行

（O_4），此时综合热负荷需求大于系统最大输出，对应的匹配参数 $M>1$。

（3）系统按"以热定电"模式装机，若用户负荷需求位于系统负荷输出比例线下方，如图 3.3 中的点 G_2（$\mu^{user}<1$），系统以额定工况运行，用户电负荷需求超过系统最大输出，此时 $M<1$。当位于上方时，如点 G_3（$\mu^{user}>1$），系统以 FEL 和 FTL 运行时的运行状态点分别为 O_6 和 O_4，对应的综合热负荷供给不足和产电过剩，此时 $M>1$。

因此，当理想用户负荷需求位于系统输出比例线上方时，供需匹配参数 $M>1$；反之，位于下方时 $M<1$。上述 3 种情况同时在图 3.4 中进一步说明。不同装机模式及运行策略下，系统与用户负荷供给匹配参数取值大小列于表 3.1 中。同时，当 $\mu^{user}<1$ 时，按"以热定电"模式的动力机组装机容量大于"以电定热"模式，当 $\mu^{user}>1$ 时则相反。因此，参数 μ^{user} 可评估不同装机模式下动力机组容量大小（见式(2.70)）。

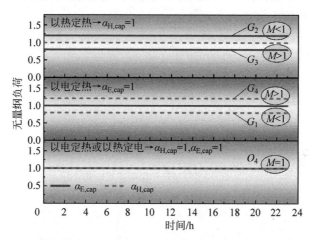

图 3.4　不同装机模式下"理想用户"与系统的负荷典型天供需匹配示意图

表 3.1　不同装机模式和运行策略下的系统与用户负荷无量纲供需匹配参数

装机模式	条件	关键单元容量		供需匹配参数			
		动力单元	余热回收单元	$\mu^{user}\leq1,M\leq1$		$\mu^{user}>1,M>1$	
				FEL	FTL	FEL	FTL
以电定热	$\alpha_{E,cap}=1$	P^{user}	$P^{user}\cdot R_{cap}^{CCHP}$	$\alpha_E=1,$ $\alpha_H\leq1$	$\alpha_E\geq1,$ $\alpha_H=1$	$\alpha_E=1,$ $\alpha_H>1$	
以热定电	$\alpha_{H,cap}=1$	$\dfrac{Q^{user}}{R_{cap}^{CCHP}}$	Q^{user}	$\alpha_E\geq1,\alpha_H=1$		$\alpha_E=1,$ $\alpha_H>1$	$\alpha_E<1,$ $\alpha_H=1$

根据"以热定电"和"以电定热"两种不同的装机模式,可将相对节能率(ESR)的计算模型与供需匹配参数 M 进行耦合,主要分两种情况展开讨论。

（1）系统以"以电定热"模式装机（PPE）

对于 $M \leqslant 1$，由表 3.1 可以看出，用户负荷位于系统负荷输出比例线下方（$\mu^{\text{user}} < 1$），系统以 FEL 策略运行产生的综合热负荷过剩，而以 FTL 运行策略运行则供电不足；对于 $M > 1$，用户需求位于上方（$\mu^{\text{user}} > 1$），则产生的综合热负荷不足，需要额外补充。对于产生的综合热负荷不足，系统余热优先满足用户热负荷需求（第 4 章阐释原因）。当用户热负荷完全满足，而部分冷负荷需要额外补充时，$[(1-\lambda)Q^{\text{user}} < Q^{\text{CCHP}} < Q^{\text{user}}]$，$1 < M < (1-\lambda)^{-1}$；当系统只能满足部分热负荷，而全部冷负荷需要额外补充时，$[(1-\lambda)Q^{\text{user}} > Q^{\text{CCHP}}]$，$M > (1-\lambda)^{-1}$。则不同运行策略下 ESR 与 M 的耦合计算模型分别如式（3.1）和式（3.2）所示：

$$\text{ESR}(M \leqslant 1) =$$

$$\begin{cases} \text{FEL：} 1 - \dfrac{(1/R_{\text{cap}}^{\text{CCHP}} + 1/\xi\eta_{\text{rec}})a}{[(\text{COP}_{\text{AC}}E_{\text{ref,c}} - \eta_{\text{HX}}E_{\text{ref,h}})\lambda + \eta_{\text{HX}}E_{\text{ref,h}}]M + E_{\text{ref,p}}/R_{\text{cap}}^{\text{CCHP}}} \\[4mm] \text{FTL：} 1 - \dfrac{(1/R^{\text{CCHP}} + 1/\xi\eta_{\text{rec}})a + (M^{-1}-1)E_{\text{ref,p}}/R^{\text{CCHP}}}{[(\text{COP}_{\text{AC}}E_{\text{ref,c}} - \eta_{\text{HX}}E_{\text{ref,h}})\lambda + \eta_{\text{HX}}E_{\text{ref,h}}]M + E_{\text{ref,p}}/R^{\text{CCHP}}} \end{cases} \quad (3.1)$$

$$\text{ESR}(M > 1) =$$

$$\begin{cases} 1 < M < (1-\lambda)^{-1}: 1 - \dfrac{(1/R_{\text{cap}}^{\text{CCHP}} + 1/\xi\eta_{\text{rec}})a + (M-1)\text{COP}_{\text{AC}}E_{\text{ref,c}}}{[(\text{COP}_{\text{AC}}E_{\text{ref,c}} - \eta_{\text{HX}}E_{\text{ref,h}})\lambda + \eta_{\text{HX}}E_{\text{ref,h}}]M + E_{\text{ref,p}}/R_{\text{cap}}^{\text{CCHP}}} \\[4mm] M > (1-\lambda)^{-1}: 1 - \dfrac{(1/R_{\text{cap}}^{\text{CCHP}} + 1/\xi\eta_{\text{rec}})a + [(\text{COP}_{\text{AC}}E_{\text{ref,c}} - a)\lambda + (1-M^{-1})a]M}{[(\text{COP}_{\text{AC}}E_{\text{ref,c}} - \eta_{\text{HX}}E_{\text{ref,h}})\lambda + \eta_{\text{HX}}E_{\text{ref,h}}]M + E_{\text{ref,p}}/R_{\text{cap}}^{\text{CCHP}}} \end{cases}$$

$$(3.2)$$

（2）系统以"以热定电"模式装机（PPT）

类似地，由表 3.1 可知，对于 $M \leqslant 1$，对用户负荷需求位于系统负荷输出比例线下方，用户电负荷需求超过系统最大输出，不足部分需向电网购买，其相关节能率计算模型如式（3.3）所示：

$$\text{ESR}(M \leqslant 1) = 1 - \dfrac{(1/R_{\text{cap}}^{\text{CCHP}} + 1/\xi\eta_{\text{rec}})a + (M^{-1}-1)E_{\text{ref,p}}/R_{\text{cap}}^{\text{CCHP}}}{[(\text{COP}_{\text{AC}}E_{\text{ref,c}} - \eta_{\text{HX}}E_{\text{ref,h}})\lambda + \eta_{\text{HX}}E_{\text{ref,h}}]M + E_{\text{ref,p}}/R_{\text{cap}}^{\text{CCHP}}}$$

$$(3.3)$$

当 $M > 1$ 时，用户负荷位于系统负荷输出比例线上方，FEL 和 FTL 对应系统产生的综合热负荷不足和供电过剩。当综合热负荷供给不足时，系统余热同样优先满足用户热负荷需求；针对系统产生的过剩电分可上网和不可上网两种情况讨论，当可上网时，系统过剩的电负荷是系统收益部分，而不可上网时，产生过剩的电负荷相当于额外消耗了能量。其计算模型如式(3.4)所示：

$$
\mathrm{ESR}(M>1) =
$$

$$
\begin{cases}
\mathrm{FEL}\begin{cases}
1<M<(1-\lambda)^{-1}:1-\dfrac{(1/R^{\mathrm{CCHP}}+1/\xi\eta_{\mathrm{rec}})a+(M-1)\mathrm{COP}_{\mathrm{AC}}E_{\mathrm{ref,c}}}{[(\mathrm{COP}_{\mathrm{AC}}E_{\mathrm{ref,c}}-\eta_{\mathrm{HX}}E_{\mathrm{ref,h}})\lambda+\eta_{\mathrm{HX}}E_{\mathrm{ref,h}}]M+E_{\mathrm{ref,p}}/R^{\mathrm{CCHP}}}\\[4mm]
M>(1-\lambda)^{-1}:1-\dfrac{(1/R^{\mathrm{CCHP}}+1/\xi\eta_{\mathrm{rec}})a+[(\mathrm{COP}_{\mathrm{AC}}E_{\mathrm{ref,c}}-a)\lambda+(1-M^{-1})a]M}{[(\mathrm{COP}_{\mathrm{AC}}E_{\mathrm{ref,c}}-\eta_{\mathrm{HX}}E_{\mathrm{ref,h}})\lambda+\eta_{\mathrm{HX}}E_{\mathrm{ref,h}}]M+E_{\mathrm{ref,p}}/R^{\mathrm{CCHP}}}
\end{cases}\\[10mm]
\mathrm{FTL}\begin{cases}
\text{不可上网}:1-\dfrac{(1/R_{\mathrm{cap}}^{\mathrm{CCHP}}+1/\xi\eta_{\mathrm{rec}})a}{(\mathrm{COP}_{\mathrm{AC}}E_{\mathrm{ref,c}}-\eta_{\mathrm{HX}}E_{\mathrm{ref,h}})\lambda+\eta_{\mathrm{HX}}E_{\mathrm{ref,h}}+M^{-1}E_{\mathrm{ref,p}}/R_{\mathrm{cap}}^{\mathrm{CCHP}}}\\[4mm]
\text{可上网}:1-\dfrac{(1/R_{\mathrm{cap}}^{\mathrm{CCHP}}+1/\xi\eta_{\mathrm{rec}})a}{(\mathrm{COP}_{\mathrm{AC}}E_{\mathrm{ref,c}}-\eta_{\mathrm{HX}}E_{\mathrm{ref,h}})\lambda+\eta_{\mathrm{HX}}E_{\mathrm{ref,h}}+E_{\mathrm{ref,p}}/R_{\mathrm{cap}}^{\mathrm{CCHP}}}
\end{cases}
\end{cases}
$$

$$
\tag{3.4}
$$

3.2.3 不同供能情景下系统装机容量及构型对比分析

根据用户在不同气候区域的负荷需求特征，3.2.1 节将 21 种系统构型分为 3 种供能情景：冷电负荷需求、热电负荷需求和冷热电负荷需求。本节将对这 3 种供能情景下的系统性能进行对比分析。

(1) 只有冷电负荷需求($\lambda=1$)

系统只有冷电负荷需求时，对应的系统构型为 3 种动力设备分别与单、双效吸收式制冷单元耦合，共有 6 种不同的系统构型。如图 3.5 所示为 6 种系统构型在不同的装机模式下系统相对节能率随参数 μ^{user}（不同供需匹配情景）的变化趋势，以及系统在"以电定热"和"以热定电"两种装机方法下的性能比较。

当系统以"以电定热"方式装机时，如图 3.5(a)~(c)所示，随 μ^{user} 的增大，系统与用户负荷供需匹配参数 M 逐渐增大，对应的系统相对节能率在 $M<1$ 的情景($\mu^{\mathrm{user}}<1$)下逐渐增大，而在 $M>1$ 的情景($\mu^{\mathrm{user}}>1$)下则逐渐减小；当 $M=1$($\mu^{\mathrm{user}}=1$)时，系统相对节能率达到最大值。对比这 6 种构型，可以发现当 $M<1$ 时，不管系统采取 FEL 还是 FTL 运行策略，动力机组与双效吸收式单元耦合的系统构型均表现出较高的系统相对节能率。说明制冷系统 $\mathrm{COP}_{\mathrm{AC}}$ 越大，越利于系统节能。此外，对于同一动力设备，在

$M<1$ 的情景下,FEL 运行策略要优于 FTL。这是由于 FEL 运行策略对应的供需匹配参数 M 较 FTL 更接近 1,则系统保持高效运行的同时额外补充的能量较少。而对于 $M>1$($\mu^{\text{user}}>1$)的情景,由于系统以额定工况运行,因此 FEL 与 FTL 运行策略节能性相等。

当系统以"以热定电"模式装机时,不同构型系统相对节能率随供需匹配情景参数 μ^{user} 的变化趋势如图 3.5(d)~(f)所示。同样地,随 μ^{user} 的增大,供需匹配参数 M 逐渐增大,在 $\mu^{\text{user}}<1$ 的情景下,FEL 和 FTL 对应的 M 值相等。而当 $\mu^{\text{user}}>1$ 时,FEL 运行策略对应的 M 值小于 FTL 运行策略。系统 ESR 则随 μ^{user} 的增大先增大后减小(过剩电不可上网),在 $M=1$ 时 ESR 值最大。值得注意的是,当 $\mu^{\text{user}}>1$ 时($M>1$),系统以 FTL 策略运行时由过剩电负荷生成。当过剩电负荷可上网时,系统的 ESR 保持不变,电网相当于蓄电池,保持系统高效运行的同时无额外负荷补充。同样也可以看出,动力设备耦合双效吸收式制冷机的系统构型表现出更高的相对节能率。同时,当过剩电负荷不可上网时,系统建议选择 FEL 运行策略,而可上网时,FTL 运行策略对应的系统节能性更好。

图 3.5(g)~(i)对比了两种不同装机模式下不同系统构型和运行策略对应的系统节能率大小。其中,"以电定热"模式下选择节能性较好的 FEL 运行策略,而对于"以热定电"模式则选择 FTL 运行策略下过剩电负荷可上网和不可上网的情况。通过对比可以发现,在 $M<1$($\mu^{\text{user}}<1$)的情景下,"以电定热"对应的系统选择 FEL 运行策略时的节能性要优于"以热定电";然而,在 $M>1$($\mu^{\text{user}}>1$)的情景下过剩电不可上网时,"以热定电"模式对应的内燃机+双效吸收式制冷机的系统构型选择 FTL 运行策略的相对节能率最大;可上网时,系统在"以热定电"装机模式选择 FTL 运行策略的系统节能性较好。

(2) 只有热电负荷需求($\lambda=0$)

当用户分布在严寒或者寒冷地区时,对冷负荷需求较少,对热负荷的需求量较大。系统只有热电负荷输出时,对应的系统构型为 3 种动力机组分别耦合单、双效吸收式热泵或换热器,共构成 9 种系统构型。如图 3.6 所示为 9 种系统构型在不同的装机模式下系统相对节能率随参数 μ^{user}(不同供需匹配情景)的变化趋势,以及系统在"以电定热"和"以热定电"两种装机方法下的性能比较。

当系统以"以电定热"方式装机时,如图 3.6(a)~(c)所示,随 μ^{user} 的增大,系统与用户负荷供需匹配参数 M 逐渐增大,对应的系统相对节能率在

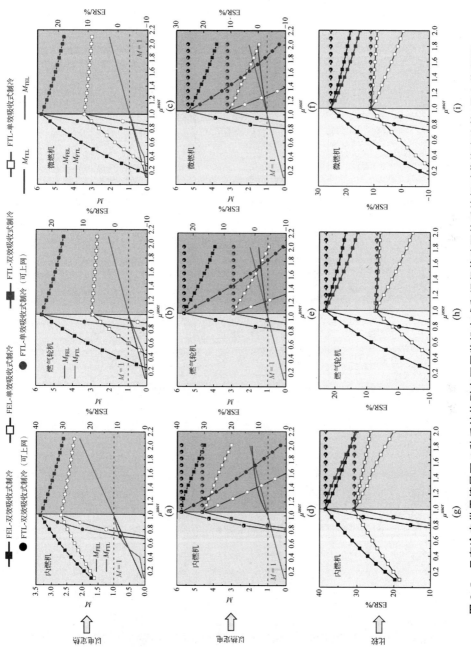

图 3.5　只有冷电供需情景下 6 种系统构型在不同装机方式和运行策略下的系统相对节能率比较（见文前彩图）

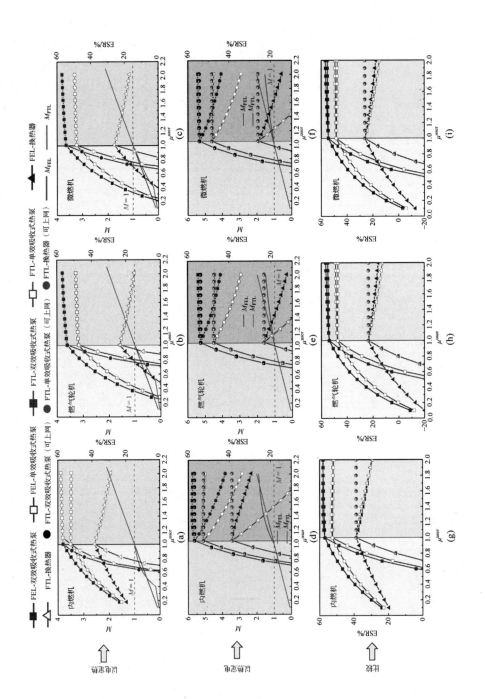

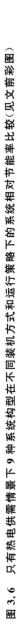

图 3.6 只有热电供需情景下 9 种系统构型在不同装机方式和运行策略下的系统相对节能率能率比较（见文前彩图）

$M<1$ 的情景($\mu^{\text{user}}<1$)下逐渐增大,而在 $M>1$ 的情景($\mu^{\text{user}}>1$)下对于耦合吸收式热泵的系统相对节能率变化不大,耦合换热器的系统对应的系统相对节能率逐渐减小。当 $M=1$($\mu^{\text{user}}=1$)时,系统相对节能率达到最大值。对于同一动力设备下的系统构型,耦合双效吸收式热泵的系统节能性要高于单效热泵和换热器,耦合换热器的系统性能最差,说明余热利用单元的系统性能系数越高,其节能性越好。同时,对比两种运行策略,可以看出在 $M<1$($\mu^{\text{user}}<1$)的情景下,FEL 运行策略表现出更好的系统节能性,而当 $M>1$($\mu^{\text{user}}>1$)时,由于系统以额定工况运行,二者无差异。

当系统以"以热定电"模式装机时,不同构型系统相对节能率随供需匹配情景参数 μ^{user} 的变化趋势如图 3.23(d)～(f)所示。同样地,随 μ^{user} 的增大,供需匹配参数 M 逐渐增大,而 ESR 在 $M<1$($\mu^{\text{user}}<1$)的情景下逐渐增大,在 $M>1$($\mu^{\text{user}}>1$)的情景下对于耦合换热器的系统逐渐减小;而耦合吸收式热泵的系统 ESR 在 FEL 运行策略下几乎不变,在 FTL 运行策略下逐渐减小。通过对比统一发电设备下的系统构型和运行策略,耦合双效吸收式热泵的系统在 FEL 运行策略下运行时系统性能较好。然而,当系统产生的过剩电可上网时,FTL 运行策略应优先考虑。

同冷电需求情景,图 3.6(g)～(i)对比了两种不同装机模式下不同系统构型和运行策略对应的系统节能率大小。其中,以系统采取 FEL 运行策略和过剩电可上网时的 FTL 运行策略情况下的系统节能性作为比较对象,可以看出在 $M<1$($\mu^{\text{user}}<1$)的情景下,系统应选择"以电定热"模式,且耦合吸收式热泵的系统采取 FEL 运行策略时系统性能较好。在 $M>1$($\mu^{\text{user}}>1$)的情景下,当过剩电可上网时,系统应选择"以热定电"模式装机,且选择FTL 运行策略。

(3) 同时有冷热电负荷需求($0<\lambda<1$)

若系统同时输出冷热电负荷,则对应的系统构型为 3 种动力设备分别耦合单、双效吸收式制冷机和换热器,共构成 6 种不同的系统构型。如图 3.7 所示为系统在不同的装机模式、运行策略和冷负荷需求比例(λ)下的相对节能率对比。可以看出,在相同 λ 下,系统相对节能率随 μ^{user} 的增大先增大后减小,在 $\mu^{\text{user}}=1$($M=1$)时达到最大值。而在相同的供需匹配情景下(μ^{user}),系统相对节能率随用户冷负荷需求比例的增加(λ),在 $M<1$($\mu^{\text{user}}<1$)的情景下,节能率逐渐减小,说明系统在冬季($\lambda=0$)节能性更好。然而,在 $M>1$($\mu^{\text{user}}>1$)的情景下,系统相对节能率随 λ 的增大呈现先增加后减小的趋势,当 $M=(1-\lambda)^{-1}$ 时达到最大。

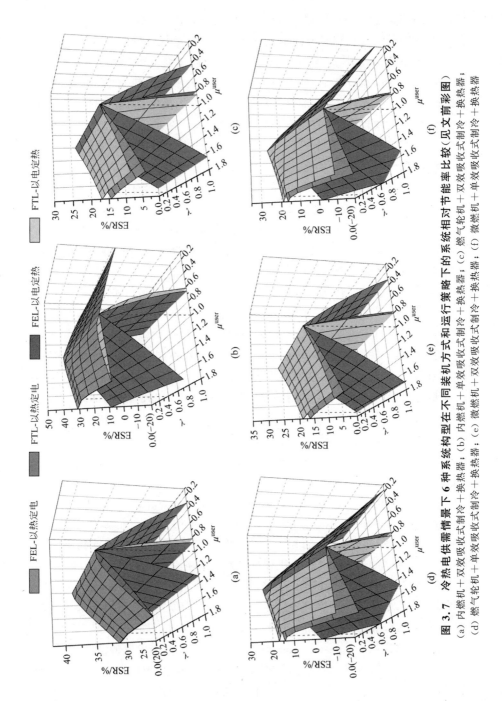

图 3.7　冷热电供需情景下 6 种系统构型在不同装机方式和运行策略下的系统相对节能率比较（见文前彩图）

（a）内燃机＋双效吸收式制冷＋换热器；（b）内燃机＋单效吸收式制冷＋换热器；（c）燃气轮机＋双效吸收式制冷＋换热器；（d）燃气轮机＋单效吸收式制冷＋换热器；（e）微燃机＋双效吸收式制冷＋换热器；（f）微燃机＋单效吸收式制冷＋换热器

对比分析这 6 种不同的系统构型及运行策略可以看出,对于以内燃机为动力机组的系统构型,如图 3.5(a) 和 (b) 所示,系统在 $M<1(\mu^{user}<1)$ 的情景下以"以电定热"模式装机且选择 FEL 运行策略时系统节能性较好,而在 $M>1(\mu^{user}>1)$ 的情景下则应选择"以热定电"装机模式和 FEL 运行策略。同时,如图 3.5(c) 和 (f) 所示,对于以燃气轮机和微燃机为动力设备的系统构型,系统在 $M>1(\mu^{user}>1)$ 的情景下应选择"以电定热"的装机模式和 FTL 运行策略,然而,同样的系统构型在 $M<1(\mu^{user}<1)$ 情景下的系统相对节能率最差,该情景应选择 FEL 运行策略。

根据上述 3 种不同的供能情景下的系统运行策略和装机容量方法比较可以得到以下结论。

(1) 在 $M<1(\mu^{user}<1)$ 的情景下,即在供需匹配图中负荷需求位于负荷输出比例线下方,"以电定热"对应的系统选择 FEL 运行策略时的节能性要优于"以热定电"和 FTL。

(2) 在 $M>1(\mu^{user}>1)$ 的情景下,即在供需匹配图中负荷需求位于负荷输出比例线上方,且电负荷不可上网时,内燃机为发电机组的 CCHP 系统选择"以热定电"装机模式时的性能较优,而燃机和微燃机为发电机组的系统则建议选择"以电定热"和 FEL;当电负荷可上网时,则系统建议选择"以热定电"和 FTL。

而在系统构型方面,可以看出,余热单元性能系数越高,系统节能性越好。例如,耦合双效的吸收式制冷或热泵系统的构型对应的系统相对节能率高于耦合单效时。如图 3.8 所示为吸收式制冷或热泵系统 COP 和动力机组发电效率 η_{PGU} 对系统相对节能率的灵敏度分析,可以得到相同的结论。

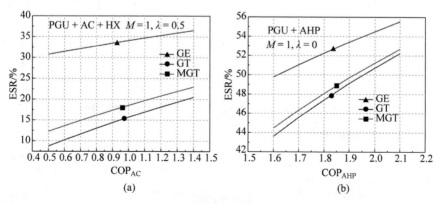

图 3.8　系统性能参数灵敏度分析

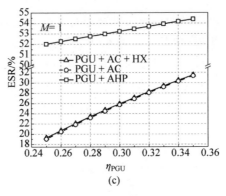

图 3.8   （续）

3.2.4   针对不同类型用户的装机容量方法分析

上述针对负荷需求状态点对"以电定热"和"以热定电"两种装机方式的适用情景进行了定量分析,时间尺度更多的是针对年或月的负荷需求。当以典型天负荷需求为对象时,负荷需求时间尺度进一步缩小,有必要针对不同类型的用户分析系统适合的装机方法。

系统装机容量不仅对系统与用户负荷供需匹配性有较大的影响,同时也会影响系统相对节能率。不同类型用户,在相同负荷需求条件下应依据需要选择"以电定热"或"以热定电"的装机模式。实际上,用户峰值负荷位于负荷输出线上方($\mu^{user} > 1$)和下方($\mu^{user} < 1$)代表了两种不同的负荷供需匹配状态,即能量过剩或不足。因此,本书以 $\mu^{user} = 1.2$ 和 $\mu^{user} = 0.7$ 两种负荷供需状态为代表,对比分析不同类型用户的装机方式。

对于直线型用户,如图 3.9(a)所示,$\mu^{user} = 1.2$ 时,若用户以"以电定热"方式装机,此时峰值负荷(③)对应的无量纲供需匹配参数 $\alpha_{E,cap} = 1$,$\alpha_{H,cap} = 1.2$,以负荷点 a 表示,其谷负荷需求(①⑤)则根据不同的负荷峰谷比对应不同的状态点 a';而以"以热定电"装机时,峰期负荷的匹配参数 $\alpha_{E,cap} = 0.83$,$\alpha_{H,cap} = 1$,以负荷点 b 表示,则其对应的谷期负荷为 b'。

$\mu^{user} = 0.7$ 时,"以电定热"对应的峰和谷负荷分别为 $d(\alpha_{E,cap} = 1$,$\alpha_{H,cap} = 0.7)$ 和 $d'(\alpha_{E,cap} = 1.4, \alpha_{H,cap} = 1)$。可以看出,当 $\mu^{user} = 1.2$ 时,"以电定热"模式下的系统装机容量要大于"以热定电"模式,而 $\mu^{user} = 0.7$ 时则刚好相反。

由图 3.9(b)和(c)可以看出,系统在冬季表现出较好的节能性。而同一季节下,对于 $\mu^{user} = 1.2$,如图 3.9(b)所示,当用户峰谷负荷都位于负荷输出线上方时,"以热定电"要优于"以电定热";而峰谷位于负荷输出线两侧时(较大的峰谷比),则相反。当 $\mu^{\text{user}}=0.7$ 时,如图 3.9(c)所示,"以电定热"始终优于"以热定电",且在"以热定电"模式下存在节能峰值,此时谷期负荷刚好位于负荷输出线上。

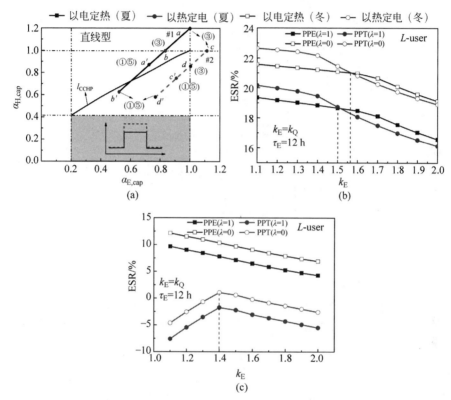

图 3.9　直线型用户以电定热和以热定电两种装机模式匹配情景对比(a)、峰负荷位于系统负荷输出线 l_{CCHP} 上方(b)和下方(c)时两种装机模式下系统节能性对比

　　对于三角型和四边型用户,用户峰谷负荷匹配状态与直线型类似,如图 3.10～图 3.12 所示。随着峰谷比的增大,系统相对节能率逐渐减小,而当 $\mu^{\text{user}}=0.7$ 时在"以热定电"模式下先增大后减小。同一季节,当 $\mu^{\text{user}}=1.2$ 时,系统按"以热定电"装机的性能要优于"以电定热"装机的性能,而当 $\mu^{\text{user}}=0.7$ 时则刚好相反。对于三角型和四边型用户,用户峰谷负荷匹配状态与直线型类似,如图 3.10～图 3.12 所示。随着峰谷比的增大,系统相

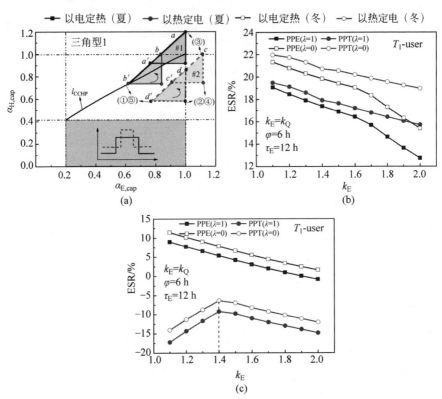

图 3.10　三角型用户 1 以电定热和以热定电两种装机模式匹配情景对比（a）、峰负荷位于系统负荷输出线 l_{CCHP} 上方（b）和下方（c）时两种装机模式下系统节能性对比

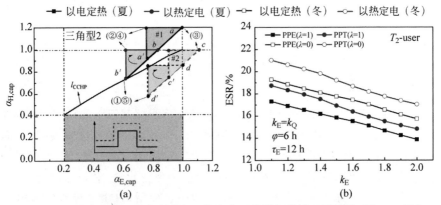

图 3.11　三角型用户 2 以电定热和以热定电两种装机模式匹配情景对比（a）、峰负荷位于系统负荷输出线 l_{CCHP} 上方（b）和下方（c）时两种装机模式下系统节能性对比

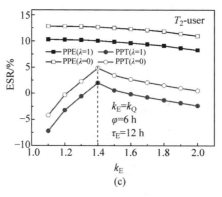

图 3.11　（续）

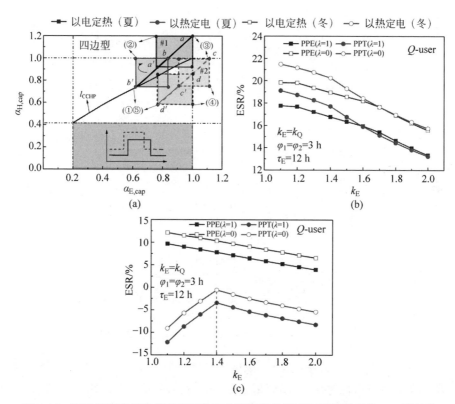

图 3.12　四边型用户以电定热和以热定电两种装机模式匹配情景对比（a）、峰负荷
位于系统负荷输出线 l_{CCHP} 上方（b）和下方（c）时两种装机模式下系统节
能性对比

对节能率逐渐减小，而当 $\mu^{user}=0.7$ 时在"以热定电"模式下先增大后减小。同一季节，当 $\mu^{user}=1.2$ 时，系统按"以热定电"装机的性能要优于"以电定热"装机的性能，而当 $\mu^{user}=0.7$ 时则刚好相反。

由此可以看出，当电负荷不可上网时，对于直线型、三角型和四边型 3 种类型用户在不同供需匹配情景下的装机方式选择可得以下结论。

（1）当用户峰值负荷位于负荷输出线上方（$\mu^{user}>1$）时，用户峰谷比（k）较小时"以热定电"装机方法对应的系统相对节能率较高，而当 k 值超过临界值（谷负荷位于负荷输出线上）后，则"以电定热"较优。

（2）当用户峰值负荷位于负荷输出线下方（$\mu^{user}<1$）时，系统应选择"以电定热"装机方法。

3.2.5　案例分析

北京某宾馆占地面积为 20 220 m^2，如图 3.13 所示为夏季典型天冷热电负荷需求。用户最大冷热电负荷需求分别为 1509 kW、610 kW 和 501 kW，系统按"以电定热"模式装机时对应的动力和余热回收单元装机容量分别为 450 kW 和 730 kW，而按"以热定电"装机时容量则分别为 840 kW 和 1290 kW。

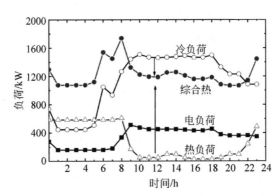

图 3.13　北京某宾馆典型天冷热电负荷需求示意图

如图 3.14 所示为系统按照"以电定热"和"以热定电"两种模式装机时典型天负荷与系统输出在供需匹配图上的供需匹配关系。可以看出，宾馆典型天的负荷需求在两种装机模式下均可归类为三角型用户，且负荷需求位于无量纲负荷输出比例线上方。根据 3.2.4 节中的结论，位于负荷输出线上方时系统建议按"以热定电"模式装机。

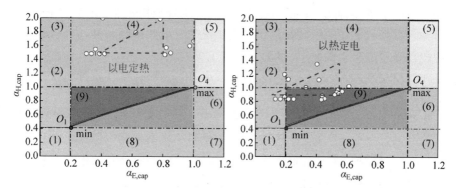

图 3.14 "以电定热"和"以热定电"两种装机模式下典型天负荷与系统输出在供需匹配图上的供需关系

为进一步验证上述结论的可靠性,如图 3.15 所示为系统逐时相对节能率和动力机组发电效率变化趋势。可以看出,系统变工况运行策略为FEL,在"以热定电"装机模式下动力机组发电效率大于"以电定热"装机模式,且逐时相对节能率均高于"以电定热"。系统按"以电定热"和"以热定电"两种模式装机时的平均相对节能率分别为 10.5% 和 13.1%,进一步说明了上述定量结论的可靠性。

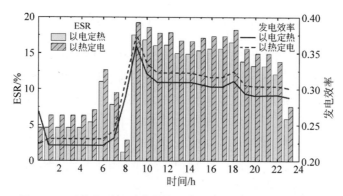

图 3.15 系统逐时相对节能率和动力机组发电效率变化趋势

3.3 不同构型系统节能边界及适合的用户范围

3.3.1 系统节能边界及我国现有 CCHP 系统节能性调研

由 3.2.3 节的讨论可知,当 $M=1$,即系统以额定工况运行时,系统的相对节能率最高,此时 $R_{\text{cap}}^{\text{CCHP}} = R_{\text{ideal}}^{\text{user}}$,$R_{\text{ideal}}^{\text{user}}$ 为理想用户热电比。由图 2.11 可知,内燃机、燃气轮机和微燃机额定工况的发电效率随装机容量的增大呈非线性递增趋势。因此,可推出其额定工况的热电比 $R_{\text{cap}}^{\text{CCHP}}$ 也与装机容量呈非线性关系,如图 3.16 所示。可以看出,以内燃机、燃气轮机和微燃机为动力机组的 CCHP 系统在装机容量为 $0 \sim 10$ MW 的系统中的综合热负荷与电负荷输出比例范围分别为 $[0.78,1.74]$、$[1.42,2.06]$ 和 $[1.51,1.88]$,这也为系统所适合的理想用户范围。内燃机输出范围要比燃气轮机和微燃机广,适合用户范围宽。而微燃机负荷输出范围较窄,适合的用户有限。

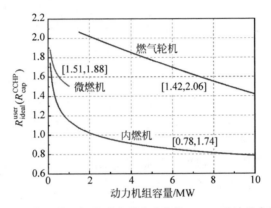

图 3.16　不同容量下基于不同动力发电设备的 CCHP 系统热电比输出范围

根据图 3.16 中 3 种动力机组在额定工况下适合的用户范围,图 3.17 给出了 21 种系统构型在不同的 $R_{\text{ideal}}^{\text{user}}$ 值下的相对节能率最大值(节能上限)。如图 3.17 所示,根据用户热电比,系统相对节能率边界图可划分为 Ⅰ、Ⅱ、Ⅲ、Ⅳ 和 Ⅴ 5 个区域。其中,在区域 Ⅰ 和 Ⅴ 内用户热电比分别为 $R_{\text{ideal}}^{\text{user}} \in [0.78,1.42]$ 和 $R_{\text{ideal}}^{\text{user}} \in [1.88,2.06]$,在这两个区域内系统只能分别选择内燃机和燃气轮机。区域 Ⅱ 和 Ⅳ 内用户范围分别为 $R_{\text{ideal}}^{\text{user}} \in [1.42,1.51]$ 和 $R_{\text{ideal}}^{\text{user}} \in [1.74,1.88]$,系统在区域 Ⅱ 内可选择动力机组为内燃机和燃气轮机,区域 Ⅳ 为燃气轮机和微燃机。在区域 Ⅲ 内 3 种动力机组均适合,用户范围为 $[1.51,1.74]$。

同时,当系统只有冷电负荷输出时,其耦合单效、双效吸收式制冷机的系统相对节能率边界分别以曲线 $L\text{-}B_1$ 和 $L\text{-}B_2$ 表示;当只有热电负荷输出时,其耦合单、双效吸收式热泵和换热器的系统相对节能率边界分别以曲线 $L\text{-}B_5$、$L\text{-}B_4$ 和 $L\text{-}B_3$ 表示;当同时有冷热电负荷输出时,其相对节能率边界根据用户不同的冷负荷需求比例位于曲线 $L\text{-}B_1$ 和 $L\text{-}B_3$ 或 $L\text{-}B_2$ 和 $L\text{-}B_3$ 中间,不同供能情景下系统节能边界满足式(3.5)的数学关系:

$$\text{ESR}_{\max}=\begin{cases}\text{单效吸收式制冷}(L\text{-}B_1):-26.66R_{\text{ideal}}^{\text{user}}+57.37\\\text{双效吸收式制冷}(L\text{-}B_1):-17.94R_{\text{ideal}}^{\text{user}}+55.98\\\text{换热器}(L\text{-}B_3):-17.70R_{\text{ideal}}^{\text{user}}+55.97\\\text{单效吸收式热泵}(L\text{-}B_4):2.2(R_{\text{ideal}}^{\text{user}})^2-12.4R_{\text{ideal}}^{\text{user}}+61.87\\\text{双效吸收式热泵}(L\text{-}B_5):1.5(R_{\text{ideal}}^{\text{user}})^2-8.04R_{\text{ideal}}^{\text{user}}+62.47\end{cases}$$

$$(3.5)$$

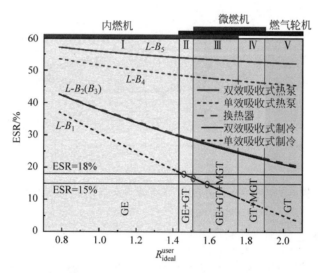

图 3.17　不同供能情景下不同系统构型的适用范围及系统相对节能率边界

由图 3.17 可以看出,不同供能情景下不同构型的系统相对节能率边界随用户热电比的增大逐渐减小。也就是说,热电比越大的用户,其对应的系统相对节能率越小,其节能上限也越小。因此,热电比较小的用户更适合 CCHP 系统。同时,用户在热负荷需求较大时对应的系统节能边界更大,吸收式热泵技术更适合。

进一步地,为更直观考察我国现行 CCHP 系统的节能情况,本书进行了随机样本调查,采用的方式为现场、问卷和文献调研相结合的方式,对我国严寒、寒冷、夏热冬冷、夏热冬暖和温和气候区域进行了 7 个、16 个、20 个、6 个和 5 个样本调研,共计 54 个运行 CCHP 系统,总装机容量为 366.949 MW,单独的动力设备装机容量范围为 30～12 MW。同时可以看出,CCHP 系统主要分布在我国南方沿海发达地区,如广州和上海等地区。如图 3.18 所示,现行系统适合的用户热电比范围为 0.70～1.86,且大部分系统相对节能率低于 20%。因此,我国 CCHP 系统相对节能率的提高还有相当大的潜力,在考虑各单元关键技术设备研发的同时,也需要综合考虑系统与用户负荷的供需匹配关系。

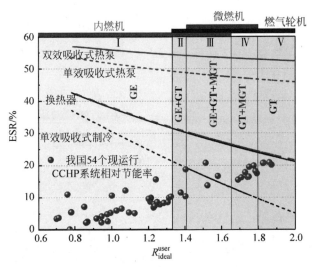

图 3.18 我国现运行的 54 个 CCHP 系统相对节能率在系统边界图中的位置(见文前彩图)

3.3.2 适合安装 CCHP 系统的用户分析

由图 3.17 可以看出,不同的动力设备由于其装机容量的限制,其热电比的输出范围有限,因此其服务的用户对象也有一定的适合范围。如内燃机、燃气轮机和微燃机所服务的热电比范围分别为 $[0.78,1.74]$、$[1.42,2.06]$ 和 $[1.51,1.88]$。

同时,我国国家标准《分布式冷热电能源系统的节能率第 1 部分:化石能源驱动系统》[137] 规定了不同装机容量下新建 CCHP 系统相对节能率的准入值,即最小相对节能率,如表 3.2 所示。结合图 3.17 中不同构型的节能上限可以看出,当系统以微燃机为动力机组时,系统装机容量小于 1000 kW,其节能率准入值为 15%,服务的用户热电比范围为 $[1.51,1.88]$。但对于耦合单效吸收机的系统相对节能率上限小于 15%,说明该构型不适合该类用户。

表 3.2　新建 CCHP 系统在不同装机容量下的相对节能率准入值

容量/kW	相对节能率准入值/%
15 000 以上	21
1000～15 000	18
1000 以下	15

　　除了热电比之外,用户的峰谷比大小、负荷错位时长、峰负荷持续时间等也会影响系统节能率。本节将基于 53 种普适性供需匹配情景,对用户的负荷特征参数对系统节能性的影响规律展开研究,从而进一步分析用户的适用性。

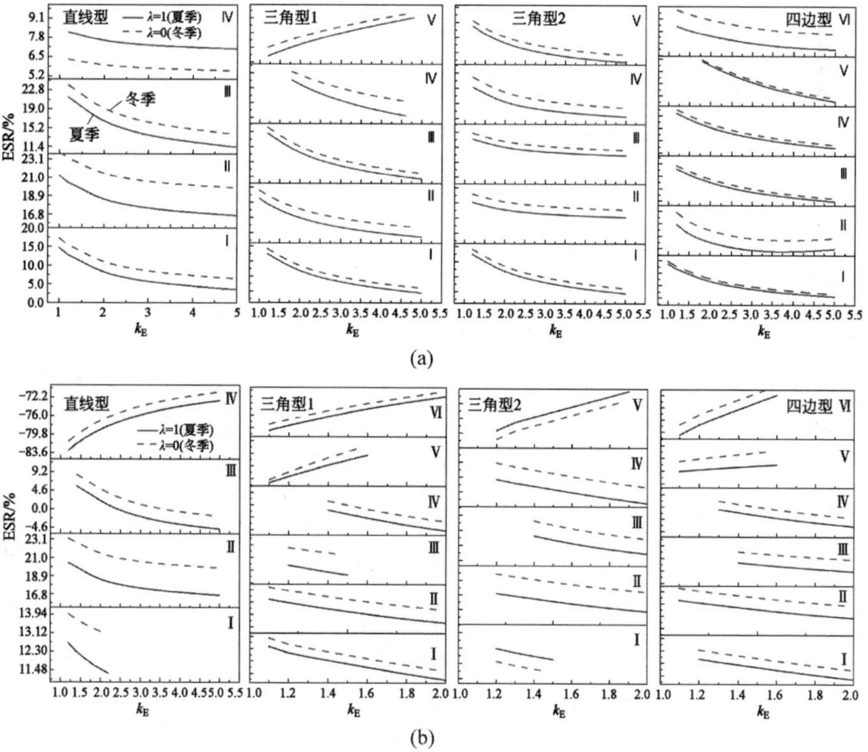

图 3.19　以电定热(a)和以热定电(b)两种模式下不同类型用户对应的系统相对节能率随用户峰谷比的变化趋势

　　如图 3.19 所示为基于"以电定热"和"以热定电"两种装机模式的不同类型用户在不同供需匹配情景下电负荷峰谷比 k_E(假设电和综合热的峰谷

比相当)对系统相对节能率 ESR 的影响规律。可以看出,不管峰谷比如何变化,相较于夏季($\lambda=1$),相同条件下系统在冬季($\lambda=0$)表现出更好的系统节能性。对于绝大多数的供需匹配情景,不管在何种装机模式下,系统相对节能率均随用户电负荷峰谷比的增大而减小,即用户峰谷比越小,越利于系统节能。然而,在"以热定电"装机模式下,当用户负荷位于系统负荷输出线上方时(直线型-情景Ⅳ、三角型 1-情景Ⅴ、三角型 2-情景Ⅴ、四边型-情景Ⅵ),系统相对节能率随用户峰谷比的增加而增加,此时用户峰谷比越大,系统补燃量越小,系统节能性越好。因此,对于绝大多数供需匹配情景,峰谷比小的用户更适合 CCHP 系统;然而,当系统以"以热定电"模式装机且综合热负荷大于系统输出时(负荷输出线上方),较小的峰谷比反而不利于节能。

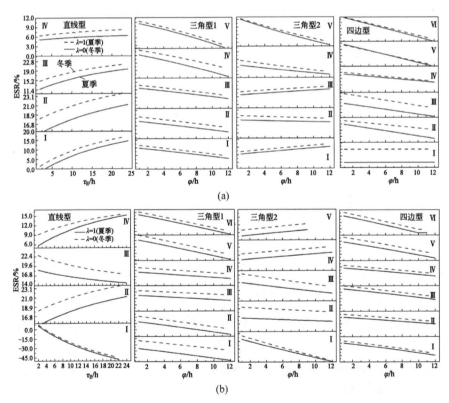

图 3.20　以电定热(a)和以热定电(b)两种模式下不同类型用户对应的系统相对节能率随用户峰谷错位时长的变化趋势

此外,两种装机模式下用户电和综合热负荷峰谷错位时长对系统节能率的影响规律如图 3.20 所示。由于直线型用户电和综合热负荷峰谷需求同步,因此考虑其峰负荷持续时间(τ)对系统节能率的影响。可以看出,在"以电定热"装机模式下,用户峰负荷需求持续时间越长,系统相对节能率越高。这是由于在负荷需求峰期,系统可以长时间保持高效运行。然而,在"以热定电"模式下,供需匹配情景Ⅰ和情景Ⅲ负荷需求高峰期电负荷大于系统输出,峰期持续时间越长,系统向电网购电量越多,因此节能性越差。同时,可以看出对绝大多数供需匹配情景,电和综合热负荷峰谷错位时间越长,系统节能率越差。但对于少数匹配情景,如三角型 2 用户在"以电定热"模式下对应的匹配情景Ⅰ和情景Ⅲ,"以热定电"模式下对应的匹配情景Ⅳ和情景Ⅴ,更长的峰谷反而有利于系统节能。这是由于系统在峰谷错位区间④内,错位时间越久,对于情景Ⅰ和情景Ⅲ产生过剩的综合热负荷越少,系统表现出更好的节能性。

综上所述,可以看出,对绝大多数负荷供需匹配情景,当用户负荷峰谷比越小时,峰谷错位时间越短,CCHP 系统表现出更好的节能性。但对于少数特殊的供需匹配情景,特别是当用户负荷需求位于系统负荷输出线上方时,往往表现出相反的变化趋势。同时,相同条件下,系统在冬季时的节能性优于夏季。

3.4　本 章 小 结

本章基于系统与用户负荷间的供需匹配关系,从普适性角度出发,定量分析了不同供能情景下系统构型设计、装机容量方法、节能边界和适合的用户范围,为 CCHP 系统政策标准的制定及对实际系统的指导奠定了基础。

(1)构型设计方面,内燃机和余热利用单元性能系数较高的系统表现出较高的系统节能性,如内燃机耦合双效的吸收式制冷或热泵系统的构型对应的系统相对节能率高于耦合单效制冷或热泵的系统构型。

(2)装机容量设计方面,当负荷需求为年或月平均值时,在 $M<1$($\mu^{user}<1$)的情景下,即在供需匹配图中负荷需求位于负荷输出比例线下方,"以电定热"对应的系统选择 FEL 运行策略时的节能性要优于"以热定电"和 FTL;在 $M>1$($\mu^{user}>1$)的情景下,即在供需匹配图中负荷需求位于负荷输出比例线上方,且电负荷不可上网时,内燃机为发电机组的 CCHP 系统选择"以热定电"装机模式时的性能较优,而燃机和微燃机为发电机组的系统则建议选择"以电定热"和 FEL；当电负荷可上网时，则系统建议选择"以热定电"和 FTL。

（3）系统节能边界方面，不同供能情景且不同构型的系统的相对节能率边界随用户热电比增大而减小。同时，用户在热负荷需求较大时对应的系统节能边界更大，吸收式热泵技术更适合。本章通过现场、问卷和文献调研相结合的方式调研了我国 5 个不同建筑气候区内的 54 个现运行 CCHP 系统，其适合的用户热电比范围为 0.70～1.86，且大部分系统相对节能率低于 20%，其相对节能率具有较大的提高潜力。

（4）适合的用户方面，内燃机输出范围要比燃气轮机和微燃机广，适合的用户范围宽。而微燃机负荷输出范围较窄，适合的用户有限。热电比较小的用户更适合 CCHP 系统。同时，当用户负荷峰谷比越小时，峰谷错位时间越短，CCHP 系统表现出更好的节能性。相同条件下，系统在寒冷地区的节能性更好。

第4章 基于运行策略的CCHP系统主动调控方法研究

4.1 本 章 引 论

由第2章和第3章可知,CCHP系统集成设计阶段的冷热电负荷按一定的比例输出。当系统偏离额定工况运行时,设计好的输出比例发生了改变,从而使得系统与用户的负荷供需匹配性变差,相对节能率减小。因此,需通过一定的调控手段解耦系统的冷热电输出比例,从而改善与用户的供需匹配关系。

电跟随(FEL)与热跟随(FTL)运行策略是两种常见的变工况调控方法。对于FEL运行策略,系统优先满足用户电负荷需求,不足的冷和热负荷则通过辅助系统补燃。相反地,对应FTL运行策略,用户冷或热负荷得以优先满足,不足的电负荷则需向电网购买。如图4.1所示为用户负荷位于系统负荷输出比例线上方和下方时选择FEL和FTL两种运行策略的负荷供需匹配图。若用户负荷需求位于系统负荷输出比例线上方时(点A),如图4.1(a)所示,系统选择FEL和FTL运行策略时对应的系统运行点分别为点A_1和A_2。可以看出,FTL对应的用户综合热负荷可满足,但产生的电负荷大于用户需求,产电过剩;而FEL对应的用户电负荷可满足,但综合热负荷需求大于系统输出,产能不足。若用户负荷需求位于下方时(点B),如图4.1(b)所示,FEL和FTL运行策略对应的系统运行点分别为点B_1和B_2。同样可以看出,FEL运行策略对应的综合热负荷供给过剩,FTL则供电不足。总之,FEL运行策略在负荷输出线上方和下方分别对应综合热负荷供给不足和过剩,而FTL则分别为产电过剩和不足。

为避免系统产生过剩的负荷,Mago等[111]提出了系统运行混合运行策略(FHL),即用户负荷位于系统负荷输出线上方时采取FEL,位于下方时选择FTL,不足部分分别借助分产系统补充。然而,该运行策略的选择方法并不是系统节能的最优选择,即系统不产生多余负荷时的系统节能性未

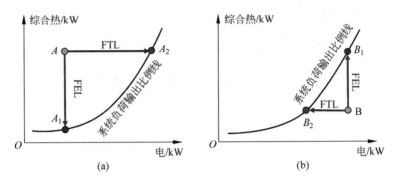

图 4.1　负荷需求位于系统负荷输出比例线上方(a)和下方(b)时选择 FEL 和 FTL 两种
　　　　运行策略的负荷匹配示意图

必就比过剩时差。同时,不同学者也在不同负荷需求情景下对比了这两种
运行策略的优劣。例如,Rosato 等[138]将 CCHP 应用于意大利某个居民
楼,对比分析了系统选择 FEL 和 FTL 两种运行策略时的系统性能,结果表
明 FTL 表现出更好的系统节能性。相反,Zhang 等[139]则表明当系统服务
于上海地区某商业建筑时,选择 FEL 运行策略对应的节能性更好。

可以看出,FEL 和 FTL 运行策略对应不同用户负荷需求时,系统的节
能性差异较大。目前对这两种运行策略的对比研究局限于某一案例,缺乏
普适性指导。同时,系统调控方式与用户波动负荷间的内在规律尚不清楚。
因此,基于第 2 章绘制的普适性负荷供需匹配图,本章将定量分析 FEL 和
FTL 两种变工况调控方式在不同供能情景下的适用性,从而为实际系统的运
行与调控提供指导。此外,基于 FEL 和 FTL 两种运行策略,通过主动改变系
统负荷输出比例关系,本章提出了系统优化运行策略,使相对节能率最大。

4.2　系统余热解耦方式及 FEL 和 FTL 运行
策略适用情景分析

4.2.1　两种不同制冷方式下的系统描述

如图 4.2 所示为基于两种不同制冷方式的 CCHP 系统示意图。系统
主要由动力单元、制冷单元和制热单元构成。动力机组排烟余热经余热回
收单元收集后分别驱动制冷和制热单元制取冷和热负荷。不足的电负荷可
通过电网购电(发电过剩时,则假设不可上网)。若系统产生的热负荷不足,
则通过余热锅炉补燃。而当冷负荷不足时,则有两种不同的补充方式:

①燃料在余热锅炉燃烧产生高温热水,从而驱动吸收式制冷机提供冷负荷(系统 A),该系统不带电制冷单元,用户冷负荷完全由吸收式制冷单元提供;如图 4.2(a)所示;②用户不足的冷负荷通过电制冷方式补充(系统 B),如图 4.2(b)所示,该系统可通过电制冷单元和吸收式制冷单元协同提供用户冷负荷。为简洁描述起见,系统 A 代表不带电制冷单元的 CCHP 系统,系统 B 则为带电制冷系统。而对于系统 B,系统多发的电负荷也可驱动电制冷单元输出冷负荷。此外,本章所研究的动力机组为微燃机。

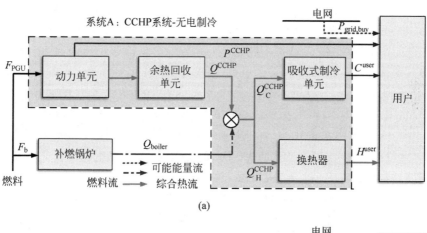

(a)

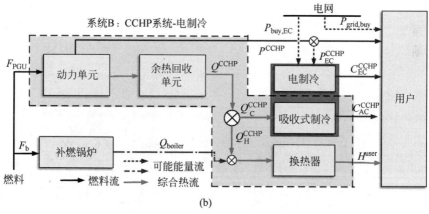

(b)

图 4.2　不带电制冷(a)和带电制冷(b)的 CCHP 系统示意图

4.2.2　运行策略调控与用户负荷需求的内在耦合

基于第 2 章绘制的无量纲负荷供需匹配图,在不同供能情景下,FEL

和 FTL 两种运行策略对应的系统与用户负荷供需匹配关系分别如图 4.3
和图 4.4 所示。

当系统选择 FEL 运行策略时,不同供需匹配情景下 FEL 所能覆盖的
匹配区域及无量纲综合热负荷匹配参数 α_H 的大小变化趋势如图 4.3 所
示。可以看出供需匹配区域(4)、(8)和区域(9)内的用户电负荷需求小于系
统装机容量($0.2<\alpha_{E,cap}<1$),系统可满足需求($\alpha_E=1$);区域(1)、(2)和区
域(3)内用户电负荷需求小于系统最小输出($\alpha_{E,cap}<0.2$),系统应停机;而
区域(5)、(6)和区域(7)内则大于最大电负荷输出($\alpha_E=\alpha_{E,cap}>1$),此时系
统以额定工况运行,不足的电负荷向电网购买。因此,电负荷匹配参数 α_E
在供需匹配区域(4)、(8)和区域(9)内等于 1,而在区域(5)、(6)和区域(7)
内大于 1。

由于参数 μ^{user} 可以表征用户负荷需求大小与系统装机容量的关系。
因此,图 4.2(b) 给出了不同供需匹配情景下(μ^{user})综合热负荷匹配参数
α_H 随 $\alpha_{E,cap}$ 的大小变化趋势。可以看出,α_H 随 $\alpha_{E,cap}$ 增加呈非线性递减
趋势,仅当 μ^{user} 与 $\alpha_{E,cap}$ 满足式(4.1)的关系时,系统产生的综合热负荷可
刚好满足用户需求($\alpha_H=1$),在图 4.2(b)中如红色曲线 $O_1O_2O_3$ 所示,此
时用户负荷需求刚好落在系统负荷输出比例线上。

$$
\alpha_{E,cap}=\begin{cases}1/\mu^{user}, & \mu^{user}\in[0,1]\\ -(\mu^{user})^3+5.5(\mu^{user})^2-10.3\mu^{user}+6.8, & \mu^{user}\in[1,2.08]\end{cases}
$$
$$(4.1)$$

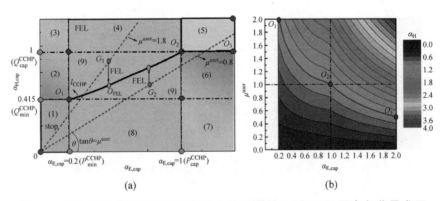

**图 4.3　FEL 运行策略在供需匹配图上的示意图(a)与不同用户负荷需求下
(μ^{user})综合热负荷匹配参数 α_H 随 $\alpha_{E,cap}$ 的变化趋势(b)(见文前彩图)**

同理,当系统选择 FTL 运行策略时,如图 4.4(a)所示,用户的综合热负荷在供需匹配区域(2)、(6)和区域(9)内小于余热回收单元装机容量(0.415<$\alpha_{\text{E,cap}}$<0.2),系统可满足用户需求($\alpha_{\text{H}}=1$)。而在匹配区域(3)、(4)和区域(5)内用户综合热负荷需求大于系统装机容量($\alpha_{\text{E,cap}}$>1),此时系统产生的综合热负荷小于用户需求($\alpha_{\text{H}}=\alpha_{\text{E,cap}}$>1),系统应保持满负荷运行,不足的部分通过余热锅炉补燃或者电制冷方式补充。而在区域(1)、(8)和区域(7)内用户需求小于系统最小综合热负荷输出(0<$\alpha_{\text{E,cap}}$<0.415),此时系统应停机。则综合热负荷匹配参数 α_{H} 在负荷匹配区域(2)、(6)、(9)和区域(3)、(4)、(5)内分别等于和大于1。

同时,如图 4.4(b)所示,当 0.415<$\alpha_{\text{H,cap}}$<1 时,电负荷匹配参数 α_{E} 随 $\alpha_{\text{E,cap}}$ 的增大而递减;当 $\alpha_{\text{H,cap}}$>1 时则相反。只有当 μ^{user} 与 $\alpha_{\text{H,cap}}$ 满足式(4.2)的关系时,系统产生的电负荷可刚好满足用户需求($\alpha_{\text{E}}=1$),在图 4.4 中如红色曲线 $O_1O_2O_4$ 所示,此时用户负荷需求刚好落在系统负荷输出比例线上。

$$\alpha_{\text{H,cap}} = \begin{cases} -0.58(\mu^{\text{user}})^3 + 3.2(\mu^{\text{user}})^2 - 6.2\mu^{\text{user}} + 4.6, & \mu^{\text{user}} \in [1,2.08] \\ \mu^{\text{user}}, & \mu^{\text{user}} \in [1,+\infty] \end{cases}$$
(4.2)

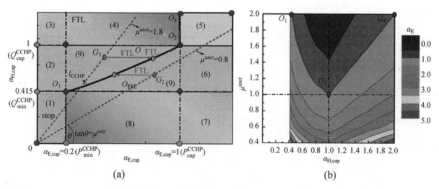

图 4.4　FTL 运行策略在供需匹配图上的示意图(a)与不同用户负荷需求下(μ^{user})电负荷匹配参数 α_{E} 随 $\alpha_{\text{H,cap}}$ 的变化趋势(b)(见文前彩图)

因此,当系统采取 FEL 或 FTL 运行策略时,只要用户负荷需求满足式(4.1)或式(4.2)的数学关系时,即用户负荷落在系统负荷输出比例线上,此时系统输出刚好满足用户需求,选择两种运行策略时的系统相对节能率相等。若不满足,则会有负荷输出过剩或不足的情况,此时需要权衡在不同运行策略下负荷输出过剩和不足时的节能情况,从而选择使系统相对节能率较高的运行策略。

4.2.3　不同运行策略下系统余热的解耦分析

事实上,图 4.2 中的系统 A(无电制冷单元)和系统 B(带电制冷单元)代表两种不同的冷负荷补充方式。对于系统 B,本节假设动力机组过剩的电负荷既不上网也不驱动电制冷单元制冷,电制冷单元只起到补充不足冷负荷的作用。根据不同的供需匹配情景,系统 A 和系统 B 对应的系统节能性、环保性和经济性计算模型讨论如下。

(1) 若用户负荷需求位于系统负荷输出比例线下方,余热利用单元综合热负荷 $Q_{\mathrm{HRS}}^{\mathrm{CCHP}}$ 输出大于用户需求($Q_{\mathrm{HRS}}^{\mathrm{CCHP}} \geqslant Q^{\mathrm{user}}$,$\alpha_{\mathrm{H}} < 1$),系统 A 和系统 B 无需额外的综合热负荷补充,此时二者 ESR、CO_2ER 和 CostR 的计算模型相同,分别如式(4.3)~式(4.5)所示:

$$\mathrm{ESR} = 1 - \frac{S_{\mathrm{ESR}}}{[(\mathrm{COP}_{\mathrm{AC}} E_{\mathrm{ref,c}} - \eta_{\mathrm{HX}} E_{\mathrm{ref,h}})\lambda + \eta_{\mathrm{HX}} E_{\mathrm{ref,h}}]R^{\mathrm{user}} + E_{\mathrm{ref,p}}} \quad (4.3)$$

$$\mathrm{CO_2ER} = 1 - \frac{S_{\mathrm{CO_2ER}}}{[(\mathrm{COP}_{\mathrm{AC}}/\mathrm{COP}_{\mathrm{EC}}\mu_{\mathrm{CO_2,e}} - \mu_{\mathrm{CO_2,f}})\lambda + \mu_{\mathrm{CO_2,f}}]R^{\mathrm{user}} + \mu_{\mathrm{CO_2,e}}} \quad (4.4)$$

$$\mathrm{CostR} = 1 - \frac{S_{\mathrm{CostR}}}{[(\mathrm{COP}_{\mathrm{AC}}/\mathrm{COP}_{\mathrm{EC}}C_{\mathrm{e}} - C_{\mathrm{f}})\lambda + C_{\mathrm{f}}]R^{\mathrm{user}} + C_{\mathrm{e}}} \quad (4.5)$$

(2) 若用户负荷需求位于系统负荷输出比例线上方,余热利用单元综合热负荷 $Q_{\mathrm{HRS}}^{\mathrm{CCHP}}$ 输出小于用户需求($Q_{\mathrm{HRS}}^{\mathrm{CCHP}} < Q^{\mathrm{user}}$,$\alpha_{\mathrm{H}} > 1$),系统需要额外的综合热负荷补充。对于系统 A,其不足的冷负荷和热负荷均通过补燃锅炉补充,则其 ESR、CO_2ER 和 CostR 的计算模型如式(4.6)~式(4.8)所示:

$$\mathrm{ESR} = 1 - \frac{S_{\mathrm{ESR}} + (1 - 1/\alpha_{\mathrm{H}})aR^{\mathrm{user}}}{[(\mathrm{COP}_{\mathrm{AC}} E_{\mathrm{ref,c}} - \eta_{\mathrm{HX}} E_{\mathrm{ref,h}})\lambda + \eta_{\mathrm{HX}} E_{\mathrm{ref,h}}]R^{\mathrm{user}} + E_{\mathrm{ref,p}}} \quad (4.6)$$

$$\mathrm{CO_2ER} = 1 - \frac{S_{\mathrm{CO_2ER}} + (1 - 1/\alpha_{\mathrm{H}})R^{\mathrm{user}}\mu_{\mathrm{CO_2,f}}}{[(\mathrm{COP}_{\mathrm{AC}}/\mathrm{COP}_{\mathrm{EC}}\mu_{\mathrm{CO_2,e}} - \mu_{\mathrm{CO_2,f}})\lambda + \mu_{\mathrm{CO_2,f}}]R^{\mathrm{user}} + \mu_{\mathrm{CO_2,e}}} \quad (4.7)$$

$$\mathrm{CostR} = 1 - \frac{S_{\mathrm{CostR}} + (1 - 1/\alpha_{\mathrm{H}})R^{\mathrm{user}}C_{\mathrm{f}}}{[(\mathrm{COP}_{\mathrm{AC}}/\mathrm{COP}_{\mathrm{EC}}C_{\mathrm{e}} - C_{\mathrm{f}})\lambda + C_{\mathrm{f}}]R^{\mathrm{user}} + C_{\mathrm{e}}} \quad (4.8)$$

　　而对于系统 B,当系统综合热负荷输出小于用户需求时,涉及系统优先满足用户冷负荷还是热负荷,这样需要额外补充的负荷不同,即余热锅炉还是电制冷补充。此时系统 B 的 ESR、CO_2ER 和 CostR 的计算模型分两种情况。

　　① 情况 1:排烟余热优先驱动吸收式制冷满足用户冷负荷需求,以系统 B1 区分。

　　(i) 用户冷负荷可完全满足,但部分热负荷需要额外补充,此时 $\lambda Q^{user} < Q_{HRS}^{CCHP} < Q^{user}$,$1 < \alpha_H < \lambda^{-1}$,ESR、$CO_2$ER 和 CostR 的计算模型同式(4.3)~式(4.5)。

　　(ii) 系统只能满足用户部分冷负荷需求,剩余的冷负荷和全部热负荷则需要通过电制冷和补燃锅炉分别补充,此时 $\lambda Q^{user} > Q_{HRS}^{CCHP}$,$\alpha_H > \lambda^{-1}$,ESR、$CO_2$ER 和 CostR 的计算模型如式(4.9)~式(4.11)所示:

$$ESR = 1 - \frac{S_{ESR} + [(COP_{AC}E_{ref,c} - a)\lambda + (a - COP_{AC}E_{ref,c}/\alpha_H)]R^{user}}{[(COP_{AC}E_{ref,c} - \eta_{HX}E_{ref,h})\lambda + \eta_{HX}E_{ref,h}]R^{user} + E_{ref,p}} \quad (4.9)$$

$$CO_2ER = 1 - \frac{S_{CO_2ER} + \{[(\lambda - 1/\alpha_H)COP_{AC}/COP_{EC}]\mu_{CO_2,e} + (1-\lambda)\mu_{CO_2,f}\}R^{user}}{[(COP_{AC}/COP_{EC}\mu_{CO_2,e} - \mu_{CO_2,f})\lambda + \mu_{CO_2,f}]R^{user} + \mu_{CO_2,e}}$$
$$(4.10)$$

$$CostR = 1 - \frac{S_{CostR} + \{[(\lambda - 1/\alpha_H)COP_{AC}/COP_{EC}]C_e + (1-\lambda)C_f\}R^{user}}{[(COP_{AC}/COP_{EC}C_e - C_f)\lambda + C_f]R^{user} + C_e} \quad (4.11)$$

　　② 情况 2:排烟余热优先驱动换热器满足用户热负荷需求,以系统 B2 区分。

　　(i) 用户热负荷可完全满足,但部分冷负荷需要通过电制冷额外补充,此时 $(1-\lambda)Q^{user} < Q_{HRS}^{CCHP} < Q^{user}$,$1 < \alpha_H < (1-\lambda)^{-1}$,ESR、$CO_2$ER 和 CostR 的计算模型如式(4.12)~式(4.14)所示:

$$ESR = 1 - \frac{S_{ESR} + (1 - 1/\alpha_H)COP_{AC}E_{ref,c}R^{user}}{[(COP_{AC}E_{ref,c} - \eta_{HX}E_{ref,h})\lambda + \eta_{HX}E_{ref,h}]R^{user} + E_{ref,p}}$$
$$(4.12)$$

$$CO_2ER = 1 - \frac{S_{CO_2ER} + [(1 - 1/\alpha_H)COP_{AC}]/COP_{EC}\mu_{CO_2,e}R^{user}}{\{[(COP_{AC}/COP_{EC})\mu_{CO_2,e} - \mu_{CO_2,f}]\lambda + \mu_{CO_2,f}\}R^{user} + \mu_{CO_2,e}}$$
$$(4.13)$$

$$\text{CostR} = 1 - \frac{S_{\text{CostR}} + [(1-1/\alpha_{\text{H}})\text{COP}_{\text{AC}}/\text{COP}_{\text{EC}}]C_{\text{e}}R^{\text{user}}}{\{[(\text{COP}_{\text{AC}}/\text{COP}_{\text{EC}})C_{\text{e}} - C_{\text{f}}]\lambda + C_{\text{f}}\}R^{\text{user}} + C_{\text{e}}} \quad (4.14)$$

（ⅱ）系统只能满足用户部分热负荷需求，剩余的热负荷和全部冷负荷则需要分别通过补燃锅炉和电制冷补充，此时 $(1-\lambda)Q^{\text{user}} > Q_{\text{HRS}}^{\text{CCHP}}$，$\alpha_{\text{H}} > (1-\lambda)^{-1}$，ESR、$CO_2$ER 和 CostR 的计算模型如式（4.15）~式（4.17）所示：

$$\text{ESR} = 1 - \frac{S_{\text{ESR}} + [(\text{COP}_{\text{AC}}E_{\text{ref,c}} - a)\lambda + (1-1/\alpha_{\text{H}})a]R^{\text{user}}}{[(\text{COP}_{\text{AC}}E_{\text{ref,c}} - \eta_{\text{HX}}E_{\text{ref,h}})\lambda + \eta_{\text{HX}}E_{\text{ref,h}}]R^{\text{user}} + E_{\text{ref,p}}} \quad (4.15)$$

$$\text{CO}_2\text{ER} = 1 - \frac{S_{\text{CO}_2\text{ER}} + [(1-\lambda-1/\alpha_{\text{H}})\mu_{\text{CO}_2,\text{f}} + (\lambda\text{COP}_{\text{AC}}/\text{COP}_{\text{EC}})\mu_{\text{CO}_2,\text{e}}]R^{\text{user}}}{\{[(\text{COP}_{\text{AC}}/\text{COP}_{\text{EC}})\mu_{\text{CO}_2,\text{e}} - \mu_{\text{CO}_2,\text{f}}]\lambda + \mu_{\text{CO}_2,\text{f}}\}R^{\text{user}} + \mu_{\text{CO}_2,\text{e}}}$$
$$(4.16)$$

$$\text{CostR} = 1 - \frac{S_{\text{CostR}} + [(1-\lambda-1/\alpha_{\text{H}})C_{\text{f}} + (\lambda\text{COP}_{\text{AC}}/\text{COP}_{\text{EC}})C_{\text{e}}]R^{\text{user}}}{\{[(\text{COP}_{\text{AC}}/\text{COP}_{\text{EC}})C_{\text{e}} - C_{\text{f}}]\lambda + C_{\text{f}}\}R^{\text{user}} + C_{\text{e}}}$$
$$(4.17)$$

上述计算模型中涉及的 S_{ESR}、$S_{\text{CO}_2\text{ER}}$ 和 S_{CostR} 为 CCHP 系统总的输入量与电网补给之和，其计算如式（4.18）所示：

$$\begin{cases} S_{\text{ESR}} = a/\eta_{\text{PGU}} \cdot 1/\alpha_{\text{E}} + \sigma E_{\text{ref,p}} \\ S_{\text{CO}_2\text{ER}} = \mu_{\text{CO}_2,\text{f}}/\eta_{\text{PGU}} \cdot 1/\alpha_{\text{E}} + \sigma\mu_{\text{CO}_2,\text{e}} \\ S_{\text{CostR}} = C_{\text{f}}/\eta_{\text{PGU}} \cdot 1/\alpha_{\text{E}} + \sigma C_{\text{e}} \end{cases} \quad (4.18)$$

其中，$\sigma = \begin{cases} 1-1/\alpha_{\text{E}}, & 1 \leqslant \alpha_{\text{E}}; \\ 0, & 0 < \alpha_{\text{E}} < 1 \end{cases}$。

如上所述，当系统过剩的电负荷不可驱动电制冷系统时，系统 A 和系统 B 只有在用户综合热负荷需求大于系统输出时才会在性能上有所差异。因此，以图 4.3(a) 和图 4.4(a) 中的供需匹配情景 $\mu^{\text{user}} = 1.8$ 为例进行二者性能比较。如图 4.5(a) 所示，当系统采取 FEL 运行策略时，综合热负荷匹配参数 α_{H} 随 $\alpha_{\text{E,cap}}$ 的增大呈非线性递增趋势，对应的系统产生的综合热负荷增多。且当 $\alpha_{\text{H}} = \lambda^{-1}$ 或 $\alpha_{\text{H}} = (1-\lambda^{-1})$ 时，系统与用户的综合热负荷需求供需一致。当系统采取 FTL 运行策略时，如图 4.5(b) 所示，电负荷供需匹配参数 α_{E} 随 $\alpha_{\text{H,cap}}$ 的增大先减小后增大，说明系统产生的电负荷经历了先过剩后不足的过程。

根据其供需匹配参数的变化规律，图 4.6 为两个系统分别采取 FEL 和

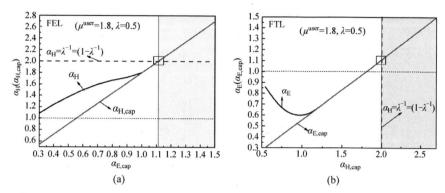

图 4.5　系统采取 FEL(a)和 FTL(b)运行策略时负荷供需匹配参数随 $\alpha_{E,cap}$ 和 $\alpha_{H,cap}$ 的变化趋势

FTL 运行策略时系统 ESR、CO_2ER 和 CostR 的对比。可以看出,当系统采取 FEL 运行策略时,如图 4.6(a)所示,对于相同的 μ^{user},随着 $\alpha_{E,cap}$ 的增大,系统输出的综合热负荷增多,系统的 ESR、CO_2ER 和 CostR 呈现先增大后减小的变化趋势,当系统以额定工况运行时($\alpha_{E,cap}=1$),3 个评价指标值达到最大。但对于系统 B2 的 CostR 呈递减趋势。此外,对比系统 A 和系统 B 可以看出,当带电制冷的系统优先满足用户热负荷需求时(系统 B2),其相对节能率(ESR)要比优先满足冷负荷(系统 B1)和不带电制冷系统(系统 A)时高。然而其 CO_2ER 和 CostR 要低于系统 B1 和 A,系统 A 呈现较大值。同理,若系统采取 FTL 运行策略,如图 3.7(b)所示,对于同一 μ^{user},随着 $\alpha_{H,cap}$ 的增大,系统产生的电负荷先过剩后不足,且过剩量逐渐减小,不足量逐渐增多。因此,系统的 ESR、CO_2ER 和 CostR 值随 $\alpha_{H,cap}$ 的增大呈先减小后增加再减小的趋势。当 $\alpha_{H,cap}=\mu^{user}$ 时,系统以满负荷运行,此时用户电负荷刚好满足,ESR、CO_2ER 和 CostR 值达到最大。采用 FEL 运行策略,系统 B2 的 ESR 值最大,而系统 A 则表现出较大的 CO_2ER 和 CostR。

因此,无论系统采取 FEL 还是 FTL 运行策略,当带电制冷单元的 CCHP 系统优先用户热负荷需求时(系统 B2),系统节能性最好,然而其环保和经济性较差。不带电制冷的系统则表现出相对较好的经济和环保性。从能耗的角度来看,若系统 A(补燃锅炉补充)和系统 B(电制冷补充)同时需要补充 1 kW 的冷负荷,系统 A 中的补燃锅炉(天然气为燃料)需要消耗 0.095 g 标准煤,而对应的系统 B 中的电制冷单元需消耗 0.089 g 标准煤。因此,带电制冷单元的 CCHP 系统相对节能率要高于不带电制冷单元的系

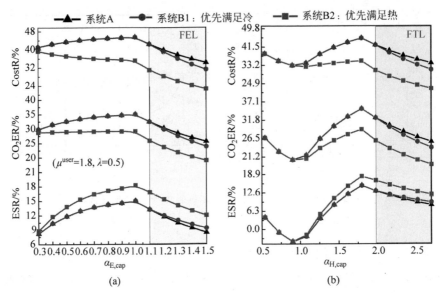

图 4.6　系统 A 和系统 B 分别采取 FEL(a)和 FTL(b)运行策略时系统 ESR、CO₂ER 和 CostR 的变化趋势

统。而系统 A 和系统 B 对应的 CO_2 排放和运行经济费用则分别为 0.169 g 和 0.675 g、0.149 元和 0.241 元,则不带电制冷单元系统在经济性和碳排放方面更占优势。

此外,对于系统 B 排烟余热的两种分配方式,当系统 B 分别只产生 1 kW 冷负荷和 1 kW 热负荷时,系统 ESR、CO_2ER 和 CostR 的值分别为 21.24%、44.29%、55.3% 和 23.95%、35.15 和 40.06%。可以看出,系统产生相等的热负荷在节能性方面要优于产生冷负荷,但要以牺牲环保和经济性为代价。因此,若只考虑系统节能性,系统排烟余热应优先满足用户热负荷需求;反之,若考虑经济和环保性,则应优先满足冷负荷需求。

4.2.4　不同供能情景下 FEL 和 FTL 运行策略对比分析

图 4.7 为相同 μ^{user} 下系统分别采取 FEL 和 FTL 运行策略时 ESR、CO_2ER 和 CostR 值比较。可以看出,当 $\alpha_{E,cap}<1$ 时,系统采取 FEL 运行策略时的节能性、碳排放和经济性要优于 FTL($ESR_{FEL}-ESR_{FTL}>0$);当 $\alpha_{E,cap}>1$ 时,系统以额定工况运行,此时 FEL 和 FTL 无差异。同时,对于系统 A 和系统 B,随着 $\alpha_{E,cap}$ 的增大,两种运行策略对应的 ΔESR、

ΔCO_2ER 和 $\Delta CostR$ 差值呈现先增加后减小的趋势,且当 $\alpha_{E,cap}$ 等于 $1/\mu^{user}$ 时,二者差值最大,FEL 优势最突出。相较于 ΔCO_2ER 和 $\Delta CostR$, ΔESR 值最大,FEL 运行策略较 FTL 在系统节能性方面优势更为明显。因此,本节重点讨论两种运行策略在以节能性为指标下的适用性。

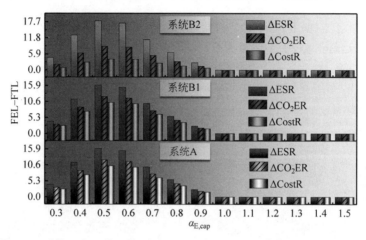

图 4.7　系统 A 和系统 B 分别采取 FEL 和 FTL 运行策略时系统性能比较

图 4.8(a)所示为不同负荷供需匹配情景下系统选择 FEL 和 FTL 运行策略时系统相对节能率比较。可以看出,对于特定的供需匹配情景(μ^{user}),均有两个临界 $\alpha_{E,cap}$ 值使 $\Delta ESR=0$($\Delta ESR=ESR_{FEL}-ESR_{FTL}$),即 FEL 和 FTL 运行策略对系统性能影响相同,如当 $\mu^{user}=0.8$ 时的临界点 M_1 和 M_2。当 $\mu^{user}<1$ 时,μ^{user} 越小,其对应的临界点的 $\alpha_{E,cap}$ 值越大。当 $\mu^{user}>1$ 时,较大的临界点对应的 $\alpha_{E,cap}$ 值均为 1,如点 M_3。因此,在不同的供需匹配情景下,FEL 和 FTL 对应的 ESR 相等时的临界点满足式(4.19)的数学关系:

$$\alpha_{E,cap}=-0.45(\mu^{user})^3+2.2(\mu^{user})^2-3.79\mu^{user}+2.57,\quad \mu^{user}\in(0,2.08]$$

(4.19)

同时,若匹配情景对应的 $\alpha_{E,cap}$ 值位于两个临界点之间,如图 4.8(a)中的阴影部分,FEL 运行策略较 FTL 更占优势,且当 $\mu^{user}>1$ 时的优势更明显。相反,若匹配情景对应的 $\alpha_{E,cap}$ 值位于两个临界点两侧,则 $\Delta ESR<0$,系统选择 FTL 运行策略时的性能更好。因此,根据图 4.8(a)中两种运行策略的比较,可绘制得到图 4.8(b)的运行策略普适性选择图,该图同时适用于系统 A 和系统 B。图 4.8 中红色线表示两种运行策略对应的系统性能

相等,满足式(4.19)的数学关系。运行策略在各个供需匹配区域内的选择方案如下。

(i) 区域(2)、(3)、(4)、(7)和区域(8):系统在供需匹配区域(2)和区域(3)内应选择 FTL 运行策略;区域(4)、(7)和区域(8)内选择 FEL 运行策略。

(ii) 区域(6)和区域(9):系统在区域区域(6)和区域(9)的上半区域选择 FEL 运行策略,下半区域为 FTL,二者的界线为临界匹配点。

(iii) 区域(5):由于在区域(5)内用户综合热和电负荷均超过系统最大负荷输出,系统在该区域内满负荷运行,FEL 和 FTL 两种运行策略对系统性能无影响。

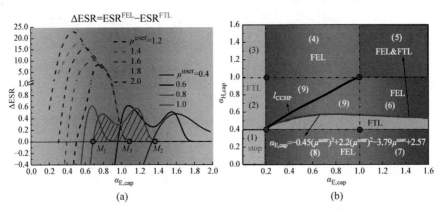

图 4.8   不同负荷供需匹配情景下系统选择 FEL 和 FTL 运行策略时系统相对节能率比较(a)与系统运行策略普适性选择图(b)(见文前彩图)

4.3   基于优化运行策略的主动调控方法

由上述分析可以看出,FEL 和 FTL 运行策略可分别保证用户的电负荷或综合热负荷得以满足。如图 4.9(a)中位于负荷输出比例线上方的点 G_3($\mu^{user}=1.8$,$\alpha_{E,cap}=0.5$),两种运行策略对应的系统运行点分别为 O_{FEL} 和 O_{FTL},对应的能量匹配分别为综合热负荷提供不足和产电过剩;位于输出线下方的点 G_1($\mu^{user}=0.8$,$\alpha_{E,cap}=0.85$)和点 G_2($\mu^{user}=0.8$,$\alpha_{E,cap}=0.7$),对应的能量匹配分别为综合热负荷提供过剩和产电不足。

针对以上两种运行策略对应的过剩或不足的匹配情况,本书的优化调控思路为:以 FEL 和 FTL 两种运行策略对应的运行点 O_{FEL} 和 O_{FTL} 为边界点,通过主动改变冷热电负荷输出比例,以期获得较大的系统相对节能率。此时,系统对应的策略称为优化运行策略 FOL,系统运行点记为 O_{FOL}。本书将从负荷需求位于输出线上方和下方两种情况对 FOL 运行策略展开讨论。

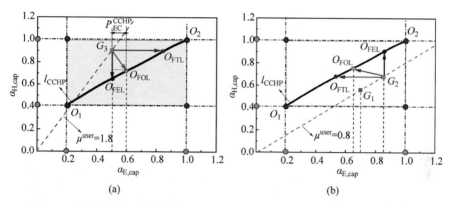

(a)　　　　　　　　　　　　　(b)

图 4.9　负荷需求位于输出比例线上方(a)和下方(b)时的 FOL 运行策略示意图

(1) 负荷需求位于负荷输出线上方($Q_{\mathrm{total}}^{\mathrm{CCHP}} < Q^{\mathrm{user}}$,$\alpha_{\mathrm{H}} > 1$)

如图 4.9(a)所示,若系统运行点位于 O_{FEL} 的左侧,系统的电和综合热负荷均小于用户需求,此时需要消耗额外的电和天然气来补充不足的负荷需求;当位于 O_{FTL} 右侧时,系统的电和综合热均输出过剩,造成大量的浪费。因此,系统在 O_{FEL} 和 O_{FTL} 两侧运行时,会过度依赖分产系统或产能过剩,其对应的系统节能性较差。

若将系统运行点设定在 O_{FEL} 和 O_{FTL} 之间,较 FEL 和 FTL 运行策略,系统产生不足的综合热负荷或过剩的电负荷都将减少。当过剩的电负荷驱动电制冷单元产生的冷负荷刚好满足用户冷负荷需求时,无须额外购电来补充冷负荷,系统的冷电输出比例与用户匹配。此时对应的 FOL 运行策略满足式(4.20):

$$
\begin{cases}
(Q^{\mathrm{user}} - Q_{\mathrm{total}}^{\mathrm{CCHP}})\mathrm{COP_{AC}} = (P^{\mathrm{CCHP}} - P^{\mathrm{user}})\mathrm{COP_{EC}} \rightarrow \dfrac{(1 - 1/\alpha_{\mathrm{H}})R^{\mathrm{user}}}{1/\alpha_{\mathrm{E}} - 1} = \dfrac{\mathrm{COP_{EC}}}{\mathrm{COP_{AC}}}, \\[2mm]
1 < \alpha_{\mathrm{H}} < (1 - \lambda)^{-1} \\[4mm]
\lambda Q^{\mathrm{user}}\mathrm{COP_{AC}} = (P^{\mathrm{CCHP}} - P^{\mathrm{user}})\mathrm{COP_{EC}} \rightarrow \dfrac{\lambda R^{\mathrm{user}}}{1/\alpha_{\mathrm{E}} - 1} = \dfrac{\mathrm{COP_{EC}}}{\mathrm{COP_{AC}}}, \\[2mm]
\alpha_{\mathrm{H}} > (1 - \lambda)^{-1}
\end{cases}
$$

(4.20)

由于用户的不足电负荷可通过系统产生过剩电负荷满足,因此系统 B 的烟气余热应优先满足用户热负荷需求,在 FOL 运行策略下对应的系统 ESR、CO_2ER 和 CostR 计算模型如下。

① 用户的热负荷可完全满足,部分热负荷需要通过电制冷满足,无额外的能量消耗,系统"自给自足",$(1-\lambda)Q^{user} < Q_{total}^{CCHP} < Q^{user}$,$1 < \alpha_H < (1-\lambda)^{-1}$,如式(4.21)~式(4.23)所示:

$$ESR = 1 - \frac{S_{ESR} + \kappa[(1-1/\alpha_H)R^{user}COP_{AC} - (1/\alpha_E - 1)COP_{EC}]E_{ref,c}}{[(COP_{AC}E_{ref,c} - \eta_{HX}E_{ref,h})\lambda + \eta_{HX}E_{ref,h}]R^{user} + E_{ref,p}}$$
$$\left(\kappa = \begin{cases} 1, & (1-1/\alpha_H)R^{user}COP_{AC} > (1/\alpha_E - 1)COP_{EC} \\ 0, & (1-1/\alpha_H)R^{user}COP_{AC} < (1/\alpha_E - 1)COP_{EC} \end{cases}\right) \quad (4.21)$$

$$CO_2ER = 1 - \frac{S_{CO_2ER} + \kappa[(1-1/\alpha_H)R^{user}COP_{AC}/COP_{EC} - (1/\alpha_E - 1)]\mu_{CO_2,e}}{[(COP_{AC}/COP_{EC}\mu_{CO_2,e} - \mu_{CO_2,f})\lambda + \mu_{CO_2,f}]R^{user} + \mu_{CO_2,e}} \quad (4.22)$$

$$CostR = 1 - \frac{S_{CostR} + \kappa[(1-1/\alpha_H)R^{user}COP_{AC}/COP_{EC} - (1/\alpha_E - 1)]C_e}{[(COP_{AC}/COP_{EC}C_e - C_f)\lambda + C_f]R^{user} + C_e} \quad (4.23)$$

② 系统只能满足用户部分热负荷需求,剩余的热负荷需通过补燃锅炉补充。而冷负荷则通过系统多产生的电负荷驱动电制冷单元满足,无须额外耗能。此时$(1-\lambda)Q^{user} > Q^{CCHP}$,$\alpha_H > (1-\lambda)^{-1}$:

$$ESR = $$
$$1 - \frac{S_{ESR} + \kappa[\lambda R^{user}COP_{AC} - (1/\alpha_E - 1)COP_{EC}]E_{ref,c} + [(1-\lambda) - 1/\alpha_H]R^{user}a}{[(COP_{AC}E_{ref,c} - \eta_{HX}E_{ref,h})\lambda + \eta_{HX}E_{ref,h}]R^{user} + E_{ref,p}}$$
$$\left(\kappa = \begin{cases} 1, & \lambda R^{user}COP_{AC} > (1/\alpha_E - 1)COP_{EC} \\ 0, & \lambda R^{user}COP_{AC} < (1/\alpha_E - 1)COP_{EC} \end{cases}\right) \quad (4.24)$$

$$CO_2ER = $$
$$1 - \frac{S_{CO_2ER} + \kappa[\lambda R^{user}COP_{AC}/COP_{EC} - (1/\alpha_E - 1)]\mu_{CO_2,e} + [(1-\lambda) - 1/\alpha_H]R^{user}a}{[(COP_{AC}/COP_{EC}\mu_{CO_2,e} - \mu_{CO_2,f})\lambda + \mu_{CO_2,f}]R^{user} + \mu_{CO_2,e}} \quad (4.25)$$

$$CostR = $$
$$1 - \frac{S_{CostR} + \kappa[\lambda R^{user}COP_{AC}/COP_{EC} - (1/\alpha_E - 1)]C_e + [(1-\lambda) - 1/\alpha_H]R^{user}a}{[(COP_{AC}/COP_{EC}C_e - C_f)\lambda + C_f]R^{user} + C_e} \quad (4.26)$$

根据式(4.20),可以计算求得系统以优化运行策略 FOL 运行时,点 $G_3(\mu^{user} = 1.8, \alpha_{E,cap} = 0.5)$ 对应的动力机组负荷率为 0.6,即 $\alpha_{E,cap} = 0.6$。通过图 4.10 中的系统 A 和系统 B 的性能对比可以看出,当系统 B(带电制冷单元)采取 FOL 优化运行策略时,其 ESR、CO_2ER 和 CostR 值较系统 A

和系统 B 采取 FEL 和 FTL 运行策略时均高,这充分说明当用户综合热负荷大于系统输出时,采取 FOL 运行策略是系统最佳选择。

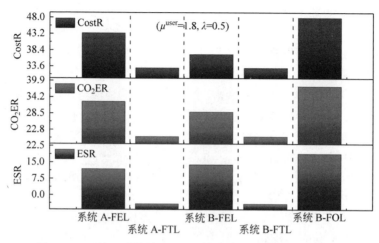

图 4.10　系统 A 和系统 B 采取不同运行策略时系统性能比较

（2）用户负荷需求位于系统负荷输出比例线下方时（$Q_{total}^{CCHP} \geqslant Q^{user}$，$\alpha_H \leqslant 1$）

同 G_3 点,如图 4.9(b)所示,用户负荷需求位于系统负荷输出线下方时,如点 G_1（$\mu^{user}=0.8, \alpha_{E,cap}=0.7$）和 G_2（$\mu^{user}=0.8, \alpha_{E,cap}=0.85$）。同负荷输出线上方情况,系统运行点在 O_{FEL} 或 O_{FTL} 两侧时,电和热负荷输出均会不足或过剩,其节能情况远不如 FEL 或 FOL 策略。因此,FOL 运行策略对应的最优运行点在 O_{FEL} 或 O_{FTL} 中间。

将系统运行点设定在 O_{FEL} 和 O_{FTL} 中间时,较 FEL 和 FTL 运行策略,系统产生过剩的综合热负荷和不足的电负荷都将减少,且不足的电负荷必须向电网购买。系统的 ESR、CO_2ER 和 CostR 计算模型同式(4.3)～式(4.5)。通过计算模型可以看出,系统采取 FOL 运行策略时存在天然气消耗量和购买电量间的权衡竞争关系,而参数 S_{ESR}、S_{CO_2ER} 和 S_{CostR} 均能在系统节能性、碳排放和经济性方面表述二者的权衡关系。S_{ESR}、S_{CO_2ER} 和 S_{CostR} 值越小,系统对应的 ESR、CO_2ER 和 CostR 值也越大。因此,不同运行策略下 ESR、CO_2ER 和 CostR 值比较可通过比较 S_{ESR}、S_{CO_2ER} 和 S_{CostR} 替代。

图 4.11 所示为不同运行策略下 S_{ESR}、S_{CO_2ER} 和 S_{CostR} 随 $\alpha_{E,cap}$ 的变化趋势,图中蓝色小球代表系统在不同工况下以 FEL 运行策略运行时的运

行点 O_{FEL}，对应的红色小球为 FTL 运行策略时的系统变工况运行点 O_{FTL}。可以看出，系统以 FTL 策略运行时的变工况运行点位于 FEL 的左侧（红球位于蓝球左侧），即系统采取 FTL 时偏离额定工况运行程度要大于 FEL。例如，当 $\mu^{user}=0.8$ 时，对于 S_{ESR}，当 $\alpha_{E,cap}\leqslant0.7$ 时随 $\alpha_{E,cap}$ 的增大呈非线性递增趋势，即系统采取 FTL 运行策略时，系统节能性最好。

　　然而，当 $0.7<\alpha_{E,cap}<1$ 时，S_{ESR} 则呈现出无规律的变化趋势，但在 FEL 和 FTL 运行点之间存在 S_{ESR} 最小值，该最小值对应的运行点即为系统选择优化运行策略 FOL 时的运行工况 O_{FOL}。例如，对于点 $G_1(\mu^{user}=0.8,\alpha_{E,cap}=0.7)$ 和 $G_2(\mu^{user}=0.8,\alpha_{E,cap}=0.85)$，系统采取 FEL 和 FTL 运行策略时，在两个运行点 O_{FEL} 和 O_{FTL} 分别存在 S_{ESR} 最大值和最小值，说明对于匹配情景 G_1 不适合 FOL 运行策略，而情景 G_2 可采取 FOL 运行策略使 ESR 达到最大值。

　　因此，当用户负荷需求位于系统负荷输出比例线下方时，FOL 运行策略并不适合所有的匹配情景，其有一定的适用范围。仅当用户负荷满足式（4.27）的关系时，系统适合采取 FOL 运行策略。

$$\alpha_{E,cap}=\begin{cases}-1.79(\mu^{user})^2+0.82\mu^{user}+1.1, & \mu^{user}\in[0.8,1]\\[0.73,1], & \mu^{user}=1\end{cases}$$

(4.27)

　　同时，对于 S_{CO_2ER} 和 S_{CostR}，如图 4.11(a) 和图 4.11(b) 所示，S_{CO_2ER} 和 S_{CostR} 值均随 $\alpha_{E,cap}$ 的增大而减小，即系统采取 FEL 和 FTL 运行策略时，分别为 S_{CO_2ER} 和 S_{CostR} 的最小值和最大值，系统采取 FEL 运行策略时，其对应的 CO_2ER 和 CostR 值最大。因此，当考虑系统经济性和环保性时应选择 FEL 运行策略。

　　为进一步证实上述结论，同样以供需匹配点 $G_1(\mu^{user}=0.8,\alpha_{E,cap}=0.7)$ 和 $G_2(\mu^{user}=0.8,\alpha_{E,cap}=0.85)$ 为例，图 4.12 为不同运行工况下两种匹配情景的系统 ESR 值、CO_2ER 值和 CostR 值变化趋势。如图 4.12(a) 所示，对于点 G_1，系统以 FEL 和 FTL 运行时对应的变工况 $\alpha_{E,cap}$ 值分别为 $0.7(O_{FEL})$ 和 $0.375(O_{FEL})$，当系统在 O_{FEL} 和 O_{FEL} 间运行时（FOL 运行策略），系统 ESR 值随着 $\alpha_{E,cap}$ 的增大先减小后增大，不存在极大值，而 CO_2ER 值和 CostR 值逐渐增加，FEL 达到最大。因此，FOL 运行策略不适合 G_1 匹配情景，这与图 4.11 中的分析保持一致。

　　而对于供需匹配点 G_2，如图 4.12(b) 所示，系统采取 FEL 和 FTL 运行时对应的变工况 $\alpha_{E,cap}$ 值分别为 $0.85(O_{FEL})$ 和 $0.525(O_{FEL})$，当系统在

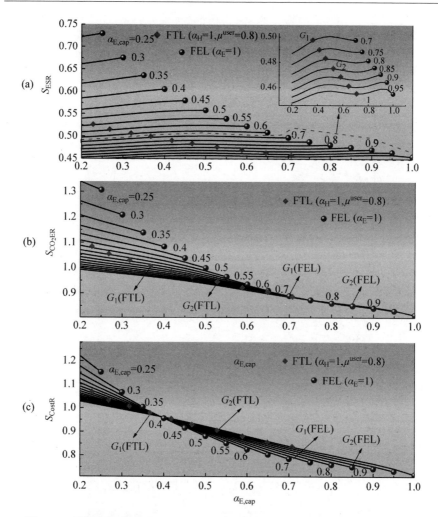

图 4.11　不同运行策略下 S_{ESR}(a)、$S_{CO_2 ER}$(b)与 S_{CostR}(c)随 $\alpha_{E,cap}$ 的变化趋势

O_{FEL} 和 O_{FEL} 间运行时(FOL 运行策略),系统 ESR 值随着 $\alpha_{E,cap}$ 的增大先增大后减小,在 $\alpha_{E,cap}=0.715$ 时达到最大,此处即为 FOL 运行策略的最优运行点。而 $CO_2 ER$ 值和 CostR 值逐渐增加,FEL 运行策略对应的指标值达到最大。该结论也与图 4.11 中的分析保持一致。

　　结合上述两种情况分析可以看出,负荷需求位于匹配区域(4)和区域(9)的系统负荷输出比例线上半部分时,系统适合采用 FOL 运行策略;在系统负荷输出比例线下半部分,当负荷满足式(4.27)的数学关系式时适合采用 FOL 策略,而其他匹配情景则选择 FEL 或 FTL 运行策略。因此,基于图 4.8 中的运行策略普适性选择图,加入 FOL 运行策略后的运行策略选择图如 4.13 所示。因此,对于任何用户需求,只要对应到图 4.13 中的供需匹配区域,即可给出系统适合的运行策略,该运行策略选择图具有普适性。

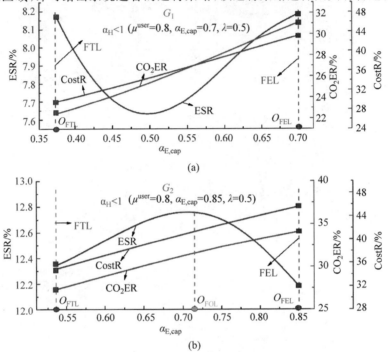

图 4.12 系统在不同运行工况下对应供需匹配情景 G_1(a)和 G_2(b)的性能比较

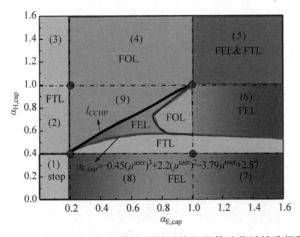

图 4.13 加入 FOL 运行策略后的系统运行策略普适性选择图

4.4　变工况调控后的用户适用范围

4.4.1　FEL 和 FTL 运行策略调控后的用户适用范围

如 3.3 节所述,国家标准 GB/T 33757.1—2017《分布式冷热电能源系统的节能率》[137]规定我国新建装机容量为 1 MW 以下的 CCHP 系统的 ESR 准入值为 15%。因此,对于设计好的 CCHP 系统,当系统服务的用户可使其相对节能率大于 15% 时,此类用户适合安装 CCHP 系统。

如图 4.14 所示为系统在不同季节(冬季和夏季)采取 FEL 和 FTL 两种运行策略时适合的用户范围(ESR≥15%)。当系统在集成设计阶段时,"以电定热"装机模式下($\alpha_{E,cap}=1$)适合的用户范围以图 4.14 中橘黄色的虚线表示;而在"以热定电"装机模式下($\alpha_{H,cap}=1$)则以红色虚线表示。

当系统变工况运行时($\alpha_{E,cap}\neq1,\alpha_{H,cap}\neq1$),通过 FEL 和 FTL 两种运行策略的调控,图 4.14 中三角形或四边形区域内的用户适合安装 CCHP 系统。其中,蓝色三角代表采取 FEL 运行策略时适合的用户,而 FTL 则为四边形。在夏季和冬季两种运行策略适合的用户边界分别如式(4.28)和式(4.29)所示。可以看出,通过两种运行策略的调控,用户的适用范围较设计工况得以拓宽。同时,当用户负荷位于负荷输出线上方时,系统采取 FEL 运行策略时适合的用户范围要比 FTL 策略宽;而位于下方时,则采取两种运行策略调控后的适合用户范围相等。

此外,对比图 4.14(a)和图 4.14(b)可以看出,不管系统在集成设计工况,还是变工况调控后的适合用户范围在冬季($\lambda=0$)均要比夏季($\lambda=1$)宽,进一步说明 CCHP 系统更适合热负荷需求较大或寒冷地区的用户。

$$1\begin{cases} 1.7(\alpha_{E,cap})^2 - 3.6\alpha_{E,cap} + 2.6 \leqslant \mu^{user} \leqslant 8.9(\alpha_{E,cap})^2 - 16.9\alpha_{E,cap} + 8.8, \\ \quad \alpha_{E,cap} \in [0.42,1] \\ 0.16(\alpha_{E,cap})^2 - 0.73\alpha_{E,cap} + 1.3 \leqslant \mu^{user} \leqslant 0.44(\alpha_{E,cap})^2 - 1.8\alpha_{E,cap} + 2, \\ \quad \alpha_{E,cap} \in (1,2] \end{cases}$$

$$(4.28)$$

$$0\begin{cases} 1.7(\alpha_{E,cap})^2 - 3.6\alpha_{E,cap} + 2.6 \leqslant \mu^{user} \leqslant 8.9(\alpha_{E,cap})^2 - 16.9\alpha_{E,cap} + 8.8, \\ \quad \alpha_{E,cap} \in [0.42,1] \\ 0.16(\alpha_{E,cap})^2 - 0.73\alpha_{E,cap} + 1.3 \leqslant \mu^{user} \leqslant 0.44(\alpha_{E,cap})^2 - 1.8\alpha_{E,cap} + 2, \\ \quad \alpha_{E,cap} \in (1,2] \end{cases}$$

$$(4.29)$$

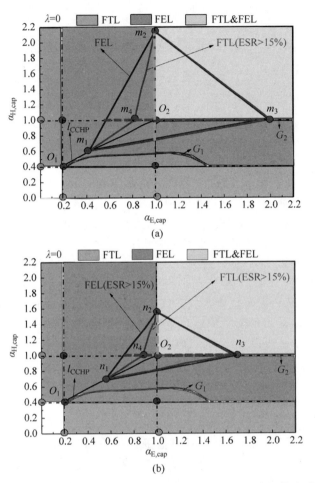

图 4.14　系统在冬季(a)和夏季(b)分别采取 FEL 和 FTL 运行策略时的适合
用户范围(见文前彩图)

4.4.2　FOL 运行策略调控后的用户适用范围

　　基于图 4.13 优化后的系统运行策略普适性选择图,本节同样计算了用户在只有冷电($\lambda=1$)和热电($\lambda=0$)负荷需求时在各个供需匹配区域的用户边界,而用户同时有冷热电负荷($0<\lambda<1$)时的边界则介于 $\lambda=1$ 和 $\lambda=0$ 之间,如图 4.15 所示。当用户只有热电负荷需求时($\lambda=0$),用户在各个供需匹配区域内的用户边界为三角形 $A_1A_2A_3$(红色实线),位于三角形内部的用户其相对节能率大于 15%,且系统主要采取 FOL 和 FEL 两种运行策

略,该三角形边界满足式(4.30):

$$\begin{cases} 1.7(\alpha_{\mathrm{E,cap}})^2 - 3.6\alpha_{\mathrm{E,cap}} + 2.6 \leqslant \mu^{\mathrm{user}} \leqslant 8.9(\alpha_{\mathrm{E,cap}})^2 - 16.9\alpha_{\mathrm{E,cap}} + 8.8, \\ \quad \alpha_{\mathrm{E,cap}} \in [0.42, 1] \\ 0.16(\alpha_{\mathrm{E,cap}})^2 - 0.73\alpha_{\mathrm{E,cap}} + 1.3 \leqslant \mu^{\mathrm{user}} \leqslant 0.44(\alpha_{\mathrm{E,cap}})^2 - 1.8\alpha_{\mathrm{E,cap}} + 2, \\ \quad \alpha_{\mathrm{E,cap}} \in (1, 2] \end{cases}$$

$$(4.30)$$

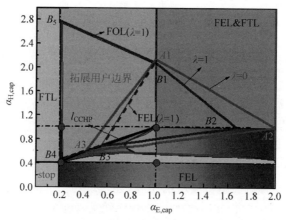

图 4.15　基于运行策略普适性选择图的用户适用范围(ESR≥15%)(见文前彩图)

同理,当用户只有冷电负荷需求($\lambda=1$),系统采取 FEL 运行策略时,
ESR≥15% 对应的用户边界为三角形 $B_1B_2B_3$,而当系统采取优化运行策
略 FOL 时,适合的用户边界拓展为 $B_1B_2B_3B_4B_5$。可以看出,FOL 运行
策略在提高系统性能的同时,也会拓宽用户的适用范围。同时,只有冷电负
荷需求的用户边界在系统负荷输出比例线上方宽于只有热电负荷时,而在
下方则相反。边界 $B_1B_2B_3B_4B_5$ 满足的条件如式(4.31)所示:

$$\begin{cases} -3.1\alpha_{\mathrm{E,cap}} + 2.7 \leqslant \mu^{\mathrm{user}} \leqslant -36.9\alpha_{\mathrm{E,cap}} + 20.8, \quad \alpha_{\mathrm{E,cap}} \in [0.2, 0.4] \\ -0.1\alpha_{\mathrm{E,cap}} + 1.8 \leqslant \mu^{\mathrm{user}} \leqslant -5.32\alpha_{\mathrm{E,cap}} + 7.23, \quad \alpha_{\mathrm{E,cap}} \in (0.4, 1.0] \\ -0.28\alpha_{\mathrm{E,cap}} + 1 \leqslant \mu^{\mathrm{user}} \leqslant -1.99\alpha_{\mathrm{E,cap}} + 3.86, \quad \alpha_{\mathrm{E,cap}} \in (1.0, 1.67] \end{cases}$$

$$(4.31)$$

因此,当用户负荷需求位于负荷输出比例线上方且有冷负荷需求时,相
较 FEL 和 FTL 运行策略,系统采取 FOL 运行策略时对拓宽适合用户范围
更具优势。

4.5　案例分析

为进一步说明上述以运行策略为主的系统主动调控方法,本节以北京某办公楼夏季和冬季典型天负荷为例进行补充说明。办公楼占地面积为 17 567 m^2,其典型天负荷需求如图 4.16(a)所示。若系统按"以电定热"模式装机时($P_{cap}^{CCHP} = P_{max,aver}^{user}$),动力机组和余热单元的装机容量分别为 590 kW 和 1190 kW;而"以热定电"模式($Q_{cap}^{CCHP} = Q_{max,aver}^{user}$)对应的装机容量分别为 380 kW 和 790 kW。

图 4.16(b)所示为在两种不同装机模式下典型天逐时负荷与系统的供需匹配情况。其中,空心蓝色和红色圆点分别代表"以电定热"模式下夏季和冬季负荷需求与系统输出间的无量纲匹配,而实心圆点则为"以热定电"装机模式下的匹配。可以看出,不管何种装机模式,冬季的负荷匹配点均位于 ESR≥15% 的边界外,而夏季负荷需求高峰期则位于三角形内部,其对应的节能率大于 15%。

同时,根据普适性运行策略的指导,在"以电定热"装机模式下,系统在夏季高峰期采取 FOL 运行策略,而冬季则采取 FTL 和 FEL 运行策略;"以热定电"装机模式下在夏季高峰期以满负荷运行,谷期采取 FEL 运行策略,而冬季则采取 FEL 和 FTL 运行策略相结合。

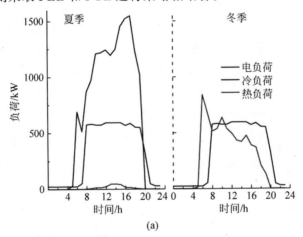

(a)

图 4.16　北京某办公楼典型天负荷需求(a)和不同装机模式下在供需匹配图中的匹配情况(b)(见文前彩图)

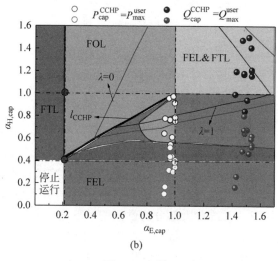

图 4.16　（续）

　　图 4.17 为不同季节采取不同运行策略下的系统节能性比较。可以看出,"以电定热"装机模式下,夏季 FOL 运行策略逐时节能率较高,且在15:00—17:00 相对节能率大于 15%;冬季节能率较低,且 FTL 运行策略相对节能率较高。"以热定电"装机模式下,根据建议系统采取 FEL 运行策略,夏季除 15:00—17:00 时间段外节能率均较"以电定热"提高,且在10:00—14:00 和 18:00—19:00 节能率均超过 15%;冬季"以热定电"逐时相对节能率均提高。

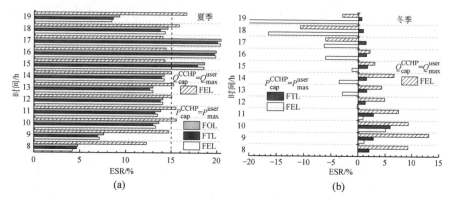

图 4.17　系统在夏季(a)和冬季(b)采取不同运行策略时的相对节能率对比

　　因此,对于办公楼,系统应选择"以热定电"模式装机,且选择 FEL 运行策略时的系统相对节能率较高。

4.6　本章小结

针对系统变工况负荷输出与用户需求匹配差的问题,本章基于不同的系统变工况运行策略展开系统主动调控方法研究。其相应的结论如下。

(1) 揭示了不同供能情景下系统冷热电负荷的解耦与调控方式的内在规律。结果表明,若只考虑系统节能性,系统排烟余热应优先满足用户热负荷需求;反之,若考虑经济和环保性,则应优先满足冷负荷需求。

(2) 定量分析了 FEL 和 FTL 两种运行策略的适用情景,绘制了普适性运行策略选择图。系统在大部分的供能情景下选择 FEL 运行策略,只有在负荷输出线下方的小部分区域内选择 FTL 策略。

(3) 通过主动改变系统冷热电负荷比例,提出了系统优化运行策略,使得系统相对节能率最大。结果表明,FOL 策略在负荷输出比例线上方的供能情景下更具优势,且对应的相对节能率均高于 FEL 和 FTL。

(4) 对于设计好的 CCHP 系统(小于 1 MW),当系统服务的用户可使其相对节能率大于 15% 时,此类用户适合安装 CCHP 系统。结果表明,通过 FEL 和 FTL 两种运行策略的调控,用户的适用范围较设计工况得以拓宽。同时,当用户负荷位于负荷输出线上方时,系统采取 FEL 运行策略时适合的用户范围要比 FTL 策略宽,且系统采取 FOL 运行策略时对拓宽适合用户范围更具优势;而位于下方时,则采取两种运行策略调控后的适合用户范围相等。此外,CCHP 系统更适合热负荷需求较大或寒冷地区的用户。

第 5 章　CCHP 系统与理想蓄能单元的集成设计研究

5.1　本章引论

相较传统 CCHP 系统,蓄能单元的集成与耦合起到"减容增效,移峰填谷"的双重收益,即系统机组装机容量减小且在保持高效运行的同时,也可以将多余能量"迁移"到负荷需求高峰期。不仅可以避免能源浪费,同时也可将高品位的能量(高温热或电)进行时空迁移,从而从"数量"和"质量"两方面提升对系统输出负荷的利用率。一般而言,蓄热(thermal energy storage systems,TESS)和蓄电(electric energy storage systems,EESS)系统是目前两种调节 CCHP 系统与用户间负荷时空供需不匹配的常用方式。其中,蓄热可通过显热、潜热等方式蓄存,而蓄电则有压缩空气储能、液流电池、超级电容器、飞轮蓄电等方式。文献中针对这两种蓄能形式对 CCHP 系统的影响已从系统装机容量和运行策略等方面展开大量研究。然而,基于案例研究的研究方法缺乏普适性和现实推广与指导作用,存在明显的局限性。同时,虽然蓄能单元的集成可提升 CCHP 系统性能,但在"付出"与"收益"间存在一定的竞争关系,即耦合蓄能单元后的 CCHP 系统是否均能满足节能要求。因此,本章基于第 3 章系统与用户的协同集成,突破传统案例研究局限,定量分析了传统 CCHP 系统分别耦合理想蓄热、理想蓄电和协同蓄能单元的集成系统与用户负荷供需匹配关系,从而回答了 3 个方面的问题:①集成蓄能单元后,系统应选择"以电定热",还是"以热定电"方法进行装机。②理想蓄能的节能边界是什么。③不同集成系统对应的适合用户范围是什么,即什么样的供能情景更适合加带蓄能单元。

5.2　理想蓄能假设及 4 种不同的 CCHP 集成构型

5.2.1　理想蓄能系统假设

(1) 忽略蓄能形式,即蓄热可以为化学蓄能、显热蓄能或相变蓄能等;

蓄电可以为电磁能蓄电、电化学蓄电和机械蓄电等,理想蓄能(energy storage systems,ESS)可看作黑箱模型,如图 5.1 所示。

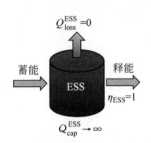

（2）蓄能容量无限大,且忽略蓄/释能速率。

（3）忽略能量损失,即蓄/释能效率为 1。

（4）动力机组以额定工况运行,且制冷机组 COP 为定值。

（5）可再生能源暂不考虑,系统主要的燃料消耗为天然气。

图 5.1 理想蓄能黑箱模型示意图

5.2.2 4 种不同的 CCHP 系统集成构型

如图 5.2 所示为 4 种不同的 CCHP 系统集成构型,其中图 5.2(a)为传统的 CCHP 系统,主要包括动力单元、余热回收单元、换热单元和吸收式制冷单元;而补燃系统由电网和补燃锅炉组成,电负荷不足时,可向电网购电,过剩的电负荷分可上网和不可上网两种情形;吸收式制冷系统为燃气型,不足的冷和热负荷均由燃气补燃锅炉补充。燃料在动力机组燃烧室燃烧驱动透平发电,高温余热被余热回收系统收集,分别驱动换热单元和吸收式制冷单元提供热负荷和冷负荷。本章中的动力机组选择微燃机,其装机容量和余热回收单元满足式(5.1)的比例关系:

$$Q_{\text{cap}}^{\text{CCHP}} = \frac{[0.8163 - 0.0202 \ln(P_{\text{cap}}^{\text{CCHP}})]\xi}{0.0202 \ln(P_{\text{cap}}^{\text{CCHP}}) + 0.1837} P_{\text{cap}}^{\text{CCHP}}, \quad P_{\text{cap}}^{\text{CCHP}} \leqslant 1000 \text{ kW}$$

$$(5.1)$$

其中,余热回收单元装机容量以 $Q_{\text{cap}}^{\text{CCHP}}$ 表示;$P_{\text{cap}}^{\text{CCHP}}$ 为微燃机装机容量。

图 5.2(b)(c)分别为基于传统 CCHP 系统耦合蓄热和蓄电单元的集成系统。对于耦合蓄热单元的 CCHP 系统,系统遵循"以热定电"的定容方法,即余热回收单元装机容量等于用户平均综合热负荷需求(热和冷),微燃机容量可由式(5.1)反推得到。此时系统满负荷运行,多余的热蓄存,不足时则热释放,冷和热负荷实现"自给自足",但电负荷可能过剩或不足,需跟电网进行交互。同理,对于耦合蓄电单元的 CCHP 系统,系统按"以电定热"方法装机,即系统优先满足用户电负荷需求,微燃机装机容量等于用户平均电负荷需求,对应的换热和吸收式制冷单元装机容量分别为 $Q_{\text{cap}}^{\text{CCHP}} \cdot \text{COP}_{\text{AC}}$ 和 $Q_{\text{cap}}^{\text{CCHP}} \eta_{\text{HX}}$,不足的冷或热负荷则由燃气补燃锅炉补充。图 5.2(d)为系统同时耦合蓄热和蓄电单元,即协同蓄能。该系统集成均可按"以电定

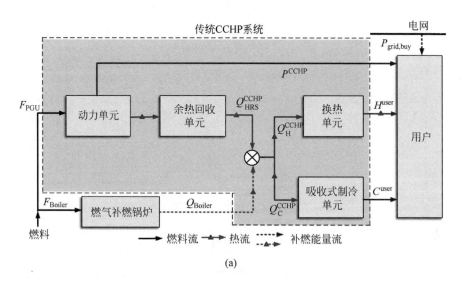

(a)

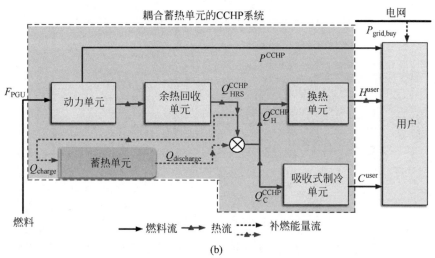

(b)

图 5.2　4 种不同的系统构型

（a）传统 CCHP 系统；（b）耦合蓄热单元的 CCHP 系统；（c）耦合蓄电单元的 CCHP 系统；
（d）耦合蓄热和蓄电单元的 CCHP 系统

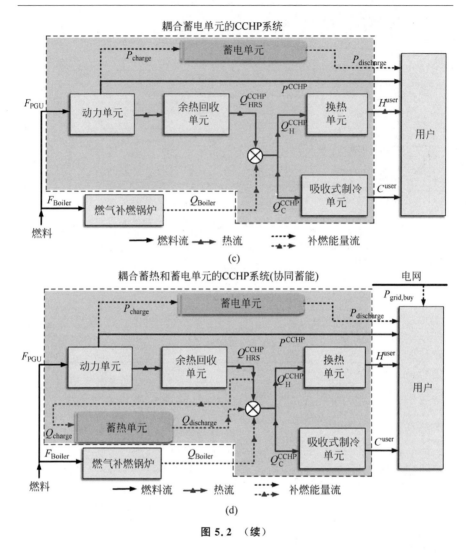

图 5.2 （续）

热"或"以热定电"方式装机,其装机容量直接影响与用户负荷供需匹配关系,因此,电网和燃气补燃锅炉可能同时被需要。

5.3 负荷无量纲供需匹配参数及普适性匹配情景

5.3.1 负荷无量纲供需匹配参数

传统的 CCHP 系统若以 FEL 策略运行,其逐时电负荷可由系统满足,如图 5.3(a)所示,图中黑色和蓝色线分别表示系统和用户电负荷输出与需求。但逐时综合热负荷供需会有偏差,如图 5.3(b) 所示,在 $t_0 \sim t_1$ 时段,用户需求大于系统输出 $\left(\int_{t_0}^{t_1} Q_i^{\text{user}} \mathrm{d}t > \int_{t_0}^{t_1} Q_i^{\text{CCHP}} \mathrm{d}t\right)$,而在 $t_1 \sim t_2$ 时段,系统产生综合热负荷过剩,过剩部分为 $\int_{t_1}^{t_2} (Q_i^{\text{CCHP}} - Q_i^{\text{user}}) \mathrm{d}t$,该部分由于不能被利用,因此不计入系统的输出贡献中。 因此在整个供需匹配周期内 $(t_0 \sim t_2)$,系统与用户的电负荷匹配参数 $\alpha_\text{E} = 1$,综合热负荷匹配参数 α_H 如式(5.2)所示。同理,若系统以 FTL 策略运行,参数 $\alpha_\text{H} = 1$,而电负荷匹配参数 α_E 计算如式(5.3)所示:

$$\alpha_\text{H} = \frac{\displaystyle\int_{t_0}^{t_2} Q_i^{\text{user}} \mathrm{d}t}{\displaystyle\int_{t_0}^{t_2} Q_i^{\text{user}} \mathrm{d}t - \int_{t_1}^{t_2} (Q_i^{\text{CCHP}} - Q_i^{\text{user}}) \mathrm{d}t}, \quad i = 0, 1, 2, \cdots, 23 \quad (5.2)$$

$$\alpha_\text{H} = \frac{\displaystyle\int_{t_0}^{t_2} Q_i^{\text{user}} \mathrm{d}t}{\displaystyle\int_{t_0}^{t_2} Q_i^{\text{user}} \mathrm{d}t - \int_{t_1}^{t_2} (Q_i^{\text{CCHP}} - Q_i^{\text{user}}) \mathrm{d}t}, \quad i = 0, 1, 2, \cdots, 23 \quad (5.3)$$

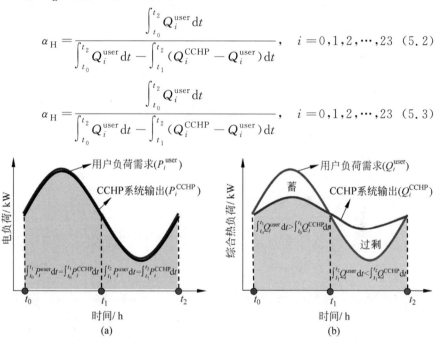

图 5.3　传统 CCHP 系统以 FEL 策略运行时逐时电负荷(a)和综合热负荷(b)供需匹配示意图

　　若 CCHP 系统耦合蓄电单元,动力机组的装机容量由用户的峰值电负荷需求($P_{\text{mount}}^{\text{user}}$)减小到平均需求($P_{\text{aver}}^{\text{user}}$),余热回收单元容量则为 $P_{\text{aver}}^{\text{user}} / \eta_{\text{MGT}}^{\text{nom}}$。此时,用户负荷需求时间段内($t_0 \sim t_2$),系统以满负荷状态运行,如图 5.4(a)中的黑色直线所示。其中,系统在 $t_1 \sim t_2$ 时段的电负荷输出大于用户需求,多余部分储存;而用户在 $t_0 \sim t_1$ 时间段的电负荷需求大于系统额定输出,此时蓄电单元储存部分释放来补充不足的电负荷需求。但由于缺少蓄热单元,系统在 $t_0 \sim t_1$ 时间段产生的余热小于用户需求,而在 $t_1 \sim t_2$ 时间段产热过剩,不足和多余的综合热负荷分别为 $\int_{t_0}^{t_1}(Q_i^{\text{user}} - Q_i^{\text{CCHP}})\mathrm{d}t$ 和 $\int_{t_1}^{t_2}(Q_i^{\text{CCHP}} - Q_i^{\text{user}})\mathrm{d}t$。同样,系统多产生的综合热负荷由于浪费而不计入系统输出。则此时电负荷和综合热负荷供需匹配参数 α_{E} 和 α_{H} 的计算如式(5.4)所示。当 CCHP 系统单独耦合蓄热单元时的情况与单独蓄电类似,其供需匹配参数的计算如式(5.5)所示。

$$\alpha_{\text{E}} = \frac{\int_{t_0}^{t_2} P_i^{\text{user}}\mathrm{d}t}{\int_{t_0}^{t_2} P_i^{\text{CCHP}}\mathrm{d}t}, \quad \alpha_{\text{H}} = \frac{\int_{t_0}^{t_2} Q_i^{\text{user}}\mathrm{d}t}{\int_{t_0}^{t_2} Q_i^{\text{user}}\mathrm{d}t - \int_{t_1}^{t_2}(Q_i^{\text{CCHP}} - Q_i^{\text{user}})\mathrm{d}t}, i = 0,1,2,\cdots,23$$

$$(5.4)$$

$$\alpha_{\text{E}} = \frac{\int_{t_0}^{t_2} P_i^{\text{user}}\mathrm{d}t}{\int_{t_0}^{t_2} P_i^{\text{user}}\mathrm{d}t - \int_{t_1}^{t_2}(P_i^{\text{CCHP}} - P_i^{\text{user}})\mathrm{d}t}, \quad \alpha_{\text{H}} = \frac{\int_{t_0}^{t_2} Q_i^{\text{user}}\mathrm{d}t}{\int_{t_0}^{t_2} Q_i^{\text{CCHP}}\mathrm{d}t}, i = 0,1,2,\cdots,23$$

$$(5.5)$$

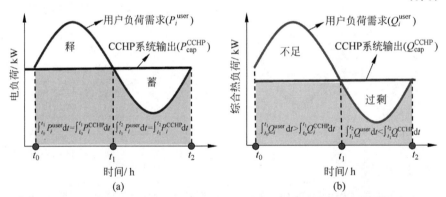

图 5.4　CCHP 系统耦合蓄电单元后逐时电负荷(a)和综合热负荷(b)供需匹配示意图

当系统同时耦合蓄电和蓄热单元时,不管是电还是综合热负荷,系统产生多余或不足的部分均可由蓄电或蓄热单元调节,如图 5.5 所示。若系统的动力机组以用户平均电负荷装机,如图 5.5(a)所示,通过蓄电单元"移峰填谷"的调节作用,用户的电负荷刚好由系统满足。而对应的余热单元装机容量可由式(5.1)计算获得,若余热回收单元的装机容量小于用户的平均综合热负荷需求,如图 5.5(b)所示,则即使蓄热单元可将 $t_1 \sim t_2$ 时间段蓄存的多余热量"迁移"到 $t_0 \sim t_1$ 时间段,但仍有部分综合热负荷需要额外补充。因此,蓄能单元能进行不同时段内的负荷"迁移",但不能实现总体上的能量供需不匹配。此时,由于无能量浪费,同时耦合蓄电和蓄热单元的电负荷和综合热负荷供需匹配参数 α_E 和 α_H 的计算如式(5.6)所示:

$$\alpha_E = \frac{\int_{t_0}^{t_2} P_i^{user} \mathrm{d}t}{\int_{t_0}^{t_2} P_i^{CCHP} \mathrm{d}t}, \quad \alpha_H = \frac{\int_{t_0}^{t_2} Q_i^{user} \mathrm{d}t}{\int_{t_0}^{t_2} Q_i^{CCHP} \mathrm{d}t}, \quad i = 0,1,2,\cdots,23 \quad (5.6)$$

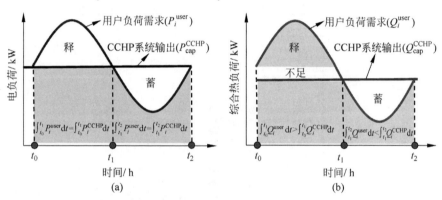

图 5.5　CCHP 系统同时耦合蓄电和蓄热单元后逐时电负荷(a)和综合热负荷(b)供
需匹配示意图

进一步地,电和综合热负荷之间的匹配关系以参数 M 表示,如式(5.7)所示:

$$M = \frac{\alpha_H}{\alpha_E} \quad (5.7)$$

此外,对耦合蓄能单元的 CCHP 系统,一定时间周期内,如 $t_0 \sim t_2$,用户总的负荷需求与系统装机容量间的无量纲匹配关系可用参数 $\alpha_{E,cap}$ 和 $\alpha_{H,cap}$ 表示,二者分别表示电和综合热的匹配关系,具体定义如下:

$$\alpha_{E,cap} = \frac{\int_{t_0}^{t_2} P_i^{user} \mathrm{d}t}{P_{cap}^{CCHP}(t_2 - t_0)} = \frac{P_{aver}^{user}}{P_{cap}^{CCHP}},$$

$$\alpha_{H,cap} = \frac{\int_{t_0}^{t_2} Q_i^{user} \mathrm{d}t}{Q_{cap}^{CCHP}(t_2 - t_0)} = \frac{Q_{aver}^{user}}{Q_{cap}^{CCHP}}, \quad i = 0,1,2,\cdots,23 \quad (5.8)$$

其中，P_{aver}^{user} 和 Q_{aver}^{user} 分别为用户在时间范围 $t_0 \sim t_2$ 的平均负荷需求。由式(5.8)可以看出，用户总的负荷需求与系统装机容量的关系可通过用户平均负荷需求与系统关键部件容量的大小关系来衡量。

5.3.2　普适性供需匹配情景

基于上述无量纲供需匹配参数 α_E 和 α_H，用户与系统的 9 种普适性负荷供需匹配关系被提炼，如图 5.6 所示，图中 x 轴和 y 轴分别为无量纲参数 α_E 和 α_H，分别表示用户与系统间电负荷与综合热负荷间的供需差异。图 5.6 由 4 个区域，两条线(实线和虚线)和一个点(点 O)组成。

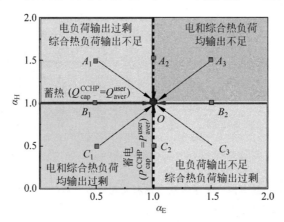

图 5.6　普适性供需匹配情景

其中，图 5.6 中实线和虚线分别代表 $\alpha_E = 1$ 和 $\alpha_H = 1$，即系统输出的电负荷或综合热负荷刚好满足用户需求，此时这两条线分别对应传统 CCHP 系统耦合蓄电单元和蓄热单元。负荷匹配情景 B_1 和 B_2，A_2 和 C_2 分别代表这两种情况。其中，B_1 和 B_2 分别代表用户综合热负荷需求刚好由 CCHP 系统满足，但系统产生电负荷过剩(B_1)或不足(B_2)；A_2 和 C_2 分别代表用户电负荷需求刚好由 CCHP 动力机组满足，但综合热负荷系统输出不足(A_2)或过剩(C_2)。

两条线的交点 O 代表 α_E 和 α_H 的值均等于 1，此情景对应的系统与用户供需达到理想匹配，即用户的所用负荷刚好都由系统满足，既无过剩也无不足。

由两条线划分的 4 个区域分别代表 4 种负荷匹配关系，分别由供需匹配情景 A_1、C_3、C_1 和 A_3 代表。供需匹配情景 A_1 对应的 $\alpha_E < 1$，而 $\alpha_H > 1$，此时系统输出电负荷和综合热负荷分别过剩和不足；供需匹配情景 C_3 恰好与情景 A_1 相反，即系统输出电负荷不足，但综合热负荷过剩；供需匹配情景 C_1 对应的 α_E 和 α_H 均小于 1，此时系统输出的电和综合热负荷均过剩；与 C_1 相反，情景 A_3 对应的电和综合热负荷输出均不足，需要通过辅助补燃系统来满足需求。

因此，情景 A_1、A_2、A_3、B_1、B_2、O、C_1、C_2 和 C_3 分别代表耦合蓄热单元后的 9 种普适性负荷供需匹配情景，同时，详细的负荷匹配关系和无量纲参数大小关系列于表 5.1 中。

表 5.1　9 种普适性负荷供需匹配情景及对应的匹配参数大小关系

匹配情景	负荷匹配关系	匹配参数大小关系
A_1	电负荷输出过剩，综合热负荷输出不足	$\alpha_H>1, \alpha_E<1, M>1$
A_2	电负荷刚好满足，综合热负荷输出不足	$\alpha_H>1, \alpha_E=1, M>1$
A_3	电和综合热负荷输出不足	$\alpha_H>1, \alpha_E>1$
B_1	电负荷输出过剩，综合热负荷刚好满足	$\alpha_H=1, \alpha_E<1, M>1$
B_2	电负荷输出不足，综合热负荷刚好满足	$\alpha_H=1, \alpha_E>1, M<1$
O	理想匹配	$\alpha_H=1, \alpha_E=1, M=1$
C_1	电和综合热负荷输出过剩	$\alpha_H<1, \alpha_E<1$
C_2	电负荷刚好满足，综合热负荷输出过剩	$\alpha_H<1, \alpha_E=1, M<1$
C_3	电负荷输出不足，综合热负荷输出过剩	$\alpha_H<1, \alpha_E>1, M<1$

5.4　耦合不同蓄能单元的 CCHP 系统装机方法研究

5.4.1　装机方法分析

对于给定用户，系统装机容量大小直接影响系统与用户间负荷供需匹配关系。动力机组和余热回收系统装机容量为 CCHP 系统的装机关键，吸收式制冷和换热单元的装机容量可分别根据余热回收单元容量换算得到，即 $Q_{cap}^{CCHP}COP_{AC}$ 和 $Q_{cap}^{CCHP}\eta_{HX}$。式(5.1)给出了微燃机装机容量和余热回收单元容量的比例关系，若其中一个容量确定，另一个也可计算求得。如图 5.7 所示，二者装机容量比例几乎为线性关系，微燃机的容量范围为 0～1000 kW，对应的余热回收单元容量为 0～1500 kW。同时，微燃机额定发电效率随装机容量的增加呈非线性递增趋势，且容量越大，递增趋势变缓，其范围为(0.260,0.325)。

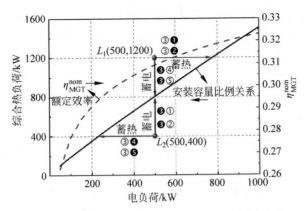

图 5.7　微燃机和余热回收单元装机容量比例关系

若 CCHP 系统耦合蓄电单元时,系统应按"以电定热"方法装机,微燃机装机容量等于用户平均电负荷需求($P_{\text{aver}}^{\text{user}}$),则余热回收单元容量为 $P_{\text{aver}}^{\text{user}}$ · $R_{\text{cap}}^{\text{CCHP}}$。耦合蓄电单元后系统以额定工况满负荷运行,逐时电负荷输出以虚线❸表示,用户电负荷需求以实线表示,如图 5.8(a)所示。系统在 $t_1 \sim$ t_2 时间段产生的多余电负荷蓄存,在 $t_0 \sim t_1$ 时间段产电不足时释放来补充用户需求。因此,系统可实现用户电负荷的"自给自足"。用户综合热负荷需求和系统输出间存在 5 种不同的匹配情况,如图 5.8(b)所示,分别以①②③④⑤表示。其中,①表示余热回收单元装机容量大于用户最大综合热负荷需求,系统产生的综合热始终过剩;②为装机容量大于用户综合热负荷平均值($Q_{\text{aver}}^{\text{user}}$),但小于最大需求,会有产能过剩或不足的情况;③为装机容量刚好等于用户平均综合热负荷需求,系统额外补充和浪费的综合热负荷相等;④为装机容量小于综合热负荷平均值,但大于用户最小需求,此时系统会有额外补充和浪费的综合热负荷;⑤表示装机容量小于用户最小综合热负荷需求,系统产生的综合热负荷始终不足。①②③对应图 5.7 中的匹配情景 C_2,④和⑤对应情景 A_2。

若 CCHP 系统耦合蓄热单元时,系统应按"以热定电"方法装机,余热回收单元装机容量等于用户平均综合热负荷需求($Q_{\text{aver}}^{\text{user}}$),则微燃机容量为 $Q_{\text{aver}}^{\text{user}} / R_{\text{cap}}^{\text{CCHP}}$。系统以额定工况满负荷运行,逐时综合负荷输出以虚线③表示,用户综合热负荷需求以实线表示,如图 5.9(a)所示。系统在 $t_1 \sim t_2$ 时间段产生的多余综合热负荷蓄存,在 $t_0 \sim t_1$ 时间段产电不足时释放来补充用户需求。因此,系统可实现用户综合热负荷的"自给自足"。用户电负荷需求和系统输出间存在 5 种不同的匹配情况,如图 5.9(b)所示,分别以❶❷❸❹❺表示。其对应的负荷供需匹配情况与蓄电时类似,因此不再赘述。其中,❶❷❸对应图 5.7 中的匹配情景 B_1,❹和❺对应情景 B_2。

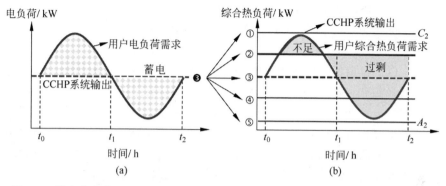

图 5.8　耦合蓄电单元的 CCHP 不同装机容量下与用户电负荷(a)和综合热负荷(b)的供需匹配示意图

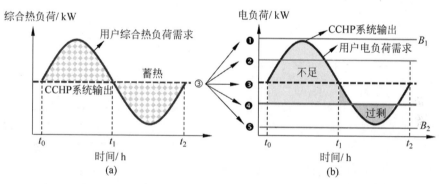

图 5.9　耦合蓄热单元的 CCHP 不同装机容量下与用户电负荷(a)和综合热负荷(b)的供需匹配示意图

　　当 CCHP 系统同时耦合蓄电和蓄热单元时(协同蓄能),"以电定热"和"以热定电"两种装机方式均适用,但选择何种方式需视不同的负荷匹配情景确定。相较单独耦合蓄热或蓄电,协同蓄能可减少能量浪费,从而提高系统性能。例如,若系统按"以电定热"方法装机,微燃机和余热回收单元的装机组合为❸③,如图 5.8 所示,用户电负荷可完全由系统满足,在 $t_1 \sim t_2$ 时的综合热负荷需求大于系统输出,若系统同时耦合蓄热和蓄电,该部分热量可蓄存而"迁移"到 $t_0 \sim t_1$ 时;然而,对于只耦合蓄电单元的 CCHP 系统,该部分多余热量将浪费。因此,合适的系统装机容量将直接影响协同蓄能单元对 CCHP 系统性能的提升潜力。值得注意的是,对于装机组合③❸或❸③,其对应负荷供需达到理想匹配,对应情景为 O。

为寻求协同蓄能后系统合适的装机方式,本书对位于负荷输出线上方和下方的两种供需情景分别进行讨论。以平均负荷需求 L_1(500 kW,1200 kW)和 L_2(500 kW,400 kW)为例,其平均电负荷需求相同,平均综合热负荷需求分别位于负荷输出比例线两侧,如图 5.10 所示,这两种负荷需求情况对同时耦合蓄电和蓄热的 CCHP 系统装机方式影响规律讨论如下。

当用户平均负荷需求位于装机容量比例线上方时,如 L_1 点,系统的相对节能率(ESR)、CO_2 减排率(CO_2ER)和运行费用节约率(CostR)随微燃机装机容量的变化趋势如图 5.10(a)所示。$\alpha_{E,cap}$ 值越大,微燃机装机容量越小。因此,从图 5.10 中可以看出,当微燃机装机容量小于用户平均电负荷需求时(❹或❺),此时 $\alpha_{E,cap}$>1,对应供需匹配情景为 A_3。随着 $\alpha_{E,cap}$ 的增大(微燃机装机容量逐渐减小),系统 ESR、CO_2ER、CostR 均逐渐减小,说明装机容量越小,需要额外消耗的燃料越多,越不利于系统性能提升。

相反,当微燃机装机容量大于用户平均电负荷需求时(❷),对应供需匹配情景 A_1、B_1 和 C_1,微燃机将产生过剩的电负荷。当过剩电负荷不可上网时,系统 ESR、CO_2ER、CostR 值随着 $\alpha_{E,cap}$ 的增大(微燃机装机容量逐渐减小)而增大,当 $\alpha_{E,cap}$=1 时达到最大,此时燃机装机容量等于用户平均电负荷需求(❸),系统应以"以电定热"方法装机,对应供需匹配情景 A_2。当过剩电负荷可上网时,系统 ESR、CO_2ER、CostR 值则先增大后减小,当 $\alpha_{H,cap}$=1 时达到最大,此时余热回收单元装机容量等于用户平均综合热负荷需求(③),系统应采取"以热定电"的装机方法,对应供需匹配情景 B_1。电负荷可上网时的节能性、环保性和经济性的性能指标均优于不可上网时的情况。

当用户平均负荷需求位于装机容量比例线下方时,如图 5.10(b)所示,不管多余电负荷能否上网,系统 ESR、CO_2ER、CostR 值均随 $\alpha_{E,cap}$ 的增大(相应微燃机装机容量逐渐减小)先增大后减小。CO_2ER 和 CostR 的峰值出现在 $\alpha_{E,cap}$=1 时(❸),即微燃机装机容量等于用户平均电负荷需求,对应供需匹配情景 C_2;相反,当 $\alpha_{H,cap}$=1 时,ESR 值达到最大值,此时余热回收单元装机容量等于用户平均综合热负荷需求(③),对应供需匹配情景 B_2。若 ESR、CO_2ER、CostR 3 种的权重系数均为 1/3 时,系统应采取"以电定热"的装机方式。同样也可以看出,系统产生的过剩电负荷可上网时的情形要优于不能上网时的情形。

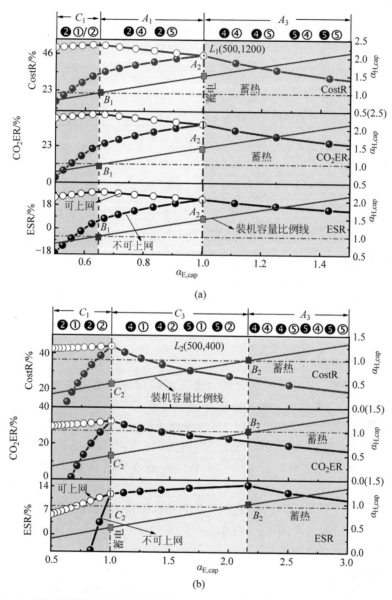

图 5.10 同时耦合蓄热和蓄电单元的 CCHP 系统节能率、环保性和经济性指标随装机容量的变化趋势

（a）负荷需求位于装机容量比例线上方；（b）负荷需求位于装机容量比例线下方

　　总之，对于同时耦合蓄热和蓄电的 CCHP 系统，当用户平均负荷需求位于系统装机容量比例线上方时，系统在电负荷不可上网的政策下应采取

"以电定热"方式装机,相反,可上网时应采取"以热定电"方式。当位于装机容量比例线下方时,不管电负荷是否可上网,系统均应以"以电定热"方式装机。

因此,本章将研究的含蓄能的系统构型对应的装机容量方法和供需匹配情景归纳于表 5.2 中。

表 5.2　含蓄能的系统构型对应的装机容量方法和供需匹配情景

系统构型	装机容量方法	关键设备容量		匹配参数	匹配情景
		微燃机	余热回收单元		
CCHP	最大负荷定容	峰值电负荷	式(5.1)计算	$\alpha_{E,cap}<1$	A_2,C_2,O
蓄电	以电定热	平均电负荷	式(5.1)计算	$\alpha_{E,cap}=1$	A_2,C_2,O
蓄热	以热定电	式(4.4)计算	平均综合热负荷比例线上方	$\alpha_{H,cap}=1$	B_1,B_2,O
协同蓄能	上网:以热定电	式(4.4)计算	平均综合热负荷	$\alpha_{H,cap}=1$	B_1,B_2,O
	不上网:以电定热	平均电负荷	式(5.1)计算比例线下方	$\alpha_{E,cap}=1$	A_2,C_2,O
	以电定热	平均电负荷	式(5.1)计算	$\alpha_{E,cap}=1$	A_2,C_2,O

5.4.2　案例分析

本书选择位于我国 5 个建筑气候区内的宾馆典型天负荷作为案例研究,其对应的代表城市分别为哈尔滨(严寒)、北京(寒冷)、上海(夏热冬冷)、香港(夏热冬暖)和昆明(温和)。宾馆占地面积统一为 20 220 m^2,其典型天负荷需求如图 5.11 所示,不同气候区内电负荷需求相同,最大值均为 513 kW,而综合热负荷需求则有所差异。5 个代表城市平均热电比 R^{user} 分别为 3.22、3.12、2.92、2.53 和 1.75,冷负荷占综合热负荷比 λ 分别为 0.21、0.41、0.49、0.57 和 0.37,香港和上海的冷负荷需求相对较大,哈尔滨则热负荷需求相对较大。同时,哈尔滨(严寒)的冬季综合热负荷需求大于夏季,而香港(夏热冬暖)则相反。

针对上述 5 个气候区域内的系统装机容量讨论如下。

(1) 对于传统 CCHP 系统,微燃机以宾馆典型天最大电负荷需求装机,为 510 kW,其对应的余热回收单元容量通过式(5.1)计算为 820 kW。

(2) 若系统仅耦合蓄电单元,微燃机以宾馆典型天平均电负荷需求定容(❸),为 340 kW,余热回收单元计算可得 565 kW。如图 5.11 所示,其余热回收单元容量在哈尔滨、北京和上海地区几乎均小于用户最小综合热负荷需求,需要消耗大量的燃料来补充不足的综合热负荷需求。而在香港和昆明地区,在冬季会有一部分时间段的用户综合热负荷可完全由系统供应,补燃量会有所减少。

　（3）若系统仅耦合蓄热单元,余热回收单元以用户平均综合热负荷需求装机（③）,5 个地区分别为 1100 kW、1060 kW、990 kW、860 kW 和 590 kW。其对应的微燃机装机容量可通过式（5.1）计算为 700 kW、680 kW、630 kW、540 kW 和 360 kW。如图 5.11 所示,可以看出除了昆明地区外,其余 4 个地区的微燃机装机容量均大于宾馆典型天最大电负荷需求,动力机组装机容量反而增大,造成极大产电过剩。

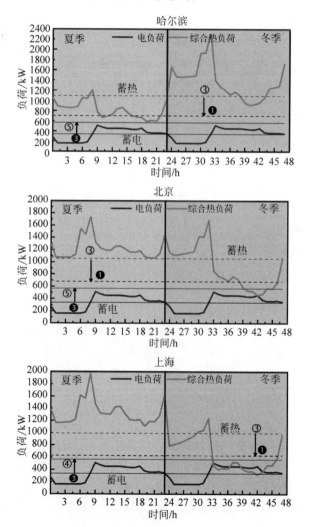

图 5.11　我国 5 个建筑气候区代表城市内宾馆夏季和冬季典型日负荷需求

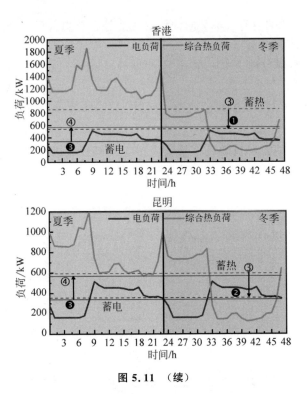

图 5.11 （续）

（4）若 CCHP 系统同时耦合蓄电和蓄热单元，如图 5.12 所示，宾馆冬季和夏季典型天平均负荷需求均位于系统装机容量比例线上方，且其平均电负荷相同，而平均热负荷则表现为哈尔滨、北京、上海、香港和昆明逐渐减

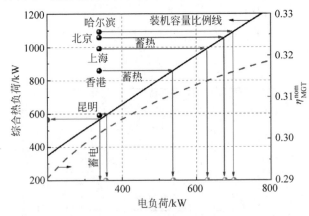

图 5.12　不同气候区代表城市内宾馆平均负荷需求与系统装机容量比例线位置关系

小。可根据上述表 5.2 中对同时耦合两种蓄能单元的系统装机方法定性结论进行系统关键设备定容,若电负荷可上网,则应选择"以热定电"模式装机,否则,应采取"以电定热"模式。

综上,不同系统集成构型在 5 个气候区内的系统装机容量及其装机容量减小率分别列于表 5.3 中。

表 5.3　不同系统集成构型在 5 个气候区内的系统装机容量及其减容率

气候区	代表城市	系统构型	微燃机/kW	余热回收单元/kW	动力机组减容率/%
严寒	哈尔滨	CCHP	513.01	823.09	0.00
		蓄电	339.05	565.86	−33.91
		蓄热	700.86	1091.99	36.62
		协同蓄能(不上网)	339.05	565.86	−33.91
		协同蓄能(上网)	700.86	1091.99	36.62
寒冷	北京	CCHP	513.01	823.09	0.00
		蓄电	339.05	565.86	−33.91
		蓄热	676.75	1057.88	31.92
		协同蓄能(不上网)	339.05	565.86	−33.91
		协同蓄能(上网)	676.75	1057.88	31.92
夏热冬冷	上海	CCHP	513.01	823.09	0.00
		蓄电	339.05	565.86	−33.91
		蓄热	629.69	990.99	22.74
		协同蓄能(不上网)	339.05	565.86	−33.91
		协同蓄能(上网)	629.69	990.99	22.74
夏热冬暖	香港	CCHP	513.01	823.09	0.00
		蓄电	339.05	565.86	−33.91
		蓄热	537.44	858.50	4.76
		协同蓄能(不上网)	339.05	565.86	−33.91
		协同蓄能(上网)	537.44	858.50	4.76
温和	昆明	CCHP	513.01	823.09	0.00
		蓄电	339.05	565.86	−33.91
		蓄热	356.32	591.85	−30.54
		协同蓄能(不上网)	339.05	565.86	−33.91
		协同蓄能(上网)	356.32	591.85	−30.54

耦合不同蓄能单元的 CCHP 系统在 5 个气候区内的 ESR 值比较如图 5.13(a)所示。可以看出,不加蓄能单元时,CCHP 系统在哈尔滨、北京、

上海、香港和昆明 5 个地区的 ESR 值逐渐减小,且只有哈尔滨的系统相对节能率超过 15%。由第 4 章系统余热分配机制可知,系统产生等量热和冷负荷时,产热对应的系统相对节能率高于产冷。因此,不加蓄能单元时严寒和寒冷地区系统节能性较好。

当系统仅耦合蓄电单元时,动力机组装机容量在 5 个地区均减少33.91%,且相对节能率均得到提高。其中,北京、上海和昆明地区的相对节能率均高于 15%。同时,从图 5.13(b)可以看出,系统相对节能率在哈尔滨、北京、上海、香港和昆明 5 个地区分别提高了 12.7%、17.8%、33.5%、44% 和 68.4%,昆明地区系统提高更为显著。这是由于耦合蓄电单元后系统输出的热电比 R^{CCHP} 在 5 个地区均为 1.67,而昆明地区的负荷需求热电比 $R^{\text{user}} = 1.70$,二者在负荷供需方面更匹配,因此其节能性改善更为明显。而哈尔滨地区用户热电比 $R^{\text{user}} = 1.55$,与系统输出匹配性较差,因此,相对节能率提高不明显。

当系统仅耦合蓄热单元时,系统按“以热定电”模式装机,动力机组容量按式(5.1)计算得到。由表 5.3 可以看出,动力机组装机容量在哈尔滨、北京、上海、香港分别增大了 36.62%、31.92%、22.74%、4.76%,只有在昆明减少了 30.54%。系统产生的电负荷分可上网和不可上网两种情况讨论。

(1)当电负荷不可上网时,耦合蓄热单元的系统相对节能率较传统CCHP 系统在哈尔滨、北京、上海、香港 4 个地区反而降低,甚至为负值,比分产系统都差。这是由于为满足用户综合热负荷需求,系统动力机组装机容量过大,系统与用户负荷供需不匹配,导致大量的电负荷浪费。而昆明地区系统动力机组装机容量得以减小,其负荷输出热电比 $R^{\text{CCHP}} = 1.67$,用户为 1.70,二者匹配性好,因此系统相对节能率由原来的 10% 提高到 15%,增大了 42.4%。

(2)当电负荷可上网时,过剩的电负荷由于上网而被视为系统实际有益产出。此时系统相对节能率在哈尔滨、北京、上海、香港 4 个地区均大幅提高,大于 25%。同时,较传统 CCHP 系统分别提高 73.4%、84.3%、121% 和 164%,蓄热单元在冷负荷需求较大的地区对系统节能率的提升更为显著。而昆明地区由于负荷波动较小,相对节能率提高 68.2%。

当系统同时耦合蓄电和蓄热单元时(协同蓄能),电负荷不可上网的情况下系统按“以电定热”模式装机,系统的相对节能率在哈尔滨、北京、上海、香港和昆明 5 个地区逐渐增大,均超过 15%。由于昆明地区用户负荷需求热电比与系统输出匹配较好,其对应的相对节能率提高较为明显。而不可上网时,系统按"以热定电"模式装机,系统相对节能率也有明显的提高,超过 25%。

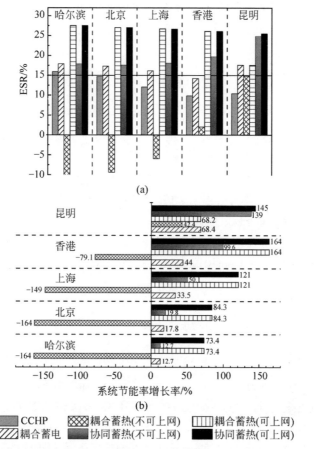

图 5.13　5 个不同气候区不同构型系统相对节能率比较(a)和相对传统 CCHP
系统耦合蓄能单元后系统节能率增长率比较(b)

其中,系统节能率增长率为 $[(\mathrm{ESR_{CCHP\text{-}ESS}} - \mathrm{ESR_{CCHP}})]/\mathrm{ESR_{CCHP}}$

综合不同的蓄能形式可以看出,电负荷可上网时,耦合蓄热单元在 5 个地区相对节能率提升力度均较大,其中香港和昆明更为突出。而不可上网时,耦合蓄热单元反而会使系统节能性变差,只有当系统与用户负荷热电比接近时(如昆明),相对节能才会提高;耦合蓄电单元时,系统相对节能率在北京和哈尔滨地区提升幅度较小,而上海、香港和昆明地区对系统节能性改善更为明显。

因此,电负荷的上网政策对不同气候区域内系统耦合蓄能单元的系统节能率有较大影响。由于目前 CCHP 系统的电负荷在我国还未能实现全面上网,传统 CCHP 系统更适合在上海、香港和昆明地区耦合蓄能单元,且同时耦合蓄电和蓄热的单元系统性能更优。

5.5 耦合蓄能单元的系统节能边界及适合的用户范围

5.5.1 不同蓄能形式下的供需匹配性及系统节能边界

系统与用户的电负荷和综合热负荷的供需匹配性可通过二者的热电比的数值(参数 M)来综合评价。如图 5.14(a)所示,当 CCHP 系统耦合蓄电单元时,随着用户热电比 R^{user} 增大,其对应的系统 ESR、CO_2ER、CostR 值先增大后减小。当热电比比值相等时($M=1$)达到峰值,此时系统与用户负荷供需达到理想匹配,对应匹配场景 O。同理,当系统耦合蓄热单元且电负荷不可上网时,系统性能表现出相同的变化趋势,如图 5.14(b)所示;可上网时,ESR、CO_2ER、CostR 值先增大后保持最大值不变,此时可把电网视作"蓄电"单元。

当系统 ESR 不低于新建 CCHP 系统准入值 15% 时,耦合蓄电单元对应的热电比的比值 M 范围为 $[0.59,2.82]$,在该范围内,CO_2ER 和 CostR 的最小值分别为 27.7% 和 35.2%。然而,当 CO_2ER 和 CostR 的值不低于 27.7% 和 35.2% 时,其 M 的取值范围分别为 $[0.30,2.82]$ 和 $[0.20,2.82]$,适合的 M 范围要大于 ESR,且拓宽的适合范围集中在 M 小于 1 的区间。这也说明相较于 CO_2ER 和 CostR,系统 ESR 准入值的要求更严苛。也即,只要系统的 ESR 满足准入值,CO_2ER 和 CostR 也可达到要求。同理,对于耦合蓄热单元的系统在电负荷不可上网的情况下可有相同的结论。

同时,分别从图 5.14(a)和图 5.14(b)可以看出,当用户热负荷($M>1$)或电负荷($M<1$)大于系统输出时,ESR、CO_2ER、CostR 变化幅度要小于系统输出过剩情况,说明对于等量的过剩和不足负荷,系统供给不足时的性能要优于供能过剩。

用户的冷和热负荷比例同样会影响系统节能性,其中,用户冷负荷需求占总的综合热负荷的比例以参数 λ 表示。从图 5.15 可以看出,无论是系统耦合蓄电还是蓄热单元,系统相对节能率均随 λ 值的增大而减小。即在相同条件下,当用户冷负荷需求越多时,系统节能性越差。此外,从图 5.15(b)可以看出,当系统产生的过剩电负荷可上网时,用户冷负荷需求量对系统节能性无影响。

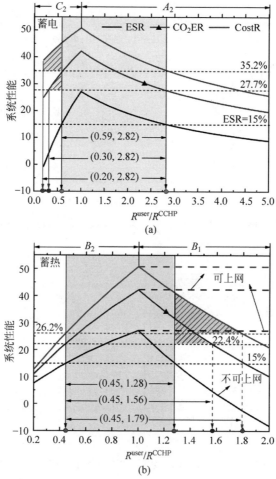

图 5.14　**耦合蓄电(a)和蓄热单元(b)后 CCHP 系统 ESR、CO$_2$ER 和 CostR 随系统与用户热电比比值(M)的变化趋势**

　　综上所述,当系统与用户热电比的数值(M)为 1 时,二者负荷供需达到理想匹配,系统相对节能率达到最大值。因此,图 5.16(a)和图 5.16(b)分别为不同装机容量下系统相对节能率随 M 的变化趋势及节能边界。可以看出,当 M 值相同时,装机容量越大,其对应的系统相对节能率越大。当系统与用户负荷达到理想匹配时(M=1),系统 ESR 值与微燃机装机容量呈非线性递增趋势,不同容量下的节能边界满足式(5.9)对应的拟合关系。当装机容量为 1000 kW 时,系统最大节能率为 28.8%。

$$\text{ESR}_{\max} = 15.185(P_{\text{cap}}^{\text{CCHP}})^{0.0933}, \quad R^2 = 0.9969 \qquad (5.9)$$

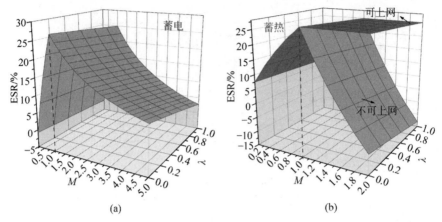

图 5.15   耦合蓄电(a)和蓄热单元(b)后系统相对节能率随用户冷负荷占比变化趋势(见文前彩图)

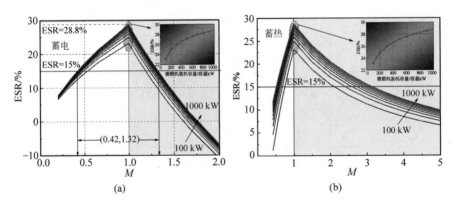

图 5.16   耦合蓄电(a)和蓄热单元(b)后微燃机在不同装机容量下的节能边界(见文前彩图)

5.5.2   不同蓄能形式下适合的用户范围

本章研究的系统动力机组为微燃机,其动力机组装机容量小于 1 MW。因此,对于设计好的 CCHP 系统,其适合的服务用户即为使系统相对节能率不小于 15% 的类型(以热电比 R^{user} 表示)。

当电负荷不可上网时,图 5.17(a)和图 5.17(b)分别给出了系统耦合蓄电和蓄热时适合的用户范围。其对应的用户热电比上界和下界分别为大于和小于系统额定工况的热电比,即 $M>1$(虚线)和 $M<1$(实线)。其中,耦合蓄电单元的 $M>1$ 时对应综合热负荷供应不足,而耦合蓄热单元则对应发电过剩;$M<1$ 时则相反。

当系统耦合蓄电单元时,如图 5.17(a)所示,适合用户范围随装机容量的增大,其上界非线性递增,下界则非线性递减,对应的供需匹配情景分别为 A_2 和 C_2。即装机容量越大,系统适合的用户范围越广。

当系统耦合蓄热单元时,如图 5.17(b)所示,适合用户范围的上界和下界均随微燃机装机容量的增大而呈非线性递减趋势,其对应的供需匹配情景分别为 B_1 和 B_2。

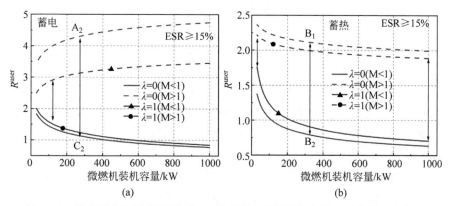

图 5.17　耦合蓄电(a)和蓄热单元(b)后系统在不同装机容量下适合的用户范围

从图 5.17 中可以看出,当用户只有热和电负荷需求($\lambda=0$)时的适合用户范围要大于只有冷和电需求($\lambda=1$)时。当用户同时有冷热电负荷需求,即 $0<\lambda<1$ 时,适合用户范围位于 $\lambda=0$ 和 $\lambda=1$ 的适合用户之间。式(5.10)~式(5.13)分别为耦合两种不同蓄能单元下的适合用户范围的拟合模型。

(1) 耦合蓄电单元 CCHP 系统适合用户边界范围

$$R^{user}(\lambda=0) = \begin{cases} 下界: 4.3393(P_{cap}^{CCHP})^{-0.247} \\ 上界: 2.5716(P_{cap}^{CCHP})^{-0.0906} \end{cases}, \quad 0<P_{cap}^{CCHP} \leqslant 1000 \text{ kW}$$

$$(5.10)$$

$$R^{user}(\lambda=1) = \begin{cases} 下界: 4.7432(P_{cap}^{CCHP})^{-0.247} \\ 上界: 1.8711(P_{cap}^{CCHP})^{-0.0906} \end{cases}, \quad 0<P_{cap}^{CCHP} \leqslant 1000 \text{ kW}$$

$$(5.11)$$

(2) 耦合蓄热单元 CCHP 系统适合用户边界范围

$$R^{user}(\lambda=0) = \begin{cases} 下界: 2.7842(P_{cap}^{CCHP})^{-0.217} \\ 上界: 2.7908(P_{cap}^{CCHP})^{-0.049} \end{cases}, \quad 0<P_{cap}^{CCHP} \leqslant 1000 \text{ kW}$$

$$(5.12)$$

$$R^{\text{user}}(\lambda=1)=\begin{cases} \text{下界：} 3.9957(P_{\text{cap}}^{\text{CCHP}})^{-0.256}, \\ \text{上界：} 2.5921(P_{\text{cap}}^{\text{CCHP}})^{-0.046}, \end{cases} \quad 0<P_{\text{cap}}^{\text{CCHP}}\leqslant 1000 \text{ kW}$$

$$\text{(5.13)}$$

5.6　本章小结

基于第 2 章和第 3 章中系统与用户的无量纲供需匹配关系及协同集成方法,本章从系统集成的角度揭示了传统 CCHP 系统耦合不同形式蓄能单元(蓄电、蓄热和协同蓄能)后的系统构型在不同供能情景下的耦合机制。其相应的结论如下。

(1) 提炼出 9 种普适性供需匹配情景,并定量分析了耦合蓄能单元后的系统装机方法,结果表明,系统仅耦合蓄电或蓄热单元时,系统按"以电定热"或"以热定电"模式装机;对于同时耦合蓄电和蓄热的协同蓄能,用户平均负荷位于系统装机容量比例线上方,在电负荷可上网的政策下应采取"以热定电"的装机方法,相反,应选择"以电定热";若位于比例线下方,应采取"以电定热"的装机方法。

(2) 电负荷的上网政策对不同气候区域内系统耦合蓄能单元的系统节能率有较大影响。可上网时,耦合蓄热单元的 CCHP 系统在我国 5 个不同建筑气候区域的相对节能率提升力度均较大,其中香港和昆明更为突出。而不可上网时,耦合蓄热单元反而会使得系统节能性变差,只有当系统与用户负荷热电比接近时(如昆明),相对节能率才会提高;耦合蓄电单元时,系统相对节能率在北京和哈尔滨地区提升幅度较小,而上海、香港和昆明地区对系统节能性改善更为明显。由于目前 CCHP 系统的电负荷在我国还未能实现全面上网,传统 CCHP 系统更适合在上海、香港和昆明地区耦合蓄能单元,且同时耦合蓄电和蓄热单元的系统性能更优。

(3) 当系统与用户负荷供需达到理想匹配(负荷无过剩和不足)时,系统 ESR、CO_2ER 和 CostR 值达到最大。系统相对节能率边界值(理想匹配)与微燃机装机容量呈非线性递增趋势,当装机容量为 1000 kW 时,系统最大相对节能率为 28.8%。而对于等量的过剩和不足负荷,系统供给不足时的性能要优于供能过剩,即"宁愿不足,也不可过剩"。

(4) 当用户只有热和电负荷需求($\lambda=0$)时的适合用户范围要大于只有冷和电需求($\lambda=1$)时的适合用户范围,且装机容量越大,适合的用户范围越广。

第 6 章   CCHP 系统主动蓄能调控方法研究

6.1   本 章 引 论

第 5 章从系统集成设计层面分析了系统加理想蓄能单元后的装机方法及适合用户范围,而蓄能对系统变工况运行阶段负荷输出的调控机制尚不清晰。此外,电网可视为巨大的"蓄电池",未来 CCHP 系统产生的电负荷终究要与电网进行交互调度,且在欧美国家已有政策支持,而我国也有示范项目试行。因此,本章暂不考虑蓄电单元对系统的调控,重点探索蓄热单元对系统冷热电负荷的解耦机制及系统全工况主动蓄能调控方法。

6.2   主动与被动蓄能调控特点对比分析

CCHP 系统按照"温度对口,梯级利用"的原则集成,这就意味着系统可有多个蓄热位置,如图 6.1 所示,在余热利用设备前后均可进行蓄热。其中,上游蓄热单元蓄存为动力机组排出的 $300\sim600$ ℃中高温余热,而下游则蓄存为 $100\sim200$ ℃吸收式机组低温排烟余热或由余热利用设备制取得到的冷或热负荷。

图 6.1   CCHP 系统蓄热位置示意图

实际上,位于余热利用设备上游与下游的蓄热单元分别代表两种不同的蓄能调控方式。其中,位于下游的蓄热单元临近用户,按"以热定电"模式装机,且系统内部全部设备均处于额定运行状态,负荷输出比例固定。因此,下游蓄热单元具有"减容增效,移峰填谷"的作用。但由于其蓄存热量品质较低,难以对冷热电负荷输出比例进行主动调节。因此,下游蓄热单元对CCHP 系统输出负荷的调控为被动式,具有以下两方面特征。

（1）容量设计方面：余热利用单元容量可由用户综合热负荷峰值减小到平均值，如图 6.2(a)所示，但根据式(5.1)反推得到的动力机组容量可能较传统 CCHP 系统减小或增大，从而导致大量的电负荷购买或过剩，分别如图 6.2(b)和图 6.2(c)所示。

（2）负荷解耦方面：系统保持额定工况运行，蓄热单元无法调节电负荷输出比例，只会出现电负荷的过剩或不足，如图 6.2(b)和图 6.2(c)所示。而冷或热负荷的输出比例则根据用户的负荷需求被动地调节蓄热单元的蓄/释状态来实现，如图 6.2(a)所示。

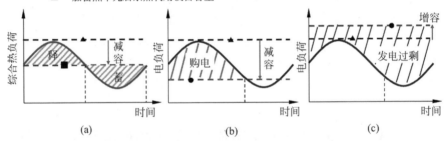

图 6.2　耦合蓄热单元后系统余热利用设备和动力机组装机容量示意图

位于上游的蓄热单元临近动力机组，可保证动力机组保持额定工况运行，而余热利用设备则可以进行灵活的变工况运行调控。同时，蓄存的高品位中温余热可以驱动不同的余热发电（ORC、热声发电等）、制冷（吸收式制冷机组）和制热（换热器）设备进行系统冷热电负荷输出比例的调节，从而实现系统输出负荷的主动解耦与调控。系统主动蓄能调控具有以下两方面特征。

（1）容量设计方面：若根据"以热定电"模式得到的动力机组装机容量过小，如图 6.2(b)所示，此时可主动增大动力机组装机容量，系统多产生的余热可驱动 ORC 系统补充需购买的电量，如图 6.3(a)和图 6.3(b)所示，但在电负荷需求谷期系统会有部分电负荷过剩。

同理，如图 6.2(c)所示，按"以热定电"模式反推得到的动力机组装机容量大于传统 CCHP 系统装机容量，即用户最大电负荷需求，此时可主动减小动力机组装机容量，如图 6.4(b)所示，对应的余热回收单元装机容量也减小，如图 6.4(a)所示，由图可以看出，减小容量后的系统，在用电峰期需额外购买电负荷,谷期多余的电负荷可电制冷或制热,此时需要下游的蓄冷或低温蓄热配合,该部分冷或热可弥补需要额外补燃的负荷。由此可以看出,对于该种情况,类似第 4 章的 FOL 运行策略调控,其区别在于该调控方法需配合蓄热或蓄冷单元,实现负荷的"迁移"。

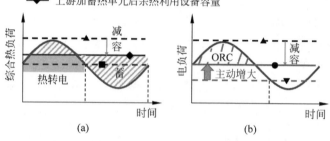

图 6.3　动力机组装机容量主动增大后的综合热负荷(a)和电负荷匹配(b)情况

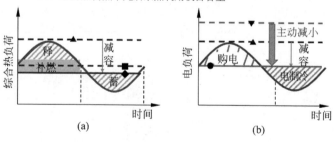

图 6.4　动力机组装机容量主动减小后的综合热负荷(a)和电负荷(b)匹配情况

(2)负荷解耦方面:由图 6.3 可以看出,在原有"以热定电"装机模式的基础上,通过主动增大系统装机容量(小于传统 CCHP 系统装机容量),即减小减容率,系统输出的综合热负荷大于用户总需求,多余部分余热可通过驱动 ORC 机组调控系统电负荷输出,从而实现系统冷热电负荷的主动解耦。而图 6.4 中可以通过主动减小系统装机容量,借助电制冷或电制热方式来改变冷热电负荷的输出比例。

6.3　中温蓄热单元对系统负荷的解耦机制及主动蓄能调控

6.3.1　耦合 ORC 及蓄热单元后的系统构型

如图 6.5 所示为耦合中温蓄热单元和 ORC 系统后的 CCHP 系统流程示意图。系统主要由动力机组(PGU)、余热回收单元(HRS)、中温蓄热单元(TES)、有机朗肯系统(ORC)、吸收式制冷循环系统(AC)和换热单元(HX)六部分组成。其中,PGU 主要提供电负荷和余热单元所需热量; HRS 回收动力单元排烟余热;AC、HX 和 ORC 这 3 个热驱动技术分别提供冷、热、电负荷;TES 则对 PGU 余热进行蓄/释调控。图 6.6 为耦合中温蓄热单元和 ORC 后的 CCHP 系统简化示意图。不足的冷、热、电负荷分别通过电制冷(EC)、余热锅炉(SB)和电网(Grid)"补燃"。

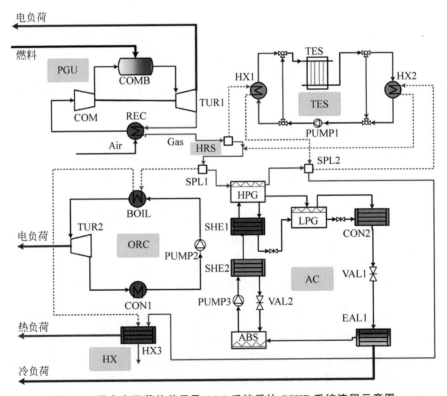

图 6.5　耦合中温蓄热单元及 ORC 系统后的 CCHP 系统流程示意图

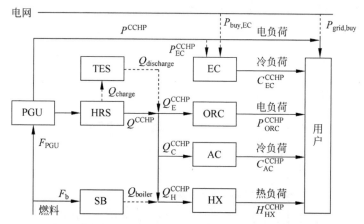

图 6.6　耦合中温蓄热单元及 ORC 系统后的 CCHP 系统流程简化示意图

6.3.2　系统负荷的解耦机制及主动蓄能调控方法

从负荷供需匹配周期来看,耦合蓄热单元后,系统按"以热定电"模式装机,余热回收单元装机容量等于用户平均需求,综合热负荷需求可实现供需匹配。图 6.3 和图 6.4 分别代表综合热负荷平衡前提下发电不足和过剩的两种供需匹配情景。其对应的无量纲供需匹配关系为第 5 章普适性供需匹配图(见图 5.6)中的情景 B_1 和 B_2。对于这两种情景,可分别主动增大和减小原有"以热定电"装机模式下的系统容量,打破原有的综合热负荷供需平衡关系,分别主动增加和减小动力机组排烟余热,通过 ORC、电制冷/热和蓄热单元对动力机组输出的电负荷和排烟余热协同调控,实现对系统冷热电负荷的主动解耦。其在无量纲供需匹配图中对应的负荷解耦机制如下。

（1）情景 B_2:耦合蓄热单元后,系统余热回收单元装机容量等于用户平均综合热负荷需求,系统与用户综合热负荷供需匹配,即无量纲参数 $\alpha_H=1$;但此时系统产生总的电负荷小于用户需求,即参数 $\alpha_E>1$,需要额外购电。

主动调控方法:如图 6.7 所示,主动增大系统余热回收单元装机容量,即参数 $\alpha_H<1$;根据式(5.1)反推计算得到的动力机组容量也增加,不足的电负荷减小,即参数 α_E 减小。则通过改变装机容量,设计工况的供需匹配情景由 B_2 变为 C_3(电负荷输出不足,综合热负荷输出过剩),此时可借助中温蓄热单元和 ORC 系统对过剩的综合热负荷进行时空调控,改变负荷

输出热电比,补充不足的电负荷需求。此时,供需情景可由 C_3 向理想匹配情景 O 转变。因此,情景 B_2 要向理想匹配情景 O 转变,需满足式(6.1)的电负荷平衡关系。

$$(Q_{cap}^{CCHP} - Q^{user})\eta_{ORC} + P_{cap}^{CCHP} = P^{user} \tag{6.1}$$

其中,η_{ORC} 为 ORC 系统发电效率。

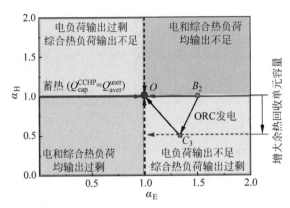

图 6.7　电负荷供给不足时系统主动调控示意图

(2) 情景 B_1:系统与用户综合热负荷供需匹配,即无量纲参数 $\alpha_H = 1$;但此时系统产生总的电负荷大于用户需求,即参数 $\alpha_E < 1$,若电负荷不允许上网,则会造成浪费。

主动调控方法:如图 6.8 所示,主动减小系统余热回收单元装机容量,即参数 $\alpha_H > 1$;根据式(5.1)反推计算得到的动力机组容量也减小,过剩的电负荷减小,即参数 α_E 增大。则通过改变装机容量,设计工况的供需匹配情景由 B_1 变为 A_1,此时可通过借助电制冷/热单元将过剩的电转变为冷/热,主动改变系统冷热电输出比例关系,供需情景由 A_1 向理想匹配情景 O 转变。因此,情景 B_1 要向理想匹配情景 O 转变,需满足式(6.2)的综合热负荷平衡关系。

$$(P_{cap}^{CCHP} - P^{user})(x_1 COP_{EC}/COP_{AC} + x_2 COP_{EH}/\eta_{HX}) + Q_{cap}^{CCHP} = Q^{user} \tag{6.2}$$

其中,x_1 和 x_2 分别为过剩电负荷的电制冷和电制热的比例。

6.3.3　案例分析

由以上两种情况可以看出,主动蓄能调控实际上是将系统负荷输出热电比由原有的固定值(额定工况)变为随用户可调的变化值,从而改变系统与用户的供需匹配关系,其对应的系统节能情况及适合的用户范围也相应发生变化。

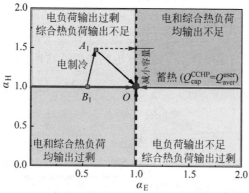

图 6.8　电负荷供给过剩时系统主动调控示意图

仍以第 5 章昆明某宾馆夏季典型天负荷为例,其占地面积为 20 220 m²,典型天最大电负荷需求为 513 kW。对于传统 CCHP 系统,其动力机组装机容量为用户最大电负荷需求,系统变工况运行时采取 FEL 运行策略。如图 6.9 所示,用户逐时电负荷可得以满足,而综合热负荷输出在 0:00—8:00 小于用户需求,不足部分需额外补燃;9:00—22:00 则大于用户需求,过剩的综合热负荷浪费。由此可以看出,系统与用户间的综合热负荷始终供需不匹配。

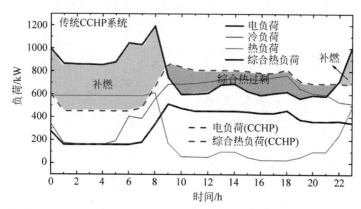

图 6.9　传统 CCHP 系统负荷输出与用户典型天负荷需求间的供需匹配关系(见文前彩图)

系统耦合蓄热单元时,按照"以热定电"模式装机,余热回收单元容量等于用户平均综合热负荷需求,为 760 kW,动力机组容量反推计算为 470 kW,

减容率为 8.38%，为被动蓄能调控。系统以额定工况运行时，典型天总的电负荷输出为 11 280 kW，而用户总的电负荷需求为 8137 kW，系统发电过剩，属于供需匹配情景 B_1。如图 6.10 所示，通过蓄热单元，综合热负荷可将白天过剩的综合热负荷"迁移"到夜间使用，综合热负荷实现供需匹配。但系统在夜间的电负荷输出大于用户需求，且由于电网不可上网，该部分电负荷将浪费。

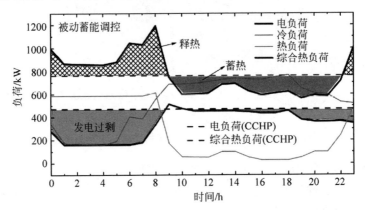

图 6.10　基于被动蓄能的系统负荷输出与用户典型天负荷需求间的供需匹配关系（见文前彩图）

　　针对情景 B_1，可主动减小动力机组装机容量，过剩电负荷以电制冷/热方式补充不足的综合热负荷需求。根据式(6.2)，计算可得动力机组装机容量减小为 380 kW，余热回收单元为 627 kW，动力机组减容率为 25.93%。图 6.11 为减小系统装机容量后的系统与用户负荷供需匹配关系。

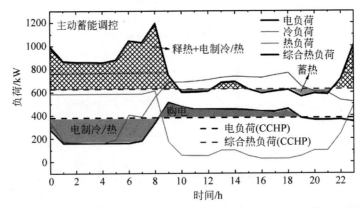

图 6.11　基于主动蓄能的系统负荷输出与用户典型天负荷需求间的供需匹配关系（见文前彩图）

如图 6.11 所示,夜间过剩的电负荷可通过电制冷/热的方式补充用户不足的综合热负荷需求,同时可将白天过剩的综合热负荷通过蓄能单元"迁移"至夜间。由于降低容量后系统电负荷输出减小,此时在 8:00—19:00 时间段内电负荷供给不足,需向电网购买。

综上,传统 CCHP 系统、被动蓄能调控和主动蓄能调控下对应的系统各关键部件装机容量列于表 6.1 中。

表 6.1　系统各关键部件装机容量　　　　　　单位:kW

系　　　统	动 力 机 组	余热回收单元	制 冷 单 元	制 热 单 元	蓄 能 单 元
传统 CCHP	513	870	1130	696	0
被动蓄能	470	760	990	610	1960
主动蓄能	380	627	820	500	3470

图 6.12 为系统在典型天运行的逐时发电效率,可以看出传统 CCHP 系统发电效率逐时波动,而耦合蓄能单元后系统保持额定工况运行,其发电效率保持恒定不变,被动与主动蓄能调控下的运行效率均高于传统 CCHP 系统。图 6.13 为系统负荷输出逐时热电比,可以看出,由于系统的主动蓄能调控作用,其逐时热电比可与用户热电比匹配较好,但由于系统在 8:00—19:00 时间段有额外电负荷购买,因此与用户热电比有一定偏差。从图 6.14 中的逐时相对节能率可以看出,主动蓄能调控作用下的系统相对节能率较传统 CCHP 系统和被动调控有了大幅提高。传统 CCHP 系统、被动蓄能调控和主动蓄能调控下的系统典型天相对节能率分别为 15.83%、9.12% 和 20.27%。被动蓄能调控会使系统有大量的电负荷输出过剩,加

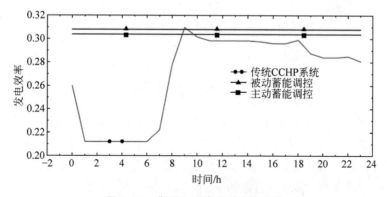

图 6.12　典型天系统逐时发电效率

入蓄能单元反而使得系统节能性变差。主动蓄能调控通过减容和主动改变系统热电比的方式,使典型天系统相对节能率较传统 CCHP 系统提高28.05%。

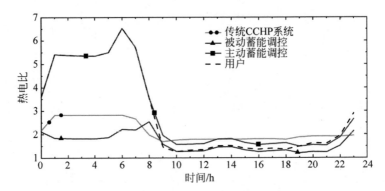

图 6.13　典型天系统逐时热电比

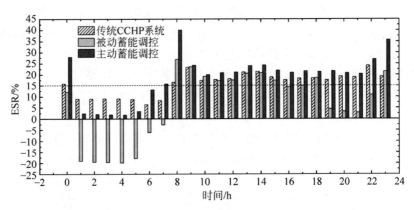

图 6.14　典型天系统逐时相对节能率

6.4　本章小结

本章以中温蓄热单元为系统主要调控方式,构筑了系统耦合 ORC 单元后的系统构型,阐释了主动蓄能与传统被动蓄能调控的本质区别,定量分析了发电过剩和不足两种不同供需匹配情景 B_1 和 B_2 下的蓄能主动解耦机制及主动调控方法,其结论如下。

(1) 对于 B_1 和 B_2 两种供需情景,可分别主动增大和减小原有"以热定电"装机模式下的系统容量,打破原有的综合热负荷供需平衡关系,分别主动增加和减小动力机组排烟余热,通过 ORC、电制冷/热和蓄热单元对动力机组输出的电负荷和排烟余热协同调控,实现对系统冷热电负荷的主动解耦。

(2) 以昆明某宾馆为例,被动蓄能反而使系统节能性恶化,而主动蓄能调控使系统动力机组装机容量减少 25.93%,其典型天相对节能率提高 28.05%,实现了蓄能单元的"移峰填谷,减容增效"。

第7章 中温相变蓄热材料制备及实验台搭建

7.1 本 章 引 论

    蓄能单元的引入,可使系统保持高效运行的同时,减小系统装机容量,扮演着"减容增效,移峰填谷"的重要角色。此外,中温蓄热蓄能单元位于动力机组和余热利用单元中间,可对动力余热进行时空再分配,从而实现对系统冷热电负荷的主动解耦。一个设计好的蓄能系统,可充分发挥 CCHP 系统灵活且便于调控的特点。为充分发挥蓄能单元在 CCHP 系统的"主观"能动性,有必要探究蓄能系统在实际过程中的蓄、释能特性。基于此目的,本章从材料制备和实验台搭建角度出发,分别制备了高蓄能密度、高热导率的复合相变材料并搭建了中温(200~300 ℃)相变蓄热实验台。

7.2 中温相变材料制备及热物性测试

7.2.1 中温相变材料遴选

    为满足 CCHP 系统中微型动力机组排烟余热(200~300 ℃)主动蓄/释热要求,合理、科学的蓄能系统设计非常关键。常见的物理蓄热系统可分为潜热和显热蓄存,其中,显热蓄能系统基于蓄能过程温度变化蓄热,物质的比热容是关键;而潜热蓄热系统则依靠材料的相变过程进行能量蓄与释,其蓄能密度为显热蓄能的近百倍。因此,相变蓄能由于具有蓄能密度高和温度变化小等优点而被广泛应用。

    通常,相变蓄能可分为固-固、固-液、气-液和固-气相变,其相变潜热值逐渐增大;尽管气-液和固-气相变过程具有较大潜热,但其体积变化较大,在实际应用中受到限制;相反,固-固和固-液相变过程体积变化较小,有一定的发展潜力。因此,本书着重介绍固-液相变过程。

    常见固-液相变材料通常可分为有机类(石蜡类、酯酸类)、无机类(结晶水合盐、熔融盐、金属、水)和混合类(有机与无机混合)。而材料的遴选需考虑热性能、物理化学性能和经济性要求。其中,热物性要求需满足合适的相变温度、较大的潜热和合适的导热性能;化学性能需满足不发生熔析、过冷度小、无毒无腐蚀性和不易燃要求;物理性能要求为低蒸气压、体积膨胀率较小和固液密度差不大;经济性要求则为原料易购、价格便宜。针对200~300 ℃相变蓄热材料,目前文献中提及的相变材料归纳于表7.1中。

表 7.1　相变温度范围为 200~300 ℃ 的相变材料[60,140-141]

材　　　料	熔化温度/℃	潜热值/(kJ/kg)	热导率/[W/(m·K)]
海藻糖	210	156	0.43
肌醇	225	260	0.99
$LiNO_3$/NaCl	208	369	0.63
KNO_3/KOH	214	83	0.54
$NaNO_3$/KNO_3	220	101	0.56
LiBr/$LiNO_3$	228	279	1.14
$ZnCl_2$/KCl	235	198	0.80
$NaNO_3$/NaOH	250	160	0.66
$ZnCl_2$	280	75	0.50

从表7.1可以看出,目前文献中对相变温度范围在200~300 ℃的相变材料的研究主要集中在不同熔融盐的混合制备方面。但熔融盐具有易腐蚀、过冷度大、循环稳定性差等缺点。同时,虽然以 $LiNO_3$ 为基底制备的混合共晶盐具有较高的潜热值,但 $LiNO_3$ 价格却很昂贵(5690 元/kg),经济效益差。相较而言,肌醇具有较高的潜热值,热导率也相对较高,价格也便宜(48.7 元/kg),同时安全无毒、无腐蚀性。因此,本书筛选肌醇作为中温余热的蓄热相变材料,其基本物性列于表7.2中,其分子结构与外观形貌如图7.1所示。

表 7.2　肌醇基本热物性[142-143]

项　　　目	数　　　值
摩尔质量/(g/mol)	180.16
熔化温度/℃	223.7~225.0
潜热值/(J/g)	260~266
液态密度/(g/cm³)	2.039
体积膨胀率①/%	5.72
热导率/[W/(m·K)]	0.993

注: ① 体积膨胀率=[(液体体积-固体体积)/固体体积]×100%。

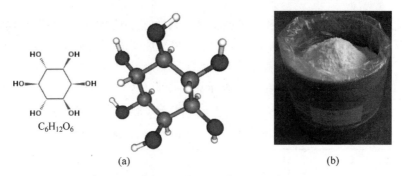

图 7.1　肌醇分子结构(a)和食品级肌醇样品(b)

7.2.2　热导率改善材料制备

　　虽然肌醇具有较高的潜热值,但其具有有机相变材料的共性问题,即热导率偏低(尽管比同温区共晶盐高)。因此,为强化肌醇熔化和凝固过程中的热传递,石墨烯[144]、纳米 Al_2O_3 和 CuO[145]常被当作热导率改善材料按一定比例分散在肌醇中。然而,这些材料在肌醇中以颗粒状分散,难以形成稳定的热传递网结构;同时,石墨烯、纳米 Al_2O_3 和 CuO 与肌醇具有明显的密度差,随着循环次数的增加,肌醇与添加材料分层,强化传热效果弱化。因此,寻求与肌醇密度相当,且能形成稳定网络结构的改性材料成为提高肌醇热导率的必要条件。

　　碳纤维具有很高的拉伸强度、较高的热导率和较低的热膨胀系数等优点,可以较好地提高材料热导率。常见的碳纤维制备主要以聚丙烯腈基纤维或沥青纤维为原料,其中,以聚丙烯腈基纤维为原料的制备工艺路线和扫描电镜图分别如图 7.2(a)和图 7.2(b)所示,且其基本热物性列于表 7.3

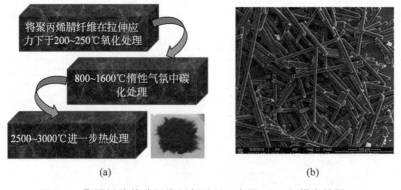

图 7.2　聚丙烯腈基碳纤维制备过程示意图(a)和扫描电镜图(b)

中。可以看出,通过高温热处理制备的聚丙烯腈基碳纤维为管状结构,可以形成较好的热传导网络结构,热导率为 600 W/(m·K);同时,其密度为 2.125 g/cm³,与肌醇密度相当(2.039 g/cm³),可避免材料在固液相变过程中出现分层问题。

表 7.3　聚丙烯腈基碳纤维基本物性数据

项　目	数　值
密度/(g/cm³)	2.125
热导率/[W/(m·K)]	600.000
伸长率/%	1.450
碳含量/%	95.900
灰分/%	0.290
含水量/%	0.350
粒径/μm	6.000
长度/mm	6.000
强度/MPa	4950.000

7.2.3　复合相变材料及其热物性测试

复合相变材料制备方法:将制备好的聚丙烯腈基碳纤维与肌醇按照一定质量分数混合,其中碳纤维质量分数分别为 2%、4%、6%、8% 和 10%;将材料进行研磨,然后利用球磨机(48 r/min,球径 40 mm)对材料进行高速搅拌。制备好的复合相变材料扫描电镜图如图 7.3 所示,可以看出,随着碳纤维添加量的增多,复合相变材料的换热网络结构也变得更加明显。

为评估添加不同质量分数碳纤维后复合相变材料相变焓、相变温度、热导率和循环稳定性,本书分别对比分析了纯肌醇和复合相变材料的蓄/释循环 1 次、5 次和 50 次后的物性变化。值得注意的是,循环 1 次、5 次和 50 次的 3 种样品均在如图 7.4 所示的高低温冲击箱中完成,其采取 T-history 测试方法,可快速切换高低温,模拟实际蓄/释热外界条件,保证相同的制样环境。其中,相变焓与相变温度测试采用的 DSC 型号为 Q5000IR,升温速率为 10 ℃/min,氮气氛围(50 mL/min);热导率测试采用型号为 TPS-2500S 的 Hot Disc 热导率测试仪,其测量方法为瞬变平面热源法,测量精度为 ±0.0001 W/(m·K)。循环稳定性采用傅里叶红外光谱法定性分析,测试仪器为 X70 热分析联用测试系统(NETZSTH 公司)。其相变焓、相变温度、热导率和循环稳定性讨论如下。

图 7.3　纯肌醇(a)及添加不同质量分数(2%～10%)复合相变材料((b)～(f))扫描电镜图

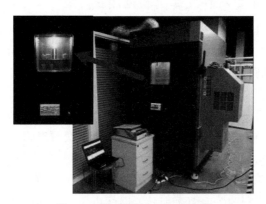

图 7.4　蓄/释能高低温冲击箱

(1)肌醇/碳纤维复合相变材料相变焓及相变温度

如图 7.5 所示为纯肌醇及添加质量分数为 2%、4%、6%、8%和 10%碳纤维的复合相变材料蓄/热循环 1 次、5 次和 50 次的 DSC 测试图。可以看出,随着蓄/释热循环次数增加,相变温度向左小幅度移动(减小),且释热时存在 30 ℃左右的过冷度,这是由于缺少成核剂而导致材料冷却速度大于凝固速度。其对应的相变温度与相变焓数据分别列于表 7.4 和表 7.5 中。

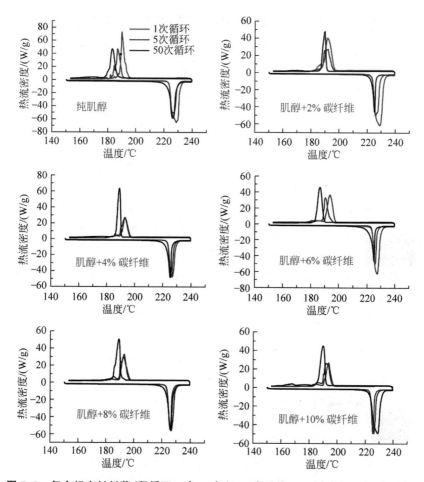

图 7.5　复合相变材料蓄/释循环 1 次、5 次和 50 次后的 DSC 测试图（见文前彩图）

表 7.4　肌醇添加不同质量分数碳纤维的复合相变材料熔化温度与凝固温度

碳纤维质量分数/%	熔化温度/℃			凝固温度/℃		
	1 次	5 次	50 次	1 次	5 次	50 次
0	226.12	226.53	225.55	192.71	190.60	190.33
2	225.47	226.21	224.86	191.71	191.84	190.80
4	225.82	225.72	224.86	192.96	192.59	190.83
6	225.46	226.07	224.32	194.28	191.78	190.14
8	225.86	225.67	224.69	193.61	193.19	190.50
10	225.81	225.41	224.54	194.49	192.61	191.23

表 7.5　肌醇添加不同质量分数碳纤维的复合相变材料熔化焓与凝固焓

碳纤维质量分数/%	熔化焓/(J/g)			凝固焓/(J/g)		
	1 次	5 次	50 次	1 次	5 次	50 次
0	239.10	232.10	200.70	178.80	179.60	126.50
2	203.50	206.55	199.40	156.95	153.45	125.50
4	202.70	198.75	181.50	155.80	141.80	120.40
6	191.90	185.40	169.10	148.65	131.30	110.30
8	191.40	181.40	162.71	142.80	129.90	105.30
10	177.65	180.90	149.83	132.75	128.20	95.05

纯肌醇的熔化温度和凝固温度分别为 226.12 ℃ 和 192.71 ℃,存在 33.41 ℃ 的过冷度。随着碳纤维掺杂比例的提高,其蓄/释热相变温度变化趋势如图 7.6(a)所示。可以看出,碳纤维掺杂比例对复合相变材料熔化和凝固温度影响不大,分别维持在 225.75 ℃ 和 193.36 ℃ 左右,过冷度较纯肌醇减小 1～2 ℃。同时,随着蓄/释热循环次数增加(1～50 次),熔化和凝固温度分别衰减 2～4 ℃ 和 1～5 ℃。循环 50 次后,纯肌醇过冷度增大为 35.22 ℃,复合相变材料过冷度较初始也增大 2～3 ℃。

相反,材料的熔化焓与凝固焓则有较大变化,如图 7.6(b) 所示,纯肌醇的熔化焓与凝固焓分别为 239.10 J/g 和 178.80 J/g,随着碳纤维掺杂比例的增加,其焓值均逐渐减少。其中,2%、4%、6%、8% 和 10% 碳纤维掺杂比例的复合相变材料熔化焓较纯肌醇分别减少 14.9%、15.2%、19.7%、19.9% 和 25.7%,凝固焓分别减少 12.2%、12.8%、16.8%、20.1% 和 25.8%。这主要是因为碳纤维不存在相变行为,以显热为主,因此,掺杂比例越高,复合相变材料焓值减少率越大。同时,材料蓄/释热循环 50 次后,纯肌醇的熔化焓与凝固焓分别衰减 16.1% 和 29.2%,而对 2%、4%、6%、8% 和 10% 碳纤维掺杂比例的复合相变材料熔化焓分别衰减 2.1%、10.4%、11.9%、14.9% 和 15.6%,凝固焓分别衰减 20.0%、22.7%、25.8%、26.2% 和 28.3%。因此,碳纤维的掺杂可提高材料热导率,从而有效缓解了相变焓的衰减。

(2) 肌醇/碳纤维复合相变材料热导率

如图 7.7 所示为复合相变材料在不同温度下热导率测试示意图及测试样品实物图。为确保测试精度,实验中提高了对样品的制备要求。本书制取样品尺寸为:直径与厚度分别为 40 mm 和 20 mm 的圆柱样品两块;表面经多次打磨至光滑,以确保两块样品可完美贴合。测试步骤:①将测试

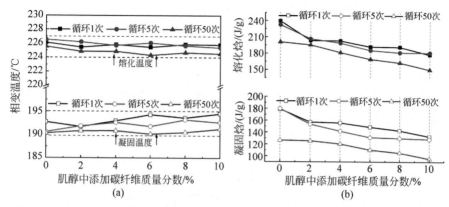

图 7.6　复合相变材料蓄/释循环 1 次、5 次和 50 次后相变温度(a)和相变焓(b)随碳纤维掺杂比例的变化趋势

探头夹持在两块样品中间,并固定;②将固定后样品放入恒温箱,设定测试温度,恒温 2 h;③开始测试,重复测 3 次,每次测试间隔 30~40 min,以确保初始测试的探头温度维持在室温。

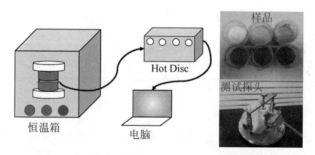

图 7.7　复合相变材料热导率测试样品及测试仪器

　　为验证实验数据的可靠性,本书对 20 ℃的标准样件(不锈钢)的热导率进行测试,实验测试值为 14.453 W/(m·K),标准值为 14.500 W/(m·K),其相对误差为 0.32%,说明测试结果可靠。

　　如表 7.6 所示为温度范围为 20~120 ℃的复合相变材料热导率数据。同时,基于测试数据,图 7.8(a)和图 7.8(b)分别为复合相变材料热导率随温度和添加碳纤维质量分数的变化趋势。可以看出,随着温度升高,热导率呈线性递减趋势。对于纯肌醇,其热导率随温度变化的拟合关系如式(7.1)所示。同时,随着添加碳纤维质量分数的增加,趋势线斜率分别为 0.023、0.042、0.051、0.067、0.076 和 0.083,说明碳纤维添加比例越高,温度对复合材料热导率的影响越明显。

如图 7.8(b) 所示,纯肌醇在 20 ℃ 时的热导率为 0.993 W/(m・K),随着添加碳纤维比例 2%、4%、6%、8% 和 10% 的增加,热导率在该温度下分别提高 2.6 倍、3.7 倍、5.1 倍、5.2 倍和 5.7 倍,且在碳纤维添加比例 6% 之前热导率呈线性递增趋势,但超过 6% 后递增趋势趋于平缓,说明 6% 之后,复合相变材料已形成较为成型的导热网络,温度对该变化趋势影响不大。室温下复合相变材料热导率随碳纤维掺杂比例关系符合式(7.2)的拟合关系。

$$\lambda(0\%) = 0.023T + 1.013, \quad R^2 = 0.9997 \tag{7.1}$$

$$\lambda = 0.006x^3 - 0.1042x^2 + 1.91x - 0.81, \quad R^2 = 0.9912 \tag{7.2}$$

其中,x 为碳纤维质量分数。

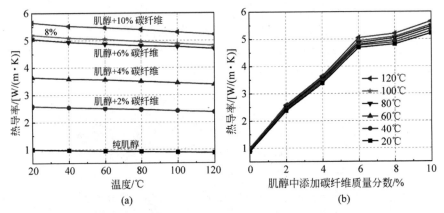

图 7.8　添加不同质量分数碳纤维的复合相变材料热导率随温度(a)和添加质量分数(b)的变化趋势

表 7.6　添加不同质量分数碳纤维的复合相变材料在不同温度下的热导率

添加碳纤维质量分数/%	热导率/[W/(m・K)]					
	20/℃	40/℃	60/℃	80/℃	100/℃	120/℃
0	0.993	0.966	0.940	0.921	0.899	0.876
2	2.588	2.541	2.504	2.465	2.418	2.374
4	3.641	3.584	3.556	3.499	3.439	3.381
6	5.050	4.937	4.869	4.803	4.772	4.691
8	5.200	5.093	5.041	4.961	4.884	4.812
10	5.648	5.524	5.466	5.394	5.300	5.213

（3）肌醇/碳纤维复合相变材料循环稳定性

除了相变焓、相变温度与热导率外,循环稳定性也为评价相变材料性能的一项重要指标。本书通过图 7.4 所示的蓄/释能高低温冲击箱制取蓄/释热循环 50 次后的样品,然后通过图 7.9 所示的实验系统再进行 5 次蓄/释热循环测试,与初始样品蓄/释能做对比。如图 7.9 所示,热源温度恒定为 250 ℃,采用直径为 2.5 cm 的不锈钢锥形容器盛装相变材料,样品质量为 15 g。在容器的两边和中心分别布置 3 根 T 型热电偶,采用安捷伦数据采集仪(型号:34970A)采集实时温度数据。

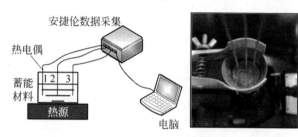

图 7.9　复合相变材料循环稳定性测试示意图

如图 7.10 所示为两种样品:初始样品和循环 50 次后样品,分别循环 5 次后的蓄/释热温度变化,可以看出,蓄和热过程有明显的"温度平台"期,该

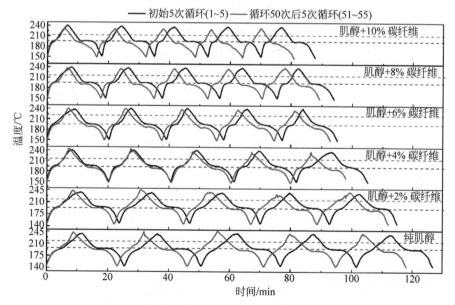

图 7.10　复合相变材料初始样品蓄/释循环 5 次和样品蓄/释循环 50 次后再循环 5 次温度随时间变化趋势

过程即为熔化或凝固过程。熔化温度维持在 210~230 ℃,而凝固温度在 190 ℃左右,这与 DSC 测试数据相符,且随着循环次数增加,温度波动较小,说明材料具有较好的循环稳定性。

同时,循环 50 次后的样品再进行蓄/释循环 5 次(第 51~55 次)后的总时间(黑色线)要明显少于初始样品蓄/释循环 5 次总时间(灰色线),这是由于随着循环次数的增加,相变焓衰减,单位热量的蓄和释速率几乎不变,导致一个蓄/释热周期所需时间缩短,因此总时间减少。可以看出,随着碳纤维掺杂比例的增加,两种样品完成 5 次蓄/释热过程所需总时间均减少,这与热导率的测试结果相一致。

如图 7.11 所示,对于掺杂不同碳纤维比例的复合相变材料,循环 50 次后样品再循环 5 次的总时间与初始样品循环 5 次总时间减少率趋于相等(黑球与白球),且随着添加比例的增加,一致性更好。这也从侧面说明了复合相变材料蓄/释能的循环稳定性。两种样品的测试数据如表 7.7 所示。

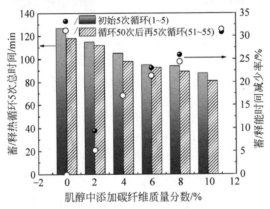

图 7.11　两种复合相变材料样品循环 5 次后蓄/热总时间和相对于初始状态总时间减少率随碳纤维不同添加比例的变化趋势

表 7.7　肌醇添加不同质量分数碳纤维的复合相变材料在不同温度下的热导率

碳纤维质量分数/%	蓄/释循环 5 次总时长/min		总时长减少率[①]	
	初始样品	循环 50 次后样品	初始样品	循环 50 次后样品
0	126.82	118.08	0.00	0.00
2	114.88	111.88	9.41	5.25
4	105.08	97.88	17.14	17.11
6	95.03	92.80	25.06	21.41

续表

碳纤维质量分数/%	蓄/释循环 5 次总时长/min		总时长减少率^①	
	初始样品	循环 50 次后样品	初始样品	循环 50 次后样品
8	93.93	89.23	25.93	24.43
10	87.75	80.93	30.81	31.46

① 总时长减少率＝[(纯肌醇循环时长－添加碳纤维后循环时长)/纯肌醇循环时长]×100%。

与此同时,傅里叶红外光谱分析可以通过分子振动光谱中吸收峰的位置及形状来推断分子结构,不同物质组分相对含量则可通过吸收峰强度判断。本书分别对不同碳纤维掺杂比例的复合相变材料蓄/释热循环 1 次、5次和 50 次后的样品进行红外光谱测试,测试结果如图 7.12 所示。可以看出,不同碳纤维掺杂比例的复合相变材料循环 1 次、5 次和 50 次后的吸收峰位置趋于一致,说明物质成分未发生变化,材料的循环稳定性较好。其中,在 3229.89 cm^{-1}、2922.14 cm^{-1}、1445.05 cm^{-1} 和 1416.84 cm^{-1},对应的吸收峰官能团分别为 O—H、C—H、—C—H 和 C═C,进一步确定了肌醇与碳纤维的存在。同时,在指纹区(500~1500 cm^{-1})也存在一些吸收峰,其中 1370.79 cm^{-1}、1323.94 cm^{-1}、1246 cm^{-1}、928.87 cm^{-1}、732.22 cm^{-1} 和 584.87 cm^{-1} 处分别为 C—F、C—N、C—O、═C—H、C—Cl 和 C—Br。这些官能团的存在是由于测试过程中肌醇与 F、N$_2$、Cl$_2$、Br$_2$ 和 O$_2$ 发生反应,肌醇的理化性质未改变。

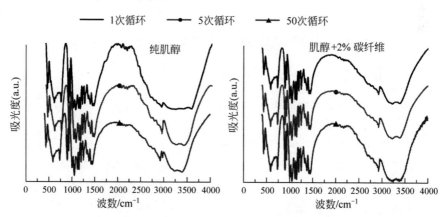

图 7.12　添加不同质量分数碳纤维的复合相变材料蓄/释循环 1 次、5 次和 50 次的红外光谱图

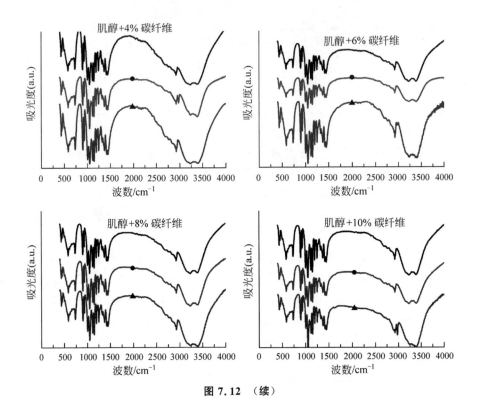

图 7.12　（续）

7.3　中温相变蓄热实验台设计与搭建

7.3.1　相变蓄热实验台蓄/释热流程设计

如图 7.13 所示为中温相变蓄热实验台的蓄热和释热流程图。蓄热系统主要由两个高低温恒温油浴、两个油浴自循环泵（P-03 和 P-04）、两个系统油泵（P-01 和 P-02）、一个质量流量计（F-01）、一个蓄能罐、若干电磁阀（蓄热阀门以 V-A 标识，释热以 V-B 标识）和两个卸油阀（V10 和 V11）组成。其中，换热流体（HTF）为导热油。系统蓄、释热过程分别如下。

（1）蓄热过程：如图 7.13(a)所示，开启高温油浴加热系统和油浴自循环泵 P-03，待油浴温度达到设定值后开启阀门 V1-A、V2-A、V3、V4、V5-A（圆形为开启，方形为关闭），其次开启油泵 P-01，蓄热装置开始蓄热。可通过控制油泵 P-01 的频率控制管道内导热油流量。

　　(2) 释热过程: 如图 7.13(b)所示,开启低温油浴加热系统和油浴自循环泵 P-04,待油浴温度达到设定值后开启阀门 V6-B、V7-B、V4、V3、V8-B(圆形为开启,方形为关闭),其次开启油泵 P-02,蓄热装置开始释热,启风冷系统将热排出。同样,可通过控制油泵 P-02 的频率来控制管道内导热油流量。

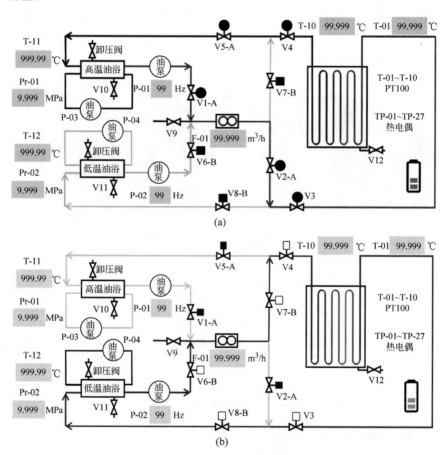

图 7.13　中温相变蓄能实验系统蓄热和释热过程示意图

(a) 蓄能过程;(b) 释能过程

　　此外,为了缓解蓄能罐进出端口温差过大,从而避免蓄能装置发生溶胀现象,蓄热和释热过程中导热油进出蓄能罐的方向相反,即蓄热为右进左出,释热为左进右出。

7.3.2　蓄能罐设计

　　蓄能罐的设计如图 7.14(a) 所示,其材质为 304 不锈钢,顶部设计两个分液管,如图 7.14(b) 所示,内径为 28 mm,壁厚 2 mm,总长度为 560 mm。其中,分液管各开 5 个分液孔,均匀分布,圆心与左边界距离为 32.5 mm。导热油经总管进分液孔进入罐内换热管换热,蓄热和释热过剩导热油进入分液管方向相反。两个分液管上的 10 个分液孔处分别布置热电阻测导热油温度。蓄能罐设计参数列于表 7.8 中。

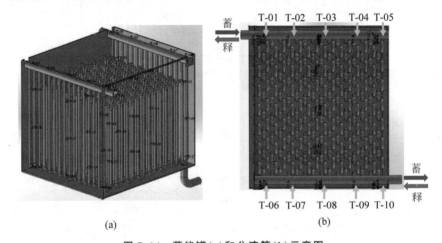

图 7.14　蓄能罐(a)和分液管(b)示意图

表 7.8　蓄能罐外边结构设计参数

材　　质	壁厚/mm	长/mm	宽/mm	高/mm	净体积/L
304 不锈钢	5	605	510	525	153.2

　　同时,罐内布置 16 排 U 形换热管,如图 7.15 所示,设计参数如表 7.9 所示。16 排 U 形管采取叉排的方式,紧邻的三排管束呈正三角形分布,边长正好等于管心距(36 mm)。由于错排,U 形管左右两侧的中心距分别为 45 mm 和 27 mm。

表 7.9　U 形换热管设计参数

材　　质	内径/mm	外径/mm	壁厚/mm	直管长/mm	中心距/mm	总体积/L	换热面积/m²
304 不锈钢	10	12	1	351	36	11.7	3.9

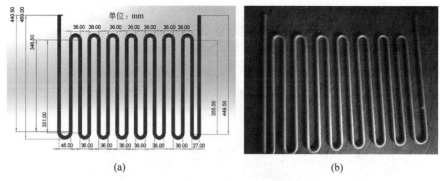

(a)　　　　　　　　　　(b)

图 7.15　U 形换热管设计图(a)和实物图(b)

　　为更好地得到罐内各点温度情况,本书在蓄能罐内分别布置了 27 根 K 型热电偶和 10 根 PT100 热电阻。其中,由于 U 形管束为叉排错列布置,排与排之间正好形成等边三角形,因此,热电偶布置在三角形中心,如图 7.16 所示。27 根热电偶按照"工"字形布置在蓄能罐的 3 层,每层 9 根热电偶,如图 7.17 所示。而 10 根热电阻则分别布置在两个分液管上。热电偶和热电阻的实物布置如图 7.18 所示。

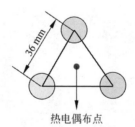

热电偶布点

图 7.16　U 形管束内热电偶的布置位置

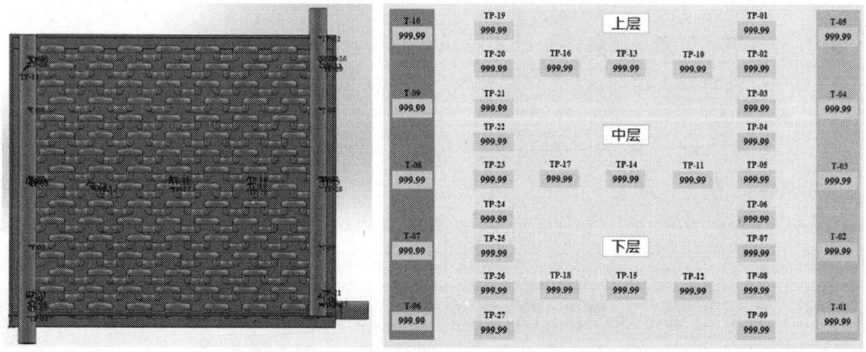

图 7.17　蓄能罐内"工"字形热电偶布置

图 7.18   蓄能罐内热电偶和热电阻布置实物图

7.3.3   中温相变实验系统搭建与调试

如图 7.19 所示分别为实际搭建的相变实验系统和加保温后的蓄能罐。该实验系统采用电磁阀、变频泵等设备,因此在高温实验条件下可进行一键式控制,保障了实验安全性。实验台搭建过程中涉及的主要设备参数列于表 7.10 中。其中,高低温油浴主要分别设置 3 根加热功率为 3 kW 的加热棒。

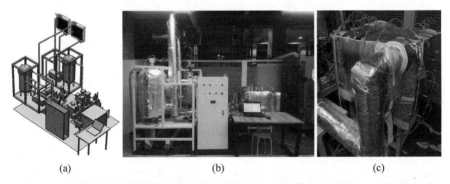

(a)   (b)   (c)

图 7.19   中温相变系统蓄能系统布置设计图(a)、实际搭建实验台(b)和加保温后的相变蓄能罐(c)

本实验换热流体为高温导热油(高苯基硅油),其热导率、密度、黏度和比热容数据在蓄/释能计算过程中较为关键。因此,本书通过热线法液体导热系数实验台和安东帕黏度仪、密度仪分别测定了导热油在不同温度下的热导率、比热容、黏度和密度数据,实验测量相对误差分别为 0.146%、0.135%、0.01% 和 0.05%。其测量结果如图 7.20 所示。可以看出,导热油密度、黏度和热导率均随温度的升高而降低,而比热容则正好相反。

表 7.10　中温相变蓄能实验系统涉及的主要设备参数

项　　目	主要设备参数					
	联轴式离心变频泵	磁力式旋涡泵	气动球阀	手动球阀	空气压缩机	质量流量计
厂家	昆山奥兰克	同连轴泵	上海巨良	同气动阀	北京德耐尔	横河
型号	32-32-160	MDW-23	JLQ641H	Q41H	DW70	RCCS34
规格	DN32	DN25	DN32	DN20	容积：70 L	—
功率/kW	2.2	1.7				
最大流量	6 m³/h	5.4 m³/h	—	—	—	5 t/h
扬程/m	28	65				

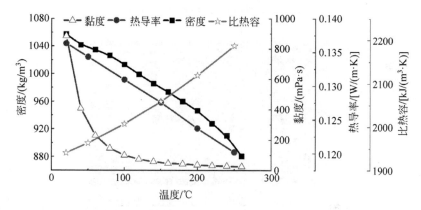

图 7.20　高苯基硅油密度、黏度、热导率和比热容随温度的变化趋势

实验系统的填料、漏热率及温度分布测试分别如下。

（1）填料

添加碳纤维后，复合相变材料的相变焓会减少、材料成本会增加，但热导率会提高。因此，综合考虑上述三方面的问题，选择添加碳纤维质量分数为 2% 的复合相变材料填充到蓄能罐中。蓄能罐在设计时在 U 形换热管上方预留大约 20% 的空间作为材料固液体积膨胀空间。因此，该设计蓄能罐复合相变材料填充量为 135～145 kg。由于填料量较多，因此选择如图 7.21 所示的球磨机进行研磨。由于为物理混合，因此球磨机内部小球选择直径为 1～10 cm。

由于肌醇液态体积大于固态体积，即由固态向液态变化时会有体积变化。因此，为避免填充量过大而使得材料在体积膨胀时溢出蓄能罐，在填料开始前，将高温油浴温度加热到 240 ℃（高于复合相变材料相变熔化温度），在填料时采取边添加边熔化的手段,如图 7.22 所示,使材料在添加完成后处于液体状态。材料总共添加量为 139.96 kg。

球磨机　　　　　　球磨机内部　　　　　材料混合前　　　研磨后复合材料

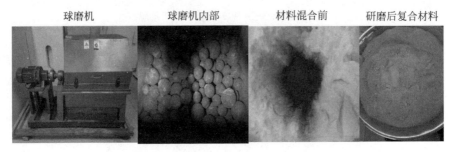

图 7.21　复合相变材料的研磨示意图

图 7.22　边填料边熔化过程示意图

(2) 保温及蓄能罐温度测点测试

为了保证蓄能系统的保温性,在蓄能罐和管路外表面包裹 60 mm 的保温棉。同时,将蓄能罐内材料温度加热到 180 ℃,静置 204 h(8.5 d)后材料降到室温,如图 7.23 所示。可以看出,初期与环境温差较大,漏热速率快,材料的平均漏热速率为 0.012 ℃/min。

为进一步验证本书布置的热电偶和热电阻所测温度均匀性,以蓄热温度为 248 ℃,导热油流量为 1.5 m³/h 为例进行蓄热测试,材料初始温度为 171.65 ℃。图 7.24 为两个分液管上布置的 10 根热电阻测试温度,可以看出在两根分液管上单位时间内的温度数据均匀,说明温度测试的准确性。

图 7.25 为蓄能罐内靠近两侧的热电偶在蓄能阶段所测的温度分布,可以看出,在同一侧温度数据相对均匀。而在蓄能罐下层靠近壁面的热电偶 T9 所测温度数据下降较快,说明在此处蓄能罐漏热率较高。因此,本书通过蓄能罐内热电偶平均温度来衡量罐内实时温度。

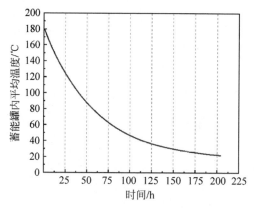

图 7.23 蓄能罐内材料自然降温过程

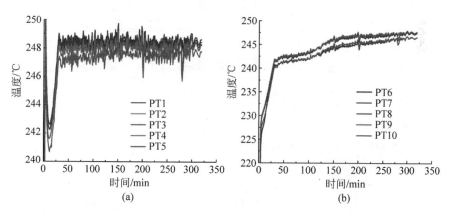

图 7.24 蓄热阶段（248 ℃）分液管上布置热电阻测试温度入口段（a）和出口段（b）
（见文前彩图）

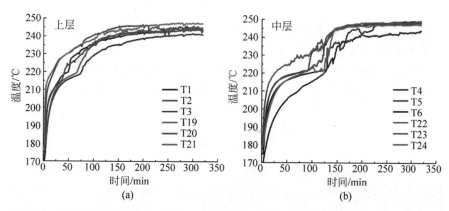

图 7.25 蓄热阶段蓄能罐内上层（a）、中层（b）和下层（c）热电偶温度分布（见文前彩图）

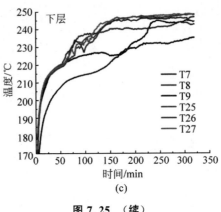

(c)

图 7.25 （续）

7.4 实验结果与分析

7.4.1 蓄/释热特性评价指标

（1）蓄/释能功率(E)：单位时间内蓄能系统蓄存或释放的热量(Q_c 或 Q_d)，单位为 kW，其表征蓄能系统充放热速率。

$$\begin{cases} E_c = \dfrac{Q_c}{t - t_0} = \dfrac{\displaystyle\int_{t_0}^{t} Q_{c,i}\, \mathrm{d}t}{t - t_0} \\[4mm] E_d = \dfrac{Q_d}{t - t_0} = \dfrac{\displaystyle\int_{t_0}^{t} Q_{d,i}\, \mathrm{d}t}{t - t_0} \end{cases} \tag{7.3}$$

其中，E_c 和 E_d 分别为蓄热和释热功率；Q_c 和 Q_d 分别为时间($t - t_0$)内系统蓄热量和释热量，单位为 kJ。

（2）蓄/释能效率(η)：蓄能材料蓄存的有效热量占换热流体携带热量的比例(η_c)或换热流体取走的热量占蓄能系统总热量的比例(η_d)。

$$\begin{cases} \eta_c = \dfrac{Q_{c,\mathrm{PCM}}}{Q_{c,\mathrm{HTF}}} \\[4mm] \eta_d = \dfrac{Q_{d,\mathrm{HTF}}}{Q_{d,\mathrm{PCM}}} \end{cases} \tag{7.4}$$

$$\eta_{\mathrm{cycle}} = \eta_c \eta_d \tag{7.5}$$

其中，η_c 和 η_d 分别为蓄释热效率；$Q_{c,\mathrm{PCM}}$ 和 $Q_{d,\mathrm{PCM}}$ 分别为蓄能材料蓄存

热量和释热时所携带的热量；$Q_{c,HTF}$ 和 $Q_{d,HTF}$ 分别为蓄热和释热阶段换热流体带入和带出的热量；η_{cycle} 为蓄释热循环周期蓄能系统效率。其中，$Q_{c,PCM}$ 和 $Q_{d,PCM}$ 的计算如式(7.6)所示，$Q_{c,HTF}$ 和 $Q_{d,HTF}$ 的计算如式(7.7)所示。

$$Q_{PCM} = m_{PCM}\left(h_{PCM} + \int c_{pPCM}\,dT\right) \tag{7.6}$$

$$Q_{HTF} = m_{HTF}\int c_{pHTF}\mid T_{HTF,in} - T_{HTF,out}\mid d\tau \tag{7.7}$$

其中，m_{PCM} 和 m_{HTF} 分别为蓄能材料和换热流体的质量与制冷流量，单位分别为 kg 和 kg/s；c_{pPCM} 和 c_{pHTF} 分别为蓄能材料和换热流体比热容，单位分别为 J/(g·K) 和 J/(m^3·K)；h_{PCM} 为相变材料潜热值，单位为 J/g；$T_{HTF,in}$ 和 $T_{HTF,out}$ 分别为换热流体进出口温度，单位为 ℃。

(3) 蓄能密度(ρ_c)：单位体积蓄能罐蓄存热量，单位为 MJ/m^3。

$$\rho_c = \frac{Q_{c,PCM}}{V} \tag{7.8}$$

其中，V 为蓄能罐体积，单位为 m^3。

7.4.2　换热流体温度和流量的影响规律

由于复合相变材料在蓄热和释热阶段有接近 30 ℃ 的过冷度。因此，本实验分别设计了 5 个不同的蓄热和释热温度，研究导热油初始温度和流量对蓄能系统蓄/释特性的影响规律。如表 7.11 所示为设计的实验工况。在导热油流量为 1.5 t/m^3 时，分别测试了导热油蓄热温度为 238 ℃、243 ℃、248 ℃、253 ℃和 258 ℃(微燃机排烟温度)和释热温度为 160 ℃、170 ℃、180 ℃、190 ℃和 200 ℃的蓄能罐内材料温度变化。同时，导热油蓄热温度为 248 ℃、释热温度为 180 ℃时分别测试了其流量为 0.5～2.5 t/h 时的蓄、释能规律。蓄能罐内相变材料温度在蓄释能阶段的变化趋势及导热油蓄、释能温度和流量对蓄能系统蓄/释能特性的影响规律分别如下。

表 7.11　蓄热和释热实验工况设计

流量/(t/h)	蓄热温度/℃					释热温度/℃				
	238	243	248	253	258	160	170	180	190	200
0.5			√					√		
1.0			√					√		
1.5	√	√	√	√	√	√	√	√	√	√

续表

流量/(t/h)	蓄热温度/℃					释热温度/℃				
	238	243	248	253	258	160	170	180	190	200
2.0			√					√		
2.5			√					√		

（1）蓄能罐内相变材料温度分布

如图 7.26 所示和图 7.27 所示分别为蓄热和释热阶段蓄能罐内横截面和纵截面相变材料的温度分布。其中，横截面以中层热电偶 T11、T14 和 T17 为代表，纵截面以中间上、中、下层热电偶 T13、T14 和 T15 为代表。导热油入口（出口）和出口（入口）热电阻分别为 PT1 和 PT10，蓄热阶段导热油流横向流动方向为：PT1→ T11→T14→T17→PT10，释热阶段则为反方向：PT10→T17→T14→T11→PT1；蓄热阶段纵向流方向为：PT1→T15→T14→T13→PT10，释热阶段为反方向：PT10→T13→T14→T15→PT1。蓄热和释热阶段导热油流量均为 1.5 t/h，入口温度分别为 248 ℃ 和 180 ℃。

如图 7.26(a)所示，蓄能材料温度经历迅速上升、"温度平台期"和缓慢上升 3 个阶段。其中，迅速上升期是由于相变材料初温与导热油温差较大，传热驱动力强，以显热蓄能为主，因此温度迅速上升；当达到相变温度时，蓄能材料开始融化，温度几乎不变，此"平台期"以潜热蓄能为主；当材料熔化完成后，此时材料温度为相变温度，与导热油间存在一定换热温差，但温差较小，此时温度上升较慢，以显热蓄能为主。因此，蓄能阶段经历了显热、潜热和显热蓄能 3 个阶段。

同时，可以看出沿着横向传热方向，T11 首先到达相变温度，依次为 T14 和 T17，即沿着导热油横向流动方向，相变材料温度逐渐降低，符合预期设想与实际情况。此外，导热油温度恒定在 248 ℃，随着蓄能的进行，出口温度逐上升，出入口温差初见减小，当趋于 0 时蓄能结束。

同理，如图 7.26(b)所示，导热油在释能阶段入口温度恒定在 180 ℃，随着释热的进行和蓄能罐内热量的释放，相变材料温度逐渐降低，导热油出口温度也随之降低，当出入口温差趋于 0 时释能结束。同时，可以看出相变材料温度经历迅速下降、升高、短暂"温度平台"和逐渐下降的过程。释能初始，由于相变材料与导热油温差较大，因此材料温度降级较快，以显热释热为主；当材料温度下降速度大于凝固速度时，此时会有过冷；随着凝固过

程的发生,温度变化缓慢,以潜热释热为主;当凝固完成后由于与导热油存
在温差,因此继续以显热释热为主。因此,在释热阶段同样经历了显热、潜
热和显热阶段。此外,沿着导热油纵向换热方向,材料在 T17 处首先发生
相变,依次为 T14 和 T11。与蓄热阶段得到相同结果,即相变材料沿着导
热油换热方向发生凝固。

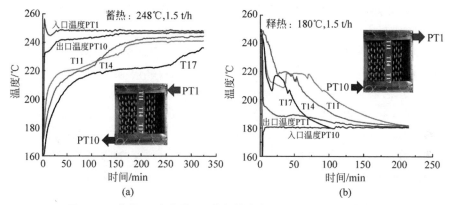

图 7.26　蓄热(a)和释热(b)阶段罐内中层热电偶延程温度变化

同理,如图 7.27(a)所示,由蓄能罐内纵向材料温度变化可以看出,在
蓄热阶段材料发生相变顺序为下层(T15)、中层(T14)和上层(T13),在相
变中期,可以看出中层材料(T14)温度高于下层(T15),说明自然对流对相
变过程有一定的强化作用,但由于复合相变材料黏度较大,自然对流对相变
行为影响较小。释热阶段同样也符合沿导热油换热方向凝固,如图 7.27(b)
所示,即凝固顺序为上层(T13)、中层(T14)和下层(T15)。

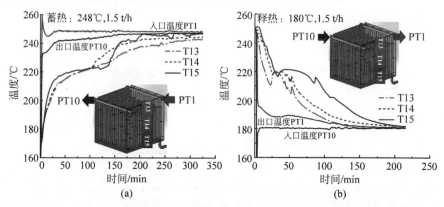

图 7.27　蓄热(a)和释热(b)阶段罐内中间上、中、下层热电偶延程温度变化

由上述分析可以说明,自然对流对本书中的复合材料相变行为影响较小(材料黏度大),且蓄能罐内材料温度沿着导热油换热方向温度升高或降低。由此,在计算罐内材料蓄热量或释热量时,可根据罐内平均温度预估。

(2) 温度的影响规律

为考察蓄、释热温度对蓄热和释热过程的影响规律,导热油流量恒定为 1.5 t/h,蓄热阶段导热油温度分别为 238 ℃、243 ℃、248 ℃、253 ℃和 258 ℃,释热阶段分别为 160 ℃、170 ℃、180 ℃、190 ℃和 200 ℃。

可以看出,随着蓄热温度的升高,导热油与相变材料换热温差大,蓄能罐内相变材料更快达到相变温度,蓄热周期缩短,最快不到 3 h(258 ℃),如图 7.28(a)所示;而在蓄热阶段也呈现出类似现象,如图 7.28(b)所示,释热温度越低,与蓄能材料温差越大,越快发生相变,释热周期大幅缩短,最快约 2 h(150 ℃)。同时对比蓄热和释热周期,可以看出,蓄热周期比释热周期长,蓄热为 3~6 h,释热为 2~4 h。一方面是由于换热温差大,另一方面是由于蓄热为由固到液过程,主要以热传导为主;释热为由液到固过程,以对流换热为主。

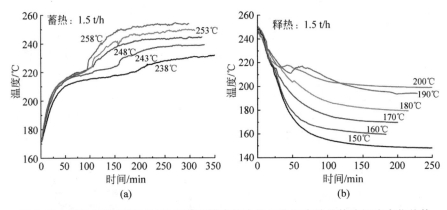

图 7.28 蓄热(a)和释热(b)阶段蓄能罐内热电偶平均温度随导热油温度变化趋势

如图 7.29 所示为不同蓄热温度和释热温度下,蓄能系统蓄热功率和释热功率的变化趋势。如图 7.29(a)所示,可以看出,随着蓄热过程的进行,蓄能功率呈现逐渐降级趋势,在蓄能初期蓄能功率最大,这是由于换热温差大导致蓄能热驱动力较大;随着罐内相变材料温度的升高,当达到相变温度时,由于相变材料换热系数较低,蓄热功率大幅下降;在相变蓄热阶段,蓄热功率下降缓慢,这也是由温差变化小造成的;相变完成后,虽然罐内的换热方式由热传导转为自然对流换热,蓄热功率会有小幅上升,但导热油与材料温差较小,蓄热功率随温差的继续减小又继续下降。同时可以看出,蓄热温度越高,蓄热功率越大。蓄热温度为 258 ℃时在蓄热初期功率最大为42.7 kW,在相变阶段平均蓄热功率为 7.3 kW。

同理,如图 7.29(b)所示为释热阶段释热功率变化,呈现先迅速下降,后微小上升,再下降的变化趋势。释热功率的微小上升是由于材料的凝固过程存在过冷度,当材料温度上升开始凝固时,由于换热温差增大,此时释热功率会上升。由于相变材料的凝固阶段非常短暂,因此释热功率恒定时间也非常短暂,凝固完全后释热功率继续下降。此外,释热温度越低,释热功率越大。导热油温度为 150 ℃时释热功率最大,释热初期最大为 48.0 kW,在相变阶段平均释热功率为 12.1 kW。

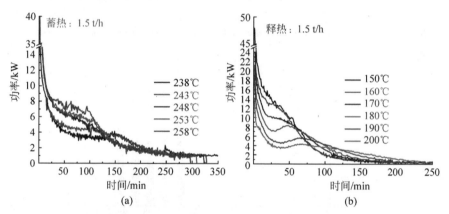

图 7.29　蓄热(a)和释热(b)阶段罐内不同蓄热温度与释热温度下蓄能功率及释能功率变化趋势(见文前彩图)

同样,可以看出随着温度的升高,蓄能系统累计蓄热量也逐渐升高,如图 7.30(a)所示,这主要是因为显热部分的占比升高。蓄热温度为 258 ℃时的累计蓄热量为 78.57 MJ,蓄能密度为 512.86 MJ/m^3。而在释热阶段,温度越低,蓄能罐累计蓄热量越多,如图 7.30(b)所示,释热温度为 150 ℃时的累计蓄热量为 65.50 MJ。

如图 7.31 所示为蓄热和释热阶段蓄热效率和释热效率随蓄热温度与释热温度的变化趋势,可以看出,蓄热效率和释热效率均在 0.8 以上,且随着温度的升高,释热效率逐渐升高,而蓄热效率逐渐降低。这主要是因为大温差造成的不可逆损失较大,热损失也较大,因此温差越大,效率越低。在释热阶段释热温度越低,则相变材料温差越大;而蓄热阶段蓄热温度越低,与相变材料温差越小,因此蓄热和释热过程表现出相反的效率变化趋势。

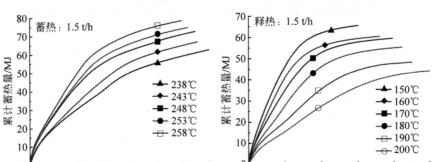

图 7.30　蓄热(a)和释热(b)阶段罐内不同蓄、释热温度下累计蓄、释能量变化趋势

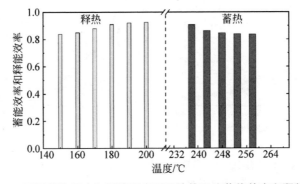

图 7.31　不同蓄能温度和释能温度下系统的平均蓄能效率和释能效率

（3）流量的影响规律

类似地,如图 7.32 所示为蓄热和释热温度分别为 248 ℃和 180 ℃时,导热油流量对蓄能系统蓄/释热特性的影响规律。导热油质量流量分别为 0.5 t/h、1.0 t/h、1.5 t/h、2.0 t/h 和 2.5 t/h,其在管道内流动的雷诺数为 33.37～166.85,属于层流流动。可以看出,随着导热油质量流量的增大,蓄能罐内相变材料开始融化和凝固的时间逐渐提早,且其蓄热和释热周期缩短。例如,如图 7.32(a)所示,导热油流量为 0.5 t/h 时的蓄热周期为 6 h 左右,当流量增大为 2.5 t/h 时,蓄热周期缩短为 3.3 h。

导热油流量增大的同时,其蓄热和释热功率也有所提高,但效果不如蓄热温度和释热温度的影响明显,如图 7.33 所示。蓄热阶段的相变过程中,

蓄热功率在 $2\sim8$ kW 波动,而释热阶段为 $5\sim10$ kW,略高于蓄热阶段。流量对蓄热功率与释热功率的影响说明蓄热和释热阶段的热阻主要出现在材料侧,在增强相变材料热导率的同时,可通过改变换热流量的数值来调控蓄能系统蓄热功率与释热功率,从而可与 CCHP 系统内动力机组和吸收式制冷机组在时间响应上达到协同。

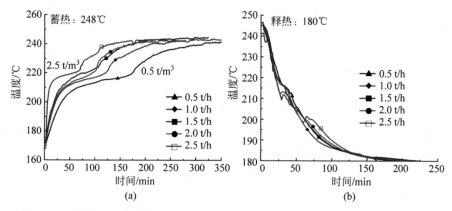

图 7.32 蓄热(a)和释热(b)阶段蓄能罐内热电偶平均温度随导热油流量变化趋势

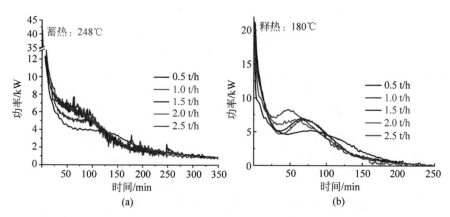

图 7.33 蓄热(a)和释热(b)阶段导热油流量对蓄能功率与释能功率的影响趋势(见文前彩图)

如图 7.34 所示为流量对蓄能系统累计蓄热和释热量的影响规律,可以看出,导热油流量对蓄能系统总的蓄热量和释热量影响不大,只是流量越大,越早达到系统所能达到的蓄热量和释热量。当流量为 2.5 t/h 时,最大蓄热量为 70.83 MJ,最大释热量为 55.27 MJ。

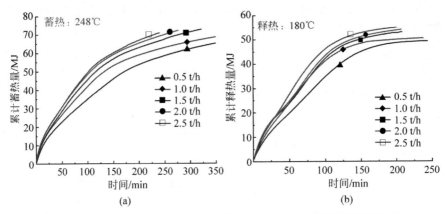

图 7.34　蓄热（a）和释热（b）阶段导热油流量对累计蓄热量的影响趋势

如图 7.35 所示可以看出，蓄热效率和释热效率均在 0.8 以上，且随着导热油流量的增大，系统在蓄热和释热阶段的蓄热效率和释热效率均逐渐增大。这是由于流量越大，换热流体与相变材料间的传热加快，蓄热时间和释热时间缩短，系统热损失降低。因此，其蓄热效率和释热效率会随导热油流量的增大而有所提高。

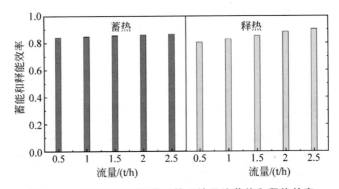

图 7.35　导热油不同流量下的系统平均蓄能和释能效率

7.4.3　蓄能周期内蓄热和释热特性分析

上述研究主要分析了导热油温度和流量分别对蓄热和释热过程蓄/释能特性的影响规律。整个蓄能周期的研究以蓄热温度为 248 ℃，释热温度为 180 ℃，流量为 1.5 t/h 为例，如图 7.36 所示。其蓄热和释热时间分别为 6 h 和 3 h，总蓄能周期为 9 h，即一天内可蓄/释热循环 3 次。蓄热量和释热量分别为 72.69 MJ 和 55.27 MJ，其中，潜热量占比分别为 51％和 66％；则该蓄能系统蓄能密度为 474.47 MJ/m^3。平均蓄热和释热功率分别为 3.36 kW 和 5.12 kW。蓄热和释热效率分别为 0.84 和 0.91，循环周期内的蓄能效率为 0.76。

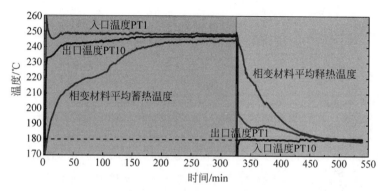

图 7.36　蓄能周期内蓄热和释热过程相变材料平均温度与导热油温度变化趋势

7.5　本　章　小　结

本章基于 CCHP 系统中不同单元间时间响应尺度不一致，开展相变蓄能系统实际蓄/释热特性研究。从材料筛选与制备、实验台设计与搭建和实验结果分析与讨论三方面开展本章研究，获得如下结论。

(1) 基于肌醇高潜热值(260 J/g)、无毒、无腐蚀等物理化学性能的优点，筛选其作为本研究的中温相变材料，并通过掺杂不同质量分数的高热导的柔性碳纤维来改善其导热性能。实验结果表明，碳纤维的掺杂对肌醇的相变温度影响不大，可以将其过冷度减小 1～2 ℃。但随着碳纤维掺杂比例的增加(质量分数分别为 2％、4％、6％、8％和 10％)，其熔化焓和凝固焓分别减少了 14.9％、15.2％、19.7％、19.9％、25.7％和 12.2％、12.8％、16.8％、20.1％、25.8％。随着循环次数的增加，其焓值也有所衰减，当循环 50 次后，纯肌醇熔化焓和凝固焓分别衰减 16.1％和 29.2％，而对掺杂碳纤维的复合相变材料其衰减情况有所缓解，最大衰减率分别为 15.6％和 28.3％。同时，随着温度升高，肌醇热导率会逐渐减小；且随着碳纤维掺杂比例的增加，热导率也逐渐升高。此外，通过傅里叶红外光谱测试，发现循环 50 次后的材料成分未发生变化，复合相变材料循环稳定性好。

（2）基于制备好的复合相变材料，设计并搭建了一套中温相变蓄热实验系统。基于焓值减少和经济性考虑，选择碳纤维添加质量分数为 2％的复合相变材料进行填充，罐内总填充量为 139.96 kg。对搭建好的实验系统进行了保温测试，保温棉厚度为 60 mm，180 ℃的相变材料降到室温需204 h(8.5 d)，平均漏热速率为 0.012 ℃/min。

（3）分别测试了不同蓄/释热温度与流量下的蓄和释数据，以蓄热温度为 248 ℃、释热温度为 180 ℃，流量为 1.5 t/h 为例，蓄热量和释热量分别为 72.69 MJ 和 55.27 MJ。其中，潜热量占比分别为 51％和 66％；则该蓄能系统蓄能密度为 474.47 MJ/m^3。平均蓄热和释热功率分别为 3.36 kW和 5.12 kW。蓄热和释热效率分别为 0.84 和 0.91，循环周期内的蓄能效率为 0.76。同时，分析了蓄/释热温度与流量对蓄/释能特性的影响规律。结果表明，蓄热阶段，温度越高，蓄热速率越快，蓄热量越大，蓄能密度越高（显热占比提高），但由于热损失增大，其蓄热效率降低；而释热阶段，温度越低，换热温差大，其释热功率和释热量均越高，蓄能密度也越高，其释热效率则随温度升高而增大。而由于换热热阻在相变材料侧，导热油流量对蓄热和释过程的影响较温度弱一些，流量越大，蓄热和释热速率越快，其效率也越高。

第8章 基于热阻模型的蓄能系统蓄/释能特性及其调控规律

8.1 本章引论

作为解耦 CCHP 系统冷热电负荷输出比例的重要手段,相变蓄能系统在蓄热和释热阶段的蓄/释能特性对系统调控具有重要的影响。从第 7 章中温相变蓄/释热的实验结果分析可以看出,蓄能装置在蓄热和释热过程中,其蓄热和释热速率均呈现逐渐减小趋势,出口流体的温度也一直在发生变化。同时,蓄/释热温度和换热流体流量大小对蓄/释能过程均存在不同的影响规律。因此,为揭示不同因素对蓄能系统蓄/释热过程的影响规律及调控机制,本章将从蓄能本身的蓄/释热特性出发,建立相变蓄能系统热阻模型。同时,通过构建串联式和并联式相变蓄能系统,对比分析不同蓄能构型下的蓄/释能功率调控效果。

8.2 相变蓄能系统蓄/释热特性及调控研究思路

相变蓄能系统的蓄/释热特性指的是系统在蓄/释热过程中蓄/释热功率、效率、流体及蓄能材料温度变化等,而本章重点研究蓄/释热功率及流体出口温度变化。其中,蓄/释热功率为单位时间内蓄能系统"蓄"热和"释"热的速度,如图 8.1 所示,若其"蓄"热或"释"热的速度与 CCHP 系统中动力发电机组和余热利用设备对热量的"供"和"需",即"供-蓄"和"需-释",能在时间和数量上达到匹配,则不会有热量的浪费,从而可在时空上提高 CCHP 系统节能性。

由于相变蓄能系统对热量做出调整的时间尺度要远大于动力发电和余热利用设备,同时,由于蓄能材料的相变为恒温过程,因此若忽略显热的影响,则动力机组烟气经过相变蓄能系统进行蓄热和进入余热利用单元,换热流体进入蓄能系统"取热"后的流体温度变化趋势如图 8.2 所示。可以看出,动力单元烟气出口温度($T_{gas,out}$)和余热利用单元流体进口温度($T_{abs,in}$)分别不低于和不高于材料相变温度(T_{PCM}),说明蓄热和释热过程对流体温度有一定的限制,即不能跨越相变温度。如图8.2所示,若在蓄热阶段蓄能系统内部换热流体出口温度($T_{HTF,out}$)尽可能低,则对应的烟气出口温度($T_{gas,out}$)会更接近材料相变温度,蓄热较充分。而在释热阶段,则需要蓄能内部换热流体出口温度($T_{HTF,out}$)尽可能高,这样可保证余热利用单元入口温度($T_{abs,in}$)保持较高值,有利于提高其性能系数。因此,在蓄/释能过程中要特别注意蓄能系统内部换热流体出口温度的变化情况。

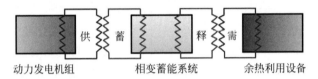

图 8.1　相变蓄能系统与动力发电和余热利用设备的"供-蓄"和"需-释"平衡示意图

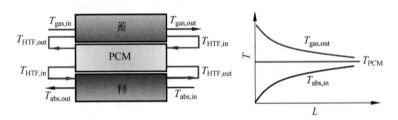

图 8.2　相变蓄/释热过程动力机组排烟和进入余热利用单元流体温度变化示意图

　　基于上述分析,可以看出蓄/释热功率与蓄能系统内部流体出口温度对平衡"供-蓄"和"需-释"的重要性。因此,有必要探索其蓄/释热功率调控的有效手段及规律,从而更好地与其上游和下游匹配。通常,蓄能材料本身的物性,尤其是热导率和蓄能密度,会对蓄/释热功率有较大的影响,本书第7章通过对材料的筛选和改性,制备出热导率和蓄能密度相对较高的肌醇/碳纤维复合材料,本章将不再赘述。除了蓄能材料本身外,蓄能装置结构的设计和换热流体参数(温度、流量)的选择均会影响蓄/释热过程。因此,本章将重点分析蓄能装置结构和换热流体参数对系统蓄/释热功率的影响规律,从而为蓄能系统的调控提供可行性指导。

　　此外,目前对相变蓄能的计算模型较成熟,如温度法、焓法模型等,但其模型比较复杂,不便于系统调控分析。因此,本书将采取简化后的热阻模型进行相变蓄/释热行为分析,从而揭示其调控机制。本章对相变蓄能系统蓄/释能特性及调控的分析思路如图 8.3 所示。

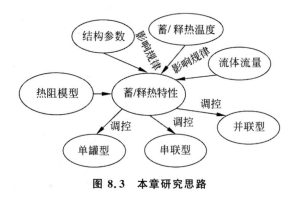

图 8.3　本章研究思路

8.3　管壳式蓄热装置热阻模型

8.3.1　管壳式蓄热装置蓄能功率关联参数

由第 7 章的分析可知,无论是蓄能还是所耗时间,相变蓄能过程以潜热蓄能为主导。为减少不可逆损失,动力机组余热温度应与相变蓄能材料的温差尽可能小,此时可忽略显热的影响。传热有效度(ε)用来表征换热器的换热性能,即换热器实际传热量与最大可能传热量之间的比值。Sari 和 Kaygusuz 等[146]把热源温度恒定的蓄能装置也看作换热器,ε 定义为蓄能装置实际释热量和理想最大释热量间的比值,也即换热流体进、出口温差与入口温度和相变材料的温差比值,如式(8.1)所示为瞬时传热有效度,相变过程的平均传热有效度($\bar{\varepsilon}$)如式(8.2)所示:

$$\varepsilon = \frac{E}{E_{\max}} = \frac{c_{p,\mathrm{HTF}} m_{\mathrm{HTF}} (T_{\mathrm{HTF,in}} - T_{\mathrm{HTF,out}})}{c_{p,\mathrm{HTF}} m_{\mathrm{HTF}} (T_{\mathrm{HTF,in}} - T_{\mathrm{PCM}})} = \frac{T_{\mathrm{HTF,in}} - T_{\mathrm{HTF,out}}}{T_{\mathrm{HTF,in}} - T_{\mathrm{PCM}}}$$

$$(8.1)$$

$$\bar{\varepsilon} = \int_0^t \varepsilon \, \mathrm{d}t \tag{8.2}$$

其中,E 和 $E_{\max}$ 分别代表蓄能装置瞬时蓄能功率和最大蓄能功率,即单位时间的蓄/释热量,单位为 kW;$T_{\mathrm{HTF,in}}$ 和 $T_{\mathrm{HTF,out}}$ 分别为换热流体进出口温度;T_{PCM} 为相变温度。由式(8.1)可以看出,当换热流体出口温度与相变材料相变温度相等时,蓄能装置的传热有效度达到最大。由于相变过程为瞬态过程,因此 ε 值的变化范围为[0,1]。平均传热有效度可以更好地反映蓄能装置的换热性能。

此外,无量纲参数传热单元数(NTU)也可表征蓄能装置的传热有效度。当流体有一侧发生相变时,传热有效度可简化为式(8.3):

$$\varepsilon = 1 - \exp(-NTU) \tag{8.3}$$

因此,结合式(8.1)和式(8.2),蓄能装置瞬时蓄能功率为式(8.4):

$$E = c_{p,HTF} m_{HTF} [1 - \exp(-NTU)](T_{HTF,in} - T_{PCM}) \tag{8.4}$$

由式(8.4)可以看出,影响蓄能装置蓄/释热速率(蓄能功率)的因素主要有换热流体流量、入口温度、相变材料相变温度和蓄能装置传热单元数。其中,换热流体流量和入口温度为可调变量,而蓄能装置传热单元数和相变材料相变温度在设计阶段就已确定。换热器传热单元数(NTU)的定义如下:

$$NTU = (UA)/(m_{HTF} c_{p,HTF}) = 1/(R_t m_{HTF} c_{p,HTF}) \tag{8.5}$$

其中,U 和 A 分别为蓄能罐总的换热系数和换热面积;R_t 为蓄能器传热热阻。可以看出,蓄能装置热阻 R_t 为影响蓄能装置传热单元数的主要参数。因此,本书将通过简化的热阻模型着重介绍蓄能装置热阻的计算。

8.3.2　管壳式蓄热装置热阻模型建立

如图 8.4 所示为典型的管壳式相变蓄能罐结构,罐内由多个套管单元组成,且管间距相等,管内为导热油,管外为相变材料。假设各个套管单元流动和传热具有均匀性,因此本章以单个套管为研究对象。为简化分析,做如下假设:

(1) 单个套管单元以一维结构处理,忽略轴向导热。

(2) 相变材料分布均匀且各向同性,固液相物性参数为常数。

(3) 引入有效导热系数考虑相变过程中的自然对流的影响。

(4) 忽略换热流体流动和传热的进口段效应,其与管壁的对流传热系数为常数。

(5) 蓄热单元与外界绝热,忽略蓄能系统漏热损失。

(6) 忽略显热蓄能部分,仅考虑潜热蓄能。

(7) 忽略弯管部分换热影响。

以单一蓄能单元为研究对象,换热管内为换热流体(HTF),管外为相变材料(PCM)。其中,管内外半径分别以 r_i 和 r_o 表示,包围在换热管周围的 PCM 半径为 r_{max}(也为多套管的管间距)。蓄能单元的热阻 $R_{t,i}$ 由换热流体(R_{HTF})、管壁(R_{wall})和相变材料(R_{PCM})三部分热阻组成,其计算如

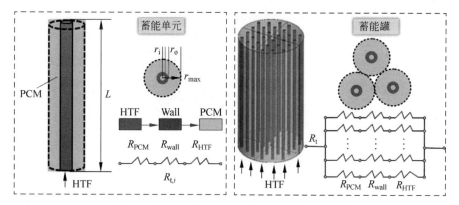

图 8.4　管壳式蓄能单元及蓄能罐热阻示意图

式(8.6)所示:

$$\begin{cases} R_{t,i} = R_{HTF} + R_{wall} + R_{PCM} \\[2mm] R_{HTF} = \dfrac{1}{2\pi r_i h_{HTF} L} \\[3mm] R_{wall} = \dfrac{1}{2\pi \lambda_{wall} L} \ln\left(\dfrac{r_o}{r_i}\right) \\[3mm] R_{PCM} = \dfrac{1}{2\pi \lambda_{PCM} L} \ln\left(\dfrac{r_{PCM}}{r_o}\right) \end{cases} \tag{8.6}$$

其中,$R_{t,i}$ 中的 $i=1,2,3,4$;r_i 中的 i 代表内径;L 为换热管长,单位为 m; h_{HTF}、λ_{wall}、λ_{PCM} 分别为换热流体、换热管和相变材料的换热系数。

蓄能罐可以看作由 n 个蓄能单元并联得到的换热器,如图 8.4 所示。则其换热热阻 R_t 的计算如式(8.7)所示:

$$R_t = R_{t,i}/n \tag{8.7}$$

随着相变过程的进行,相变材料半径 r_{PCM} 和对应的蓄能单元热阻也在变化。因此,为研究相变系统的变工况特性,参照发电设备的变工况负荷率,本书以液相率(δ)来表示相变材料发生相变的程度,其定义为发生相变的体积占 PCM 总体积的百分比,取值范围为 $[0,1]$,当 $\delta=0$ 时未发生相变,$\delta=1$ 时相变结束,计算如式(8.8)所示。在蓄热过程,其相变起始点 $\delta=0$,此时材料为固体状态,而释热过程 $\delta=0$ 时为液体状态。

$$\delta = \frac{r_{PCM}^2 - r_o^2}{r_{max}^2 - r_o^2} \tag{8.8}$$

结合式(8.8),相变材料相变半径 r_{PCM} 随 δ 的变化如式(8.9)所示:

$$r_{\text{PCM}} = [\delta(r_{\max}^2 - r_{\text{o}}^2) + r_{\text{o}}^2]^{0.5} \tag{8.9}$$

将式(8.9)代入式(8.6)可得 PCM 的热阻 R_{PCM} 的计算如式(8.10)所示：

$$R_{\text{PCM}} = \frac{1}{2\pi\lambda_{\text{PCM}}L} \ln\left\{ \frac{[\delta(r_{\max}^2 - r_{\text{o}}^2) + r_{\text{o}}^2]^{0.5}}{r_{\text{o}}} \right\} \tag{8.10}$$

综合式(8.10)和式(8.6)，蓄热单元和蓄能罐的热阻计算模型如式(8.11)和式(8.12)所示：

$$R_{\text{t},i} = \frac{1}{2\pi L}\left\{ \frac{1}{r_i h_{\text{HTF}}} + \frac{1}{\lambda_{\text{wall}}}\ln\left(\frac{r_{\text{o}}}{r_i}\right) + \frac{1}{\lambda_{\text{PCM}}}\ln\left\{ \frac{[\delta(r_{\max}^2 - r_{\text{o}}^2) + r_{\text{o}}^2]^{0.5}}{r_{\text{o}}} \right\} \right\} \tag{8.11}$$

$$R_{\text{t}} = \frac{1}{2n\pi L}\left\{ \frac{1}{r_i h_{\text{HTF}}} + \frac{1}{\lambda_{\text{wall}}}\ln\left(\frac{r_{\text{o}}}{r_i}\right) + \frac{1}{\lambda_{\text{PCM}}}\ln\left\{ \frac{[\delta(r_{\max}^2 - r_{\text{o}}^2) + r_{\text{o}}^2]^{0.5}}{r_{\text{o}}} \right\} \right\} \tag{8.12}$$

其中，换热流体的换热系数 h_{HTF} 的计算如式(8.13)所示：

$$h_{\text{HTF}} = \frac{Nu_{\text{HTF}}\lambda_{\text{HTF}}}{2r_i} \tag{8.13}$$

其中，λ_{HTF} 为 HTF 导热系数；当换热流体在管内流动为层流或湍流时，Nu_{HTF} 的计算分别如式(8.14)和式(8.15)所示：

$$Nu_{\text{HTF}} = 3.66 + [0.0668(d_i/L)RePr]/\{1 + 0.04[(d_i/L)RePr]^{2/3}\} \tag{8.14}$$

$$Nu_{\text{HTF}} = 0.023Re^{0.8}Pr^n（冷凝时：n=0.3；加热时：n=0.4） \tag{8.15}$$

因此，结合式(8.4)、式(8.5)和式(8.11)，蓄能单元瞬时蓄能功率为相变材料液相率的函数。当液相率 $\delta=0$ 时，蓄能单元热阻较小，此时对应的瞬时蓄能功率最大；随着 δ 增大，热阻也逐渐增大，瞬时蓄能功率逐渐减小；当相变完成时，$\delta=1$，热阻达到最大，蓄能功率则最小。

同理，蓄能周期内蓄能单元平均蓄能功率也为液相率的函数，如式(8.16)所示：

$$\bar{E} = m_{\text{HTF}}c_{p,\text{HTF}}(T_{\text{HTF,in}} - T_{\text{PCM}})\int_0^1 [1 - \exp(-1/m_{\text{HTF}}c_{p,\text{HTF}}R_{\text{t},i})]\text{d}\delta \tag{8.16}$$

8.3.3　管壳式蓄热装置热阻模型验证

为验证热阻模型在表征蓄能装置蓄/释能特性时的可行性，本书利用

7.5 节的实验工况进行了可靠性验证。其中,蓄热和释热温度分别为 248 ℃和 180 ℃,导热油流量均为 1.5 t/h。为与热阻模型中的液相率对应,本书将实验数据中的相变过程进行对应的等分转化,即将时间转化为液相率。如图 8.5 所示为蓄热过程蓄热功率和导热油出口温度对比,可以看出实验数据与热阻模型变化趋势一致,这是由于复合相变材料黏度较大,可忽略自然对流的影响,说明热阻模型可以较好地描述本书实验装置蓄热相变过程。

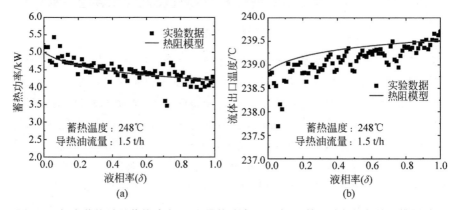

图 8.5　相变蓄热过程蓄热功率(a)和导热油出口温度(b)的实验数据与热阻模型对比

如图 8.6 所示为释热过程释热功率和流体出口温度与实验值对比情况。可以看出,二者的一致性相对较差。其原因是在释热过程中,相变材料存在一定的过冷度,导致释热功率呈现先降低后上升的趋势。而热阻模型则忽略了相变材料过冷度的影响,因此二者在释热功率和导热油出口温度

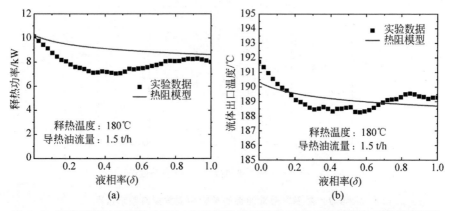

图 8.6　相变释热过程释热功率(a)和导热油出口温度(b)的实验数据与热阻模型对比

方面均存在一定偏差。其中,在相变释热周期内,释热功率的最大相对偏差为 21.78%,平均偏差为 15.22。然而,虽然二者在相变释热阶段存在一定偏差,但可通过改善材料过冷度来削弱这种偏差,如加成核剂等。因此,热阻模型对于过冷度较小的蓄能材料也可有较好的一致性。

8.4 管壳式蓄能单元相变蓄/释热特性及设计和调控参数分析

8.4.1 管壳式蓄能单元相变蓄/释热特性

如图 8.7 所示为单罐式相变蓄热系统示意图,其位于动力单元和余热利用单元之间。为区分本书后续将介绍的串联式和并联式相变蓄热系统,单罐式相变蓄热系统指蓄热系统只有一个蓄能罐,且为闭式系统,换热流体为导热油。当动力单元余热过剩时,相变蓄热系统开启蓄热模式,即阀门 V-01 和 V-02 开启,V-03 和 V-04 关闭,如图 8.7 所示;相反,当余热不足时,余热利用单元将进行"取热",系统开启释热模式,阀门 V-01 和 V-02 关闭,V-03 和 V-04 开启。换热流体经过蓄能装置后,蓄/释热速率和出口温度是系统调控过程中比较关心的参数。其中,蓄/释热速率,即蓄能功率,可以反映蓄能装置对热量的"输入"和"输出"是否可很好地匹配动力发电机组和余热利用设备;而出口温度的大小则反映余热的再利用潜力。因此,在实现相变蓄能系统可调前需分析蓄能系统各个参数对系统蓄/释热特性的影响规律。

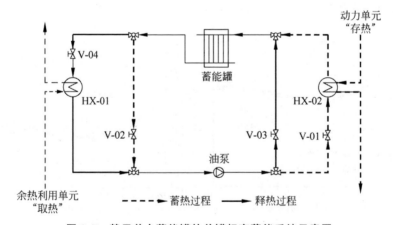

图 8.7 基于单个蓄能罐的单罐相变蓄能系统示意图

　　为便于分析,本书以管壳式蓄能单元为研究对象,如图 8.8 所示为其蓄/释特性示意图。根据上述热阻模型,相变材料的融化或凝固过程可视为热量沿着换热管壁面横向传递过程。由于热量传递过程中会有换热流体、壁面和相变材料三部分热阻,且随着相变材料的融化或凝固,其热阻也在发生变化。因此,对应的换热流体出口温度和其蓄/释热功率也呈现出非线性变化趋势。其中,蓄热阶段流体出口温度逐渐减小,但始终高于相变温度;而释热阶段流体出口温度则非线性递增。蓄释热功率则随材料的融化或凝固逐渐减小。

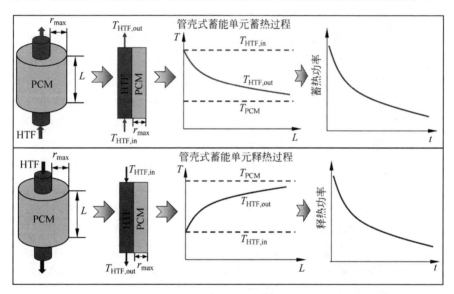

图 8.8　单个管壳式蓄能单元相变蓄/释热过程示意图

　　此外,换热流体瞬时出口温度和蓄/释热功率可分别通过式(8.1)和式(8.4)得到。可以看出,其出口温度和蓄能功率均与蓄能单元 NTU 和换热流体温度($T_{HTF,in}$)、流量(m_{HTF})等参数相关,而蓄能单元 NTU 不仅与换热流体流量(m_{HTF})相关,也与换热管的管长(L)和最大填料半径(r_{max})等参数相关。因此,本书将从管壳式蓄热单元设计参数(L,r_{max})和换热流体调控参数($T_{HTF,in}$、m_{HTF})两大方面分析其对蓄/释热功率和流体出口温度的影响规律,从而为相变蓄热系统的调控提供指导。

8.4.2　设计参数对蓄/释能特性的影响规律

　　(1) 最大填料半径(r_{max})的影响

　　为衡量蓄能单元内填充相变材料的量,文献[147]以参数 CF 表征,其定义为蓄能单元内填充蓄能材料的体积与系统总体积之比,如式(8.17)所示。因此,本书以 $r_{\max}$ 和 r_o(换热管外半径)之比($r_{\max}/r_o$)分析最大填料半径对蓄/释功率和换热流体出口温度的影响规律。

$$CF = V_{\text{PCM}}/V_{\text{TESS}} = 1-(r_o/r_{\max})^2 \qquad (8.17)$$

如图 8.9 所示为在不同 $r_{\max}/r_o$ 值下相变材料在蓄/热周期内(液相率 δ 由 0~1)蓄/释热功率和换热流体出口温度的变化趋势。其中,蓄热和释热工况的换热流体入口温度分别为 280 ℃和 180 ℃,流量为 2 m³/h。可以看出,随着相材料的融化或凝固,即 δ 逐渐增大,蓄热和释热功率呈现非线性递减趋势,而换热流体出口温度则分别非线性递增和递减。即蓄能材料在发生相变过程中,换热流体入口和出口温差逐渐减小,即热驱动力减小,因此其蓄/释热功率也相应减小。同时,随着 $r_{\max}/r_o$ 值的增加,填充的蓄能材料厚度增大,其对应的蓄/释功率均小于填充较小时,且流体出口温度在蓄热过程较大,而释热过程较小。因此,填充相变材料越少,即 $r_{\max}/r_o$ 值越小,蓄热或释热速率越快,流体出口温度下降或升高越多。

究其根本,蓄/释热功率和流体出口温度的变化是由蓄能单元的换热热阻的变化引起的。如模型部分所述,蓄能单元的热阻主要由换热流体、换热管和蓄能材料三部分热阻组成。而在相变周期内,换热流体和换热管的热阻不发生变化,而蓄能材料的热阻随液相率的增大而非线性递增,且 $r_{\max}/r_o$ 值越大,材料侧的热阻也越大,如图 8.10 所示。因此,随蓄能材料沿着换热管径向融化或凝固,蓄能单元热阻逐渐增大,蓄/释热功率也逐渐减小,其对应的换热流体出口与入口温差也相应减小。

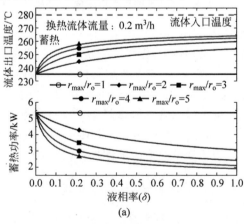

图 8.9　不同 $r_{\max}/r_o$ 值下在蓄能材料相变周期内(液相率 δ 由 0~1)蓄热(a)和释热过程蓄/释热功率及换热流体出口温度(b)的变化趋势

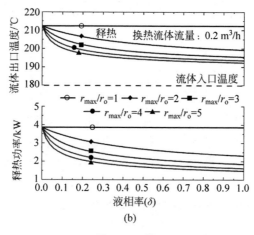

图 8.9　（续）

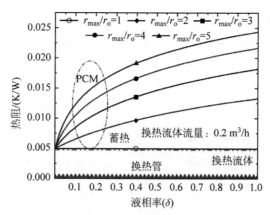

图 8.10　不同 r_{max}/r_o 值下在蓄能材料相变周期内（液相率 δ 由 0～1）蓄能单元各部分热阻的变化趋势

综合考虑蓄能周期内的平均热阻、平均蓄/释热功率，如图 8.11 所示。可以看出，随着 r_{max}/r_o 值增大，蓄能单元填料密度（CF）呈非线性递增趋势，当比值等于 3 时，其填充密度接近 90%；平均热阻也逐渐增大，相应的平均蓄热和释热功率呈非线性递减趋势。在蓄热阶段，往往需要较快的蓄热速率，即较大的蓄热功率，此时对应的蓄能密度较小；而在释热阶段则需要较小的释热功率，此时对应的蓄能密度较大。因此，在蓄能单元设计时，需要综合权衡蓄/释热功率需求和填充密度。

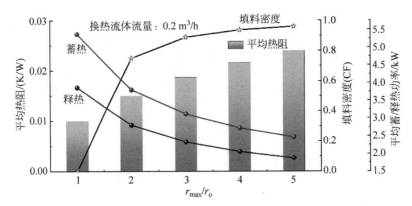

图 8.11　平均热阻、平均蓄/释热功率和填料密度(CF)随 r_{max}/r_o 值的变化趋势

（2）换热管长（L）的影响

如图 8.12 所示为相变周期内不同换热管长（L）对蓄/释热功率和换热流体出口温度的影响。可以看出，随着材料的融化或凝固，蓄能单元的瞬时蓄/释热功率逐渐减小，流体出、入口温差逐渐减小，且换热管越长，其瞬时蓄/释热功率越大，相应的换热流体出口温度越低。这说明增加换热管的长度有利于蓄/释热过程。

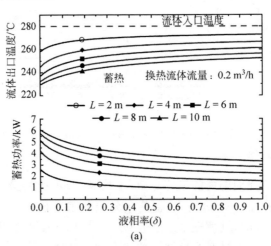

图 8.12　不同换热管长 L 下，在蓄能材料相变周期内（液相率 δ 由 0～1）蓄热（a）和释热过程蓄/释热功率及换热流体出口温度（b）的变化趋势

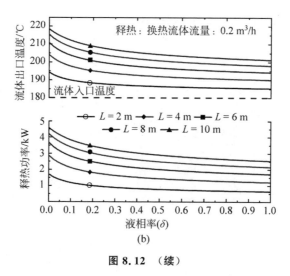

图 8.12　（续）

如图 8.13(a)所示,在蓄能材料融化或凝固过程中,蓄能材料的热阻逐渐增大,其随 δ 的增大呈非线性递增趋势;而换热流体和换热管热阻保持不变,其远小于蓄能材料的热阻。同时,换热管越长,其换热热阻越小,这也是蓄/释热功率较大的根本。同时,如图 8.13(b)所示,随着 L 的增加,蓄能单元平均热阻逐渐减小,则其平均蓄/释热功率呈非线性递增趋势。因此在设计时,应尽可能增加换热管长度。

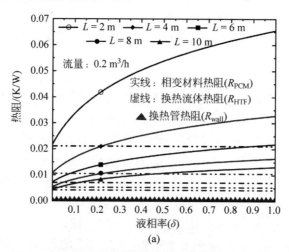

图 8.13　不同 L 值下,在蓄能材料相变周期内蓄能单元各部分热阻的变化趋势(a),蓄能周期内的平均热阻与平均蓄/释热功率随换热管长 L 的变化趋势(b)

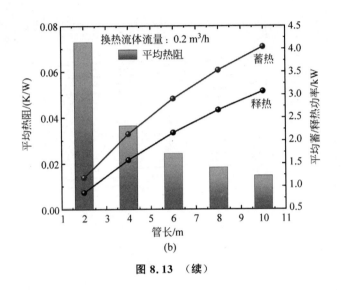

图 8.13 （续）

8.4.3 调控参数对蓄/释能特性的影响规律

（1）蓄/释热温度的影响

不同大小和型号的微燃机排烟温度有较大差异,其温度范围为 200~350 ℃。因此,本书重点分析该温度区间内的换热流体对蓄热功率和出口温度的影响规律。同时,考虑到吸收式制冷系统的工作温度为 150~250 ℃,因此分析该温度区间内的换热流体对释热功率和出口温度的影响规律。其中,换热管的外径和长度分别为 12 mm 和 6.6 m,蓄能材料的最大填充半径为 36 mm。

由图 8.14 可以看出,随着蓄能材料的融化和凝固,蓄能单元的蓄热和释热功率均逐渐减小,呈非线性递减趋势;而换热流体出口温度则分别非线性递增和递减。同时,蓄热温度越高,如图 8.14(a)所示,其对应的蓄热功率越大,流体出口温度也越高;同理,如图 8.14(b)所示,释热温度越低,其与蓄能材料间的"热驱动力"越大,对应的释热功率也越大,流体出口越低。因此,在蓄热阶段,蓄热温度越高,其蓄热速率越快,流体出口温度较高;而在释热阶段则释热温度越低,"取热"速度越快。总之,换热流体与蓄能材料间的"热驱动力"是决定蓄/释热功率的关键。

如图 8.15 所示为蓄能单元平均蓄/释热功率随蓄/释热温度的变化趋势,可以看出,随着换热流体入口温度的升高,其蓄热功率和释热功率分别呈现线性递增和递减趋势,即"热驱动力"越大,蓄/释热功率越大。同时,可以根据动力机组"给热功率"或吸收式制冷机组"取热功率"的大小,适当调整换热流体的蓄热温度来满足余热的供需匹配。

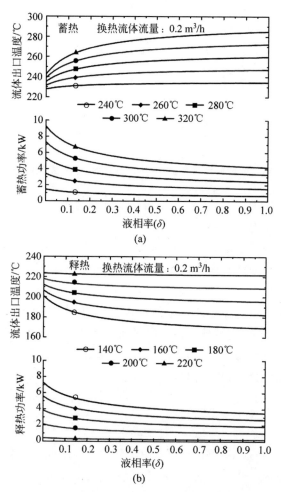

图 8.14 不同蓄释热温度下,在蓄能材料相变周期内(液相率 δ 由 0~1)蓄热(a)和释热过程蓄/释热功率及换热流体出口温度(b)的变化趋势

(2) 换热流体流量的影响

通过式(8.5)可以看出,换热流体流量与蓄能单元 NTU 相关联;同时,其流量大小会影响换热系数(h_{HTF}),从而影响总热阻,如式(8.11)~式(8.14)所示。因此,本书将考察流量范围为 0.1~0.5 m³/h 的换热流体对蓄能单元蓄/释热功率及流体出口温度的影响规律。其中,蓄热温度和释热温度分别

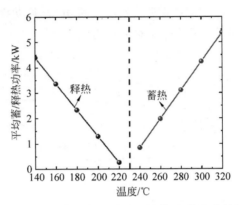

图 8.15　蓄能单元平均蓄/释热功率随蓄/释热温度的变化趋势

为 280 ℃和 180 ℃,换热管的外径和长度分别为 12 mm 和 6.6 m,蓄能材料最大填充半径为 36 mm。

如图 8.16 所示,蓄热/热功率均随 δ 的增大呈非线性递减趋势,而换热流体出口温度则分别非线性递增和递减,即与换热流体入口温差逐渐减小。当换热流体流量为 0.1 m³/h 时,雷诺数 $Re=2763$,为层流状态,蓄/释热功率及换热流体出口温度随液相率的变化较小,其换热性能较差。当换热流体处于湍流状态时,流量越大,蓄/释热功率也越大,流体出口与入口温差变小。因此,在蓄能单元不同的蓄能状态下(液相率),可调节换热流体流量来调整其蓄/释热功率与流体出口温度。

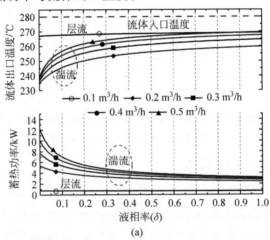

(a)

图 8.16　不同换热流体流量下,在蓄能材料相变周期内(液相率 δ 由 0~1)蓄热(a)和释
热过程蓄/释热功率及换热流体出口温度(b)的变化趋势

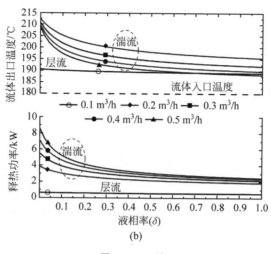

图 8.16　（续）

　　同理,如图 8.17 所示,随着蓄能材料的融化和凝固,其热阻呈非线性递增趋势,而换热流体和换热管的热阻未发生变化。同时,随着流量的增大,换热管热阻未发生变化,而换热流体和相变材料的热阻均减小,且处于层流时(0.1 m³/h)热阻最大。因此,应尽可能保证流体在管内处于湍流状态,便于蓄能单元蓄/释热功率调控。

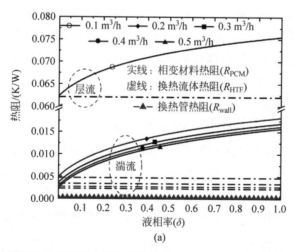

图 8.17　不同换热流体流量下在蓄能材料蓄热(a)和释热周期内蓄能单元各部分热阻(b)的变化趋势

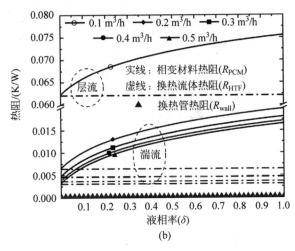

图 8.17 （续）

此外,图 8.18 为不同换热流体流量下蓄能单元内各部分热阻占比及其平均热阻变化趋势。可以看出,当流体处于层流时($0.1 \ \text{m}^3/\text{h}$),相变材料和换热流体热阻相当,分别为 53% 和 47%。当流体为湍流时,随着流量的增大,相变材料的热阻占比逐渐增大,当流量为 $0.5 \ \text{m}^3/\text{h}$ 时,在蓄热和释热阶段的占比分别达到 82% 和 78%。而换热管的热阻几乎可忽略,其占比不到 2%。因此,蓄能单元的主要热阻集中在相变材料侧,提高相变材料热导率是提高蓄能单元蓄/释热功率的根本。同时,可以看出,随着流量的增大,蓄能单元平均热阻呈非线性递减趋势;当流体处于湍流状态时,其总的热阻大小变化较小。

同时,图 8.19 为蓄能单元平均蓄/释热功率随换热流体流量的变化趋势。可以看出,随着流量的增大,其平均蓄/释热功率呈递增趋势。当流体处于层流状态时,其平均蓄/释热功率最小;而当处于湍流阶段时,平均蓄/释热功率随流量的增大几乎呈线性递增趋势。因此,在动力机组和吸收式制冷机组不同"供热"和"取热"功率下,可通过调整换热流体流量的大小达到余热的供需匹配。

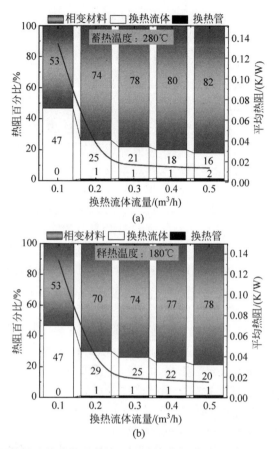

图 8.18　不同换热流体流量下蓄热（a）和释热阶段管壳式蓄能单元内各部分热阻占比及其平均热阻（b）的变化趋势

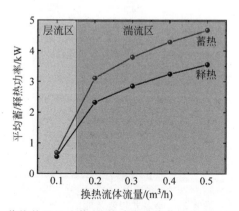

图 8.19　蓄能单元平均蓄/释热功率随换热流体流量的变化趋势

8.5　串并联式相变蓄能系统调控分析

由上述设计参数及换热流体温度和流量对单罐式相变蓄能系统蓄/释热功率及出口温度的影响规律可以看出,其对蓄能系统的调控能力有限,特别是当蓄能罐内蓄能材料相变接近完成时,即当液相率(δ)较大时,换热热阻以相变材料为主(80%以上),换热流体流量的大小对其蓄/释热功率影响较小,此时相变蓄能系统蓄热量或释热量较小,不利于与动力单元和余热利用单元的"余热"供需匹配。同时,虽然较小的填料半径和较长的换热管可加强蓄热系统对功率和流体出口温度调控的灵活度,但其相应的蓄能罐蓄能密度将减少。因此,从换热管长度和温度调控角度出发,本书提出串联式相变蓄能系统;从流量调控角度出发,提出并联式相变蓄能系统。本节将分别分析温度和流量对串联式和并联式相变蓄能系统的调控规律。

8.5.1　串联式相变蓄能系统及其调控

如图 8.20 所示为串联式相变蓄能系统示意图,相较于单罐式蓄能系统,其由多个蓄能罐串联而成,蓄能罐内蓄能材料相变温度可相同也可梯级递减。几个蓄能罐串联相当于增加了单个蓄能罐高度,即换热管长度(L)增加;同时,各个蓄能罐对应的换热流体入口温度不同。因此,串联式相变蓄热系统是根据单罐式系统换热管长和流体入口温度对蓄/释热功率及流体出口温度的影响规律而提出的。如图 8.21 所示为管壳式蓄能单元串联后的蓄/释热示意图,蓄能系统总热阻等于几个蓄能单元热阻的和,而其蓄/

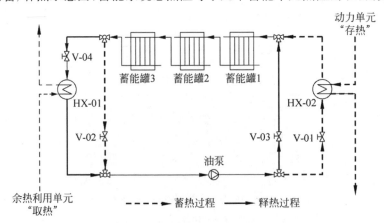

图 8.20　串联式相变蓄能系统示意图

释热功率和流体出口温度的变化趋势类似于单罐式相变蓄能系统,即蓄热阶段流体出口温度非线性递减,但始终高于相变温度;而释热阶段则非线性递增,但其不超过相变温度。而蓄/释热功率则呈非线性递减趋势。本书将主要针对相变温度相同的蓄能单元进行调控分析。

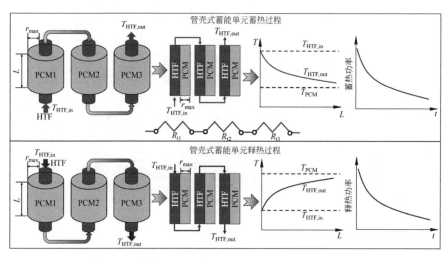

图 8.21　串联式管壳式蓄能单元相变蓄/释热过程示意图

作为对比,设定单个管壳式蓄能单元蓄能材料最大填充半径为 36 mm,相变材料为肌醇与质量分数 2% 的柔性碳纤维混合后的复合相变材料,相变温度为 225 ℃,换热管长为 6.6 m。串联式相变蓄热单元蓄能单元个数为 3,其液相率(δ)为 3 个蓄能单元的整体融化或凝固反应。换热流体流量和蓄/释热温度对单罐和串联式相变蓄能过程系统蓄/释能功率与流体出口温度的调控如下。

(1) 换热流体流量调控对比

如图 8.22 所示为蓄热温度为 280 ℃ 的换热流体在湍流状态下不同流量(0.2~0.6 m³/h)对单罐式和串联式相变蓄能系统蓄热功率和流量出口温度的调控对比。可以看出,二者的蓄热功率和流体出口温度均随液相率的增大分别呈非线性递减和递增趋势。其中,串联式相变蓄能系统较单罐式在蓄热周期内有较大的蓄热功率,且在不同的蓄热状态下流量对蓄热功率的调节范围较广;而流体出口温度整体较低,更接近蓄能材料相变温度,说明蓄热充分。例如,若动力单元余热的输出功率为 8 kW,单罐式相变蓄能系统只有在蓄能材料液相率小于 0.1 时才可通过调节流量满足需求,而串联式系统则可在蓄能材料整个蓄热周期内通过流量的调节实现热量的供给与蓄存匹配,如液相率为 0.2 时对应的流体流量为 0.3 m³/h(A 点),随着材料的融化,当液相率为 0.6 时,流体需调整到 0.4 m³/h(B 点)才能达到 8 kW 的蓄热功率,而对应的流体出口温度则由 235 ℃ 升高到 247 ℃。

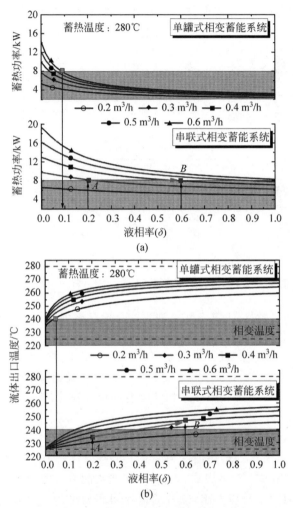

图 8.22　蓄热周期内(液相率 0~1)流量对单罐式和串联式相变蓄能系统蓄热功率(a)与流体出口温度(b)的调控对比

同理,若释热温度为 180 ℃,如图 8.23(a)所示,单罐式的释热功率较小,且在液相率较大时流量对释热功率的调节范围较小;而串联式系统则在释热功率较大的同时,也具有较宽的调控范围。如余热利用单元"取热"

功率为 6 kW 时,单罐式只能在 $\delta < 0.1$ 时满足需求,而串联式则可在 [0,1] 范围内通过换热流体流量的调节满足需求。当 $\delta = 0.2$ 时对应的流体流量为 $0.27\ \mathrm{m^3/h}$(A 点),随着材料的凝固,δ 增大到 0.6 时,流体流量需调整到 $0.38\ \mathrm{m^3/h}$(B 点)才能达到 6 kW 的释热功率。此外,如图 8.23(b) 所示,单罐式相变蓄能系统流体出口温度小于 210 ℃,且 δ 越大,其出口温度越低,即可被余热单元利用的热的品位较低。而串联式系统则更接近蓄能材料相变温度(225 ℃),可被余热单元利用的品位较高。

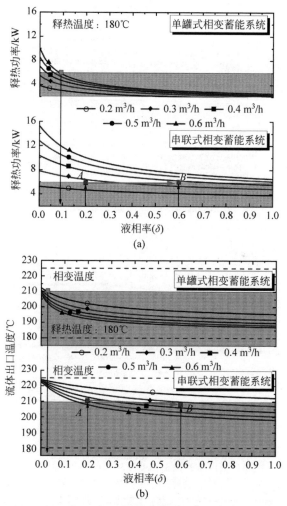

图 8.23　释热周期内(液相率 0~1)流量对单罐式和串联式相变蓄能系统释热功率 (a)和流体出口温度(b)的调控对比

（2）蓄/释热温度调控对比

如图 8.24 所示为当换热流体流量为 0.2 m³/h 时,通过不同蓄热温度
(240～320 ℃)对单罐式和串联式相变蓄能系统蓄热功率和流量出口温度
的调控对比。可以看出,相较于流量调控,温度对蓄热功率的调节范围更宽
广。但由于单罐式相变蓄能系统的蓄热功率较小,其对于大蓄热功率调节
有限,如当蓄热功率为 8 kW 时,只有 $\delta < 0.05$ 时才可通过调节蓄热温度满
足蓄热需求。

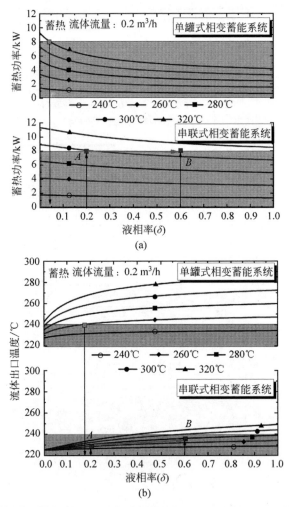

图 8.24　蓄热周期内(液相率 0～1)蓄热温度对单罐式和串联式相变蓄能系统蓄热
　　　　功率(a)与流体出口温度(b)的调控对比

相反地,串联式相变蓄能系统则具有相对较宽的调节范围,如 $\delta = 0.2$ 时,其对应的蓄热温度为 300 ℃,随着蓄能材料的融化,δ 增大到 0.6 时,需将蓄热温度提高到 307 ℃方能达到 8 kW 的蓄热需求。

如图 8.24(b) 所示,单罐式相变蓄能系统出口温度较高,蓄热不够充分,如出口温度不高于 240 ℃时,只有在蓄热温度低于 260 ℃且 $\delta < 0.17$ 时才能实现。相反地,串联式出口温度整体较低,在不同蓄热温度下,都可以达到小于 240 ℃。

同理,如图 8.25 所示,不同释热温度下(140～220 ℃),单罐式相变蓄能系统释热功率较小,且对较大的释热功率调节有限。例如,当释热功率为 8 kW 时,单罐式无法满足需求,需要更低的释热温度(低于 140 ℃),但此时流体出口温度也相应较低,不利于余热单元的再利用。而对应串联式相变蓄能系统,在释热温度为 140～160 ℃时可满足需求。例如,当 $\delta = 0.2$ 时,对应的释热温度为 150 ℃(A 点),随着材料的凝固,δ 增大到 0.6 时,释热温度需减小到 140 ℃(B 点)。此外,如图 8.25(b) 所示,串联式较单罐式相变蓄能系统其流体出口温度整体较高,有利于余热单元对热量的再利用。

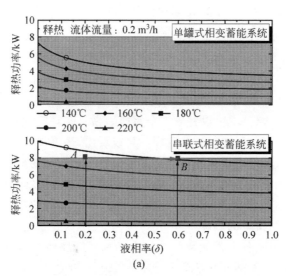

图 8.25　释热周期内(液相率 0～1)释热对单罐式和串联式相变蓄能系统释热功率(a)和流体出口温度(b)的调控对比

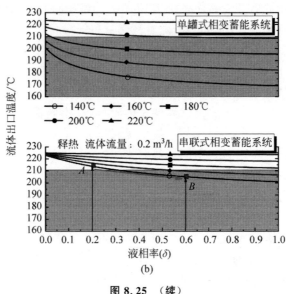

图 8.25 （续）

8.5.2 并联式相变蓄能系统调控分析

　　并联式相变蓄能系统即将几个蓄能罐并列,根据蓄热和释热功率需求来调整开启和关闭蓄能罐数量。如图 8.26 所示,蓄热阶段,阀门 V-01 和 V-02 开启,V-03 和 V-04 关闭,可通过阀门 V-05、V-07 和 V-09 的开闭来控制参与蓄/释热的蓄能罐;释热过程则相反,关闭阀门 V-01 和 V-02,开启阀门 V-03 和 V-04。本书以并联 3 个蓄能罐为研究对象,如图 8.27 所示为基于热阻模型的蓄/释热过程示意图。可以看出,系统换热热阻为 3 个蓄能罐的并列热阻,其值小于单独蓄能罐热阻。各个蓄能罐对应的蓄/释热功率相互独立,系统总的功率为其和。蓄能罐的并联使得其总管路流体流量得到了分流,从而表现出不同的蓄/释热功率。因此,本章对于并联式相变蓄能系统着重介绍流量的调控。

　　主管路流量对各个蓄能罐的分配会影响系统整体的蓄/释能功率。若两个蓄能罐并联,蓄热和释热温度分别为 280 ℃ 和 180 ℃,主管路流体流量为 0.6 m³/h,两个蓄能罐的流量分配分别为 0.4/0.2 m³/h、0.35/0.25 m³/h 和 0.3/0.3 m³/h,其对应的流量分配比例分别为 2、1.75 和 1。如图 8.28 所示为不同分配比例下蓄/释热功率及流体出口温度比较,可以看出,在蓄能和释能周期内(液相率从 0~1),分配比例越大,其蓄/释热功率越小,当两个蓄能罐分配到的流体流量相等时,其对应的蓄/释热功率最高。因此,也可根据不同的流量分配来调节蓄能系统的蓄/释热功率。

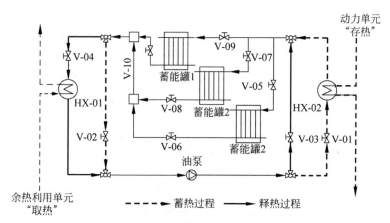

图 8.26　并联式相变蓄能系统示意图

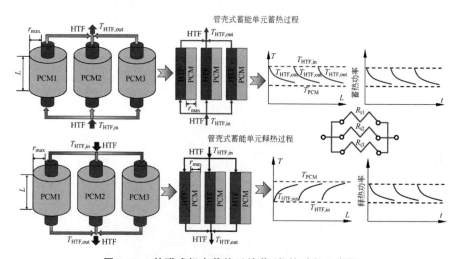

图 8.27　并联式相变蓄能系统蓄/释热过程示意图

如图 8.29 所示为主管路流量为 $0.6\ \mathrm{m^3/h}$ 时,并联式相变蓄能系统分别开启不同个数蓄能罐的蓄/释热功率及流体出口温度对比分析。当开启 1 个蓄能罐时,相当于单罐式相变蓄能系统;当分别开启 2 个和 3 个时,每个蓄能罐对应的换热流体支路流量分别为 $0.3\ \mathrm{m^3/h}$ 和 $0.2\ \mathrm{m^3/h}$。可以看出,随着蓄能罐个数的开启,在相同液相率下其对应的蓄/释热功率均逐渐增大。例如,若动力余热蓄热功率为 8 kW,如图 8.29(a)所示,则当蓄能材料液相率小于 0.9 时只需开启一个蓄能罐,随着材料的融化,液相率在 [0.9,2.8] 时需开启 2 个蓄能罐,而在 [2.8,0.68] 时则需要开启 3 个蓄能罐。当液相率大于 0.68 时,此时 3 个蓄能罐功率不能满足蓄热要求,则需要提高总管路流量或增加并联蓄能罐数量。同理,若余热利用单元"取热"功率为 6 kW 时,如图 29(b)所示,并联式相变蓄能系统分别在液相率为 [0,0.8]、[0.8,0.26] 和 [0.26,0.67] 范围内依次开启 1 个、2 个、3 个蓄能罐。此外,并联蓄能罐越多,流体出口与入口的温差越大,越有利于蓄热和释热。

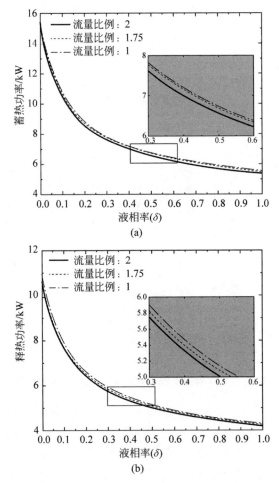

图 8.28　蓄热和释热周期内在不同流量分配比例下的蓄热功率(a)和释热功率(b)的比较

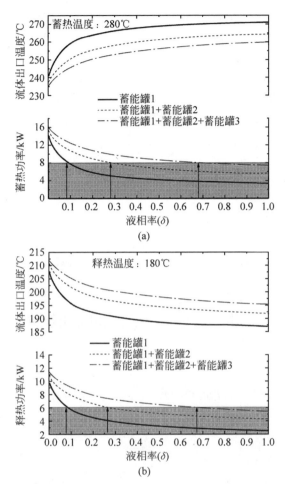

图 8.29　蓄热和释热周期内并联式相变蓄能系统在不同蓄能罐开启状态下其蓄热功率(a)和释热功率(b)及流体出口温度随液相率的变化趋势

8.5.3　串联及并联式相变蓄能系统对比分析

蓄/释热温度和换热流体流量对串联式与并联式相变蓄能系统蓄/释热功率的调控各具特色。如图 8.30 所示为主管路换热流体均为 0.6 m³/h 时,串联式与并联式蓄/释热功率及流体出口温度的对比。可以看出,串联式相变蓄能系统由于蓄能罐之间互相关联,对流体热量的利用更充分,在不同液相率下蓄/释热功率均比并联式大,且其流体出口温度在蓄热阶段更小,而在释热阶段更大。

虽然并联式相变蓄能系统在蓄/释热功率方面较串联式并不占优势,但其对系统蓄/释热功率的调控更加灵活,无须频繁改变主管路换热流体流量,通过蓄能罐并联个数的调整就可以实现蓄热功率和释热功率分别与动力单元和余热利用单元匹配。因此,对于并联式和串联式相变蓄能系统可根据不同的需求选择其适用的场景,即大功率蓄/释热需求选择串联式相变蓄能系统,需灵活调控则选择并联式相变蓄能系统。

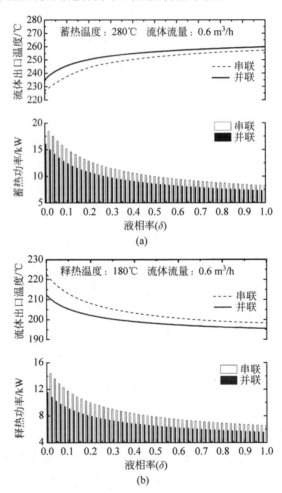

图 8.30　蓄热(a)和释热(b)周期内并联式和串联式相变蓄能系统蓄/释热功率和
　　　　流体出口温度比较

8.6　本 章 小 结

本章建立了简化后的管壳式相变蓄能模型,从相变蓄能系统传热有效度概念出发,关联了系统蓄/释热功率与热阻的数学关系。并基于此关系,分析了蓄能装置机构参数、蓄/释热温度、换热流体流量对蓄能系统蓄/释热特性的影响规律,从而提出系统串联式和并联式调控方法。本章的主要结论如下。

(1) 以管壳式蓄能单元为研究对象,建立了相变蓄能热阻模型,并结合第 7 章的实验数据进行模型验证。结果表明,相变材料凝固过程的过冷度会影响热阻模型与实验数据的一致性。

(2) 以单罐式相变蓄能系统为研究对象,分别分析了蓄能单元结构参数、蓄/释热温度及换热流体流量对蓄/释热功率和流体出口温度的影响规律。结果表明,对于结构参数,最大填料半径要综合权衡蓄能密度和蓄/释热功率,而换热管长越长,其换热热阻越小,对应的蓄/释热功率越大。对于调控参数,蓄热温度越高,释热温度越低,其与相变材料间的“热驱动力”越大,从而蓄/释热速率越大。但由于受动力机组排烟温度和余热利用单元利用温度的限制,蓄/释热温度对系统蓄/释热功率的调控有限。而换热流体流量越大,蓄能的蓄/释热功率越大,且流体在湍流状态时的功率要远大于层流。同时,虽然流量对蓄/释热功率的影响没有蓄/释热温度显著,但其不受动力单元和余热利用单元限制,具有较宽的调控范围。

(3) 基于结构和调控参数对相变系统蓄/释能特性的影响规律,从蓄能系统调控角度出发,构筑了串联式和并联式相变蓄能系统,二者相对于单罐式相变蓄能系统对系统在不同液相率下的蓄/释能功率和流体出口温度有较灵活且较宽的调控范围。当主管路流量相同时,对于相同个数的蓄能罐分别串联和并联,串联时的蓄/释热功率要大于并联。尽管如此,二者对于蓄能系统的调控各具特色,大功率蓄/释热需求选择串联式相变蓄能系统,需灵活调控则选择并联式相变蓄能系统。

第9章 结论与展望

9.1 结 论

本书围绕分布式冷热电联供系统协同集成和主动调控方法展开研究。主要结论如下。

（1）首先，突破传统案例研究局限性，提炼了用户负荷大小和逐时波动特征参数，建立了用户负荷需求普适性模型，并根据冷热电负荷峰谷错位关系，将用户归纳为直线型、三角型和四边型三种类型。同时，基于系统与用户的能量供需平衡关系，定义了反映变工况与设计工况供需匹配关系的两类无量纲匹配参数，并绘制了普适性负荷供需匹配图。其次，定量分析讨论了供需匹配图中9个区域内的供需匹配情况并构筑了53种普适性供需匹配情景。最后，初步分析了供需匹配图内的点、线、面对应的能量匹配关系，为系统的协同集成与主动调控方法研究奠定了基础。

（2）基于系统与用户负荷间的供需匹配关系，定量分析了不同供能情景下系统构型设计、装机容量方法、节能边界和适合的用户范围，获得了普适性协同集成方法，为 CCHP 系统政策、标准的制定及实际系统的安装指导奠定了基础。结果表明，构型方面，内燃机和余热利用单元性能系数较高的系统表现出较高的系统节能性。装机方面，当负荷需求位于系统输出比例线下方时，"以电定热"优于"以热定电"；位于上方时，在电负荷不可上网情况下，内燃机为发电机组的 CCHP 系统选择"以热定电"装机模式时的性能较优，而燃机和微燃机为发电机组的系统则建议选择"以电定热"装机模式；当电负荷可上网时，则系统建议选择"以热定电"装机模式。系统节能边界方面，不同供能情景且不同构型的系统相对节能率边界随用户热电比增大而减小，且用户在热负荷需求较大时对应的系统节能边界更大。适合用户方面：内燃机输出范围要比燃气轮机和微燃机广，适合用户范围宽，且热电比较小的用户更适合 CCHP 系统。同时，用户负荷峰谷比越小，峰谷错位时间越短，CCHP 系统表现出更好的节能性。相同条件下，系统在寒冷地区的节能性更好。

此外,系统仅耦合蓄电或蓄热单元时,系统按"以电定热"或"以热定电"模式装机;对于同时耦合蓄电和蓄热的协同蓄能,若用户平均负荷位于系统装机容量比例线上方,在电负荷可上网的政策下应采取"以热定电"的装机方法,相反,应选择"以电定热"的装机方法;若位于比例线下方,应采取"以电定热"的装机方法。此外,在电负荷不可上网的情况下,系统在冷负荷需求较大的地区更适合耦合蓄能单元,且同时耦合蓄电和蓄热单元时的性能更优。

(3) 针对不同的供能情景,揭示了用户波动的负荷需求与系统调控方式间的内在耦合机制。同时,定量分析了 FEL 和 FTL 两种运行策略的适用情景,绘制了普适性运行策略选择图,并提出了能主动改变系统与用户负荷供需比例的 FOL 优化运行策略。结果表明,若只考虑系统节能性,系统排烟余热应优先满足用户热负荷需求;反之,若考虑经济和环保性,则应优先满足冷负荷需求。系统在大部分的供能情景下选择 FEL 运行策略,只有在负荷输出线下方的小部分区域内选择 FTL 策略。而 FOL 策略在负荷输出比例线上方的供能情景下更具优势,且对应的相对节能率均高于 FEL 和 FTL。

此外,以中温蓄热单元为系统主要调控方式,构筑了系统耦合 ORC 单元后的系统构型,阐释了主动蓄能与传统被动蓄能调控的本质区别,定量分析了发电过剩和不足两种不同供需匹配情景下的蓄能主动解耦机制及主动调控方法。结果表明,对于发电过剩和不足的匹配情景,可分别主动增大和减小原有"以热定电"装机模式下的系统容量,打破原有的综合热负荷供需平衡关系,分别主动增加和减小动力机组排烟余热,通过 ORC、电制冷/热和蓄热单元对动力机组输出的电负荷与排烟余热协同调控,实现对系统冷热电负荷的主动解耦。

(4) 从蓄能实际蓄/释能角度出发,本书制备了高蓄能密度和高热导率的复合相变蓄能材料,设计并搭建了一套中温相变蓄热实验系统。在整个蓄能周期内,以蓄热温度为 248 ℃、释热温度为 180 ℃,流量为 1.5 t/h 为例,蓄热量和释热量分别为 72.69 MJ 和 55.27 MJ,蓄能密度为 474.47 MJ/m^3。平均蓄热功率和释热功率分别为 3.36 kW 和 5.12 kW。蓄热和释热效率分别为 0.84 和 0.91,循环周期内的蓄能效率为 0.76。同时,分别测试了导热油在不同蓄/释热温度及流量下的蓄/释热数据,并分析了其影响规律。

此外,本书基于实验数据,以管壳式蓄能单元为研究对象,建立了相变蓄能热阻模型。分别分析了蓄能单元结构参数、蓄/释热温度和换热流体流量对蓄/释热功率和流体出口温度的影响规律。结果表明,对于结构参数,最大填料半径要综合权衡蓄能密度和蓄/释热功率,而换热管长越长,其换热热阻越小,蓄/释热功率越大。对于调控参数,蓄热温度越高,释热温度越低,其与相变材料间的"热驱动力"越大,从而蓄/释热速率越大。而换热流体流量越大,蓄能的蓄/释热功率也越大,且流体在湍流状态时的功率要远大于层流。基于结构和调控参数对相变系统蓄/释能特性的影响规律,本书构筑了串联式和并联式相变蓄能系统,二者相较于单罐式相变蓄能系统在不同液相率下的蓄/释能功率及流体出口温度有较灵活且较宽的调控范围。当主管路流量相同时,对于相同个数的蓄能罐串联时的蓄/释热功率要大于并联,但并联式比串联式更灵活。

本书的主要创新点如下。

(1) 建立了 CCHP 系统与用户通用数学模型,提出了无量纲供需匹配参数,构建了普适性供需匹配图,揭示了不同类型用户与系统的负荷供需匹配机制。

(2) 阐释了系统与用户普适性协同集成机制,明确了不同供能情景下系统构型、节能边界、装机及用户筛选模式,获得了普适性的协同集成方法。

(3) 构筑了普适性运行策略选择图,明确了 FEL 和 FTL 两种运行策略的适用情景;提出了能主动改变系统与用户负荷供需比例的 FOL 优化运行策略。

(4) 研制了中温复合相变材料及实验平台,获得了不同调控参数下的蓄/释能实验数据,建立了普适性相变蓄能热阻模型,揭示了不同调控参数下主动蓄能解耦机制,明确了系统耦合不同蓄能形式的适用情景及节能率提高空间。

9.2　展　　望

本书主要针对分布式冷热电联供系统全工况协同集成与主动调控两方面展开研究。但在集成与调控的本质问题,即系统内部品位耦合方面研究较少。同时,缺乏对耦合可再生能源的系统集成与调控分析。因此,下一步工作中,需进一步探索耦合可再生能源后的系统全工况集成与调控。

在系统集成方面,目前只是以节能率、经济性和碳排放作为系统集成的评价指标,缺乏系统全工况品位耦合的考虑,特别地,目前对可再生能源的品位表达缺乏统一表述。因此,需针对不同的负荷需求特征,进一步研究系统全工况品位耦合。

　　在系统调控方面,本书从运行策略和主动蓄能调控两方面展开研究,但随着分布式冷热电联供系统的网络化,特别是可再生能源的加入,更多可变参数的引入使系统调控变得更加复杂。因此,需进一步研究不同的系统调控方法。

参 考 文 献

[1] 英荷壳牌石油公司. BP 世界能源统计年鉴[R/OL]. [2019-05-30]. https://www. bp. com/zh_cn/china/reports-and-publications/_bp_2019-_. html.

[2] 中国建筑节能协会. 中国建筑能耗研究报告[R/OL]. [2019-05-30]. http://www. cabee. org/site/content/22960. html.

[3] 2018—2024 年中国电力设备市场专项调研及投资方向研究报告[R/OL]. [2019-05-30]. https://www. chyxx. com/research/201711/578689. html.

[4] 金红光, 林汝谋. 能的综合梯级利用与燃气轮机总能系统[M]. 北京: 科学出版社, 2008.

[5] 金红光, 郑丹星, 徐建中. 分布式冷热电联产系统装置及应用[M]. 北京: 中国电力出版社, 2010.

[6] LAITNER J, PARKS W, Schilling J, et al. Federal strategies to increase the implementation of combined heat and power technologies in the United States[R/OL]. [2019-05-30]. https://www. aceee. org/files/proceedings/1999/data/papers/SS99_Panel1_Paper46. pdf.

[7] LEMAR P, HONTON E J. High natural gas prices and the updated market for CHP world energy engineering congress[R/OL]. [2019-05-30]. https://www. semanticscholar. org/paper/High-Natural-Gas-Prices-and-the-Updated-Market-for-Honton-Lemar/024e6dae07a49695111455156b91192e353b5279.

[8] China Energy Conservation Investment Corporation. Market assessment of cogeneration in China [R/OL]. [2019-05-30]. https://www. efchina. org/Attachments/Report/reports-efchina- 20030319-en/Cogen_Report_EN. pdf.

[9] JIMISON J W, ELLIOTT N. Policy update CHP on national legislative agenda[R/OL]. [2019-05-30]. https://leap. unep. org/countries/national-legislation/national-policy-agenda-2017-2022.

[10] REICHER D. CHP roadmap workshop five years into the challenge[R/OL]. [2019-05-30]. https://corpora. tika. apache. org/base/docs/govdocs1/180/180201. pdf.

[11] SMITH M. Fifth annual CHP roadmap workshop [R/OL]. [2019-05-30]. https://www. energy. gov/eere/amo/articles/5th-annual-chp-roadmap-workshop-breakout-group-results-september-2004.

[12] 冉娜. 国内外分布式能源系统发展现状研究[J]. 经济论坛, 2013, 10: 174-176.

[13] WU D W, WANG R Z. Combined cooling, heating and power: A review[J]. Progress in Energy and Combustion Science, 2006, 32(5-6): 459-495.

[14] AL MOUSSAWI H, FARDOUN F, LOUAHLIA-GUALOUS H. Review of tri-generation technologies: Design evaluation, optimization, decision-making, and selection approach[J]. Energy Conversion and Management, 2016, 120: 157-196.

[15] JRADI M, RIFFAT S. Tri-generation systems: Energy policies, prime movers,

cooling technologies, configurations and operation strategies[J]. Renewable & Sustainable Energy Reviews,2014,32: 396-415.

[16] 中华人民共和国国务院.国家中长期教育改革和发展规划纲要(2010—2020 年) [R].北京:中华人民共和国国务院,2010.

[17] HAN J,OUYANG L,XU Y,et al. Current status of distributed energy system in China[J]. Renewable and Sustainable Energy Reviews,2016,55: 288-297.

[18] 廖金.中国华电集团分布式能源系统发展研究[D].北京:华北电力大学,2013.

[19] AL-SULAIMAN F A,HAMDULLAHPUR F, DINCER I. Trigeneration: A comprehensive review based on prime movers[J]. International Journal of Energy Research,2011,35(3): 233-258.

[20] LIU M,SHI Y,FANG F. Combined cooling, heating and power systems: A survey[J]. Renewable and Sustainable Energy Reviews,2014,35: 1-22.

[21] AL MOUSSAWI H,FARDOUN F,LOUAHLIA H. Selection based on differences between cogeneration and trigeneration in various prime mover technologies [J]. Renewable and Sustainable Energy Reviews,2017,74: 491-511.

[22] ZHANG Y,DENG S,NI J,et al. A literature research on feasible application of mixed working fluid in flexible distributed energy system[J]. Energy,2017,137: 377-390.

[23] CHO H,SMITH A D,MAGO P. Combined cooling, heating and power: A review of performance improvement and optimization[J]. Applied Energy,2014, 136: 168-185.

[24] DENG J,WANG R Z,HAN G Y. A review of thermally activated cooling technologies for combined cooling, heating and power systems [J]. Progress in Energy and Combustion Science,2011,37(2): 172-203.

[25] BADAMI M,MURA M,CAMPANILE P,et al. Design and performance evaluation of an innovative small scale combined cycle cogeneration system[J]. Energy,2008,33(8): 1264-1276.

[26] ARTECONI A,BRANDONI C, POLONARA F. Distributed generation and trigeneration: Energy saving opportunities in Italian supermarket sector [J]. Applied Thermal Engineering,2009,29(8-9): 1735-1743.

[27] PARISE J A R,CASTILLO MARTÍNEZ L C,MARQUES R P,et al. A study of the thermodynamic performance and CO_2 emissions of a vapour compression bio-trigeneration system[J]. Applied Thermal Engineering, 2011, 31(8-9): 1411-1420.

[28] CARDONA E,PIACENTINO A. Optimal design of CHCP plants in the civil sector by thermoeconomics[J]. Applied Energy,2007,84(7-8): 729-748.

[29] CARDONA E,PIACENTINO A. A measurement methodology for monitoring a CHCP pilot plant for an office building[J]. Energy and Buildings,2003,35(9):

919-925.

[30] LI S,SUI J,JIN H,et al. Full chain energy performance for a combined cooling, heating and power system running with methanol and solar energy[J]. Applied Energy,2013,112: 673-681.

[31] TEMIR G,BILGE D. Thermoeconomic analysis of a trigeneration system[J]. Applied Thermal Engineering,2004,24(17-18): 2689-2699.

[32] HUANGFU Y,WU J Y,WANG R Z, et al. Evaluation and analysis of novel micro-scale combined cooling,heating and power (MCCHP) system[J]. Energy Conversion and Management,2007,48(5): 1703-1709.

[33] HUANG Y,WANG Y D,Rezvani S, et al. Biomass fuelled trigeneration system in selected buildings[J]. Energy Conversion and Management,2011,52(6): 2448-2454.

[34] FU L,ZHAO X L,ZHANG S G, et al. Laboratory research on combined cooling, heating and power (CCHP) systems[J]. Energy Conversion and Management, 2009,50(4): 977-982.

[35] ANGRISANI G,ROSATO A, ROSELLI C, et al. Experimental results of a micro-trigeneration installation [J]. Applied Thermal Engineering, 2012, 38: 78-90.

[36] LIN L,WANG Y,AL-SHEMMERI T,et al. An experimental investigation of a household size trigeneration[J]. Applied Thermal Engineering, 2007, 27(2-3): 576-585.

[37] CHICCO G. From cogeneration to trigeneration: Profitable alternatives in a competitive market[J]. IEEE Transactions on Energy Conversion, 2006, 21: 265-272.

[38] MAIDMENT G G. Combined cooling heat and power in supermarkets [J]. Applied Thermal Engineering,2002,22: 653-665.

[39] LINDMARK S,MARTIN V,WESTERMARK M. Analysis of heat-driven cooling production coupled to power generation for increased electrical yield [C]. Anaheim,California: ASME International Mechanical Engineering Congress and Exposition,2004.

[40] JIANG R,QIN F G F,YIN H,et al. Thermo-economic assessment and application of CCHP system with dehumidification and hybrid refrigeration[J]. Applied Thermal Engineering,2017,125: 928-936.

[41] GU Q,REN H,GAO W,et al. Integrated assessment of combined cooling heating and power systems under different design and management options for residential buildings in Shanghai[J]. Energy and Buildings,2012,51: 143-152.

[42] CAPSTONE 微型燃气轮机产品系列[EB/OL]. http://Www. Haohaipower. Cn/.

[43] CALVA E T,NÚÑEZ M P, TORAL M a R G. Thermal integration of

trigeneration systems[J]. Applied Thermal Engineering,2005,25(7): 973-984.

[44] HUICOCHEA A,RIVERA W, GUTIÉRREZ-URUETA G, et al. Thermodynamic analysis of a trigeneration system consisting of a micro gas turbine and a double effect absorption chiller[J]. Applied Thermal Engineering,2011,31(16): 3347-3353.

[45] AMERI M,BEHBAHANINIA A,TANHA A A. Thermodynamic analysis of a tri-generation system based on micro-gas turbine with a steam ejector refrigeration system[J]. Energy,2010,35(5): 2203-2209.

[46] MINCIUC E,LE CORRE O, ATHANASOVICI V, et al. Thermodynamic analysis of tri-generation with absorption chilling machine[J]. Applied Thermal Engineering,2003,23(11): 1391-1405.

[47] KHALIQ A. Exergy analysis of gas turbine trigeneration system for combined production of power heat and refrigeration [J]. International Journal of Refrigeration,2009,32(3): 534-545.

[48] KHALIQ A,KUMAR R,DINCER I. Performance analysis of an industrial waste heat-based trigeneration system[J]. International Journal of Energy Research, 2009,33(8): 737-744.

[49] MARTINS L N,FÁBREGA F M,D'ANGELO J V H. Thermodynamic performance investigation of a trigeneration cycle considering the influence of operational variables[J]. Procedia Engineering,2012,42: 1879-1888.

[50] SALEHZADEH A,KHOSHBAKHTI SARAY R, JALALIVAHID D. Investigating the effect of several thermodynamic parameters on exergy destruction in components of a tri-generation cycle[J]. Energy,2013,52: 96-109.

[51] WANG Z,HAN W,ZHANG N,et al. Proposal and assessment of a new CCHP system integrating gas turbine and heat-driven cooling/power cogeneration[J]. Energy Conversion and Management,2017,144: 1-9.

[52] ZHANG N,WANG Z,LIOR N, et al. Advancement of distributed energy methods by a novel high efficiency solar-assisted combined cooling,heating and power system[J]. Applied Energy,2018,219: 179-186.

[53] ZIHER D,POREDOS A. Economics of a trigeneration system in a hospital[J]. Applied Thermal Engineering,2006,26(7): 680-687.

[54] MÍGUEZ J L,MORÁN J C,GRANADA E,et al. Review of technology in small-scale biomass combustion systems in the European market[J]. Renewable and Sustainable Energy Reviews,2012,16(6): 3867-3875.

[55] EBRAHIMI M,KESHAVARZ A,JAMALI A. Energy and exergy analyses of a micro-steam CCHP cycle for a residential building[J]. Energy and Buildings, 2012,45: 202-210.

[56] HUANG Y,WANG Y D,REZVANI S,et al. A techno-economic assessment of biomass fuelled trigeneration system integrated with organic Rankine cycle[J].

Applied Thermal Engineering,2013,53(2): 325-331.

[57] WANG J,YAN Z,WANG M,et al. Parametric analysis and optimization of a building cooling heating power system driven by solar energy based on organic working fluid[J]. International Journal of Energy Research, 2013, 37 (12): 1465-1474.

[58] SAITO M,YOSHIDA H, IWAMOTO Y, et al. An analysis of a micro cogeneration system composed of solid oxide fuel cell,microturbine,and $H_2O/$ LiBr absorption refrigerator[J]. Journal of Thermal Science and Technology, 2007,2(2): 168-179.

[59] AL-SULAIMAN F A,DINCER I,HAMDULLAHPUR F. Energy analysis of a trigeneration plant based on solid oxide fuel cell and organic Rankine cycle[J]. International Journal of Hydrogen Energy,2010,35(10): 5104-5113.

[60] JING R,WANG M,BRANDON N,et al. Multi-criteria evaluation of solid oxide fuel cell based combined cooling heating and power (SOFC-CCHP) applications for public buildings in China[J]. Energy,2017,141: 273-289.

[61] KANG L,YANG J,AN Q,et al. Complementary configuration and performance comparison of CCHP-ORC system with a ground source heat pump under three energy management modes[J]. Energy Conversion and Management,2017,135: 244-255.

[62] MOHAMMADKHANI N,SEDIGHIZADEH M, ESMAILI M. Energy and emission management of CCHPs with electric and thermal energy storage and electric vehicle[J]. Thermal Science and Engineering Progress,2018,8: 494-508.

[63] LUO Z,WU Z,LI Z,et al. A two-stage optimization and control for CCHP microgrid energy management[J]. Applied Thermal Engineering, 2017, 125: 513-522.

[64] KHAN M M A,SAIDUR R,AL-SULAIMAN F A. A review for phase change materials (PCMs) in solar absorption refrigeration systems[J]. Renewable and Sustainable Energy Reviews,2017,76: 105-137.

[65] WANG J,XIE X,LU Y,et al. Thermodynamic performance analysis and comparison of a combined cooling heating and power system integrated with two types of thermal energy storage[J]. Applied Energy,2018,219: 114-122.

[66] QU S,MA F,GE X,et al. The contribution of thermal energy storage to the energy efficiency of combined cooling,heating and power systems[J]. Procedia Engineering,2016,146: 83-88.

[67] JIANG X Z,ZENG G,LI M,et al. Evaluation of combined cooling,heating and power (CCHP) systems with energy storage units at different locations[J]. Applied Thermal Engineering,2016,95: 204-210.

[68] KHAN K H,RASUL M G,KHAN M M K. Energy conservation in buildings:

cogeneration and cogeneration coupled with thermal energy storage[J]. Applied Energy,2004,77(1): 15-34.

[69] LIU W,CHEN G,YAN B,et al. Hourly operation strategy of a CCHP system with GSHP and thermal energy storage (TES) under variable loads: A case study[J]. Energy and Buildings,2015,93: 143-153.

[70] BRAHMAN F,HONARMAND M,JADID S. Optimal electrical and thermal energy management of a residential energy hub,integrating demand response and energy storage system[J]. Energy and Buildings,2015,90: 65-75.

[71] WANG X,YANG C,HUANG M,et al. Off-design performances of gas turbine-based CCHP combined with solar and compressed air energy storage with organic Rankine cycle[J]. Energy Conversion and Management,2018,156: 626-638.

[72] CARDONA E,PIACENTINO A. A methodology for sizing a trigeneration plant in mediterranean areas [J]. Applied Thermal Engineering, 2003, 23 (13): 1665-1680.

[73] MARTÍNEZ-LERA S,BALLESTER J. A novel method for the design of CHCP (combined heat, cooling and power) systems for buildings [J]. Energy, 2010, 35(7): 2972-2984.

[74] ORTIGA J,BRUNO J C,CORONAS A. Selection of typical days for the characterisation of energy demand in cogeneration and trigeneration optimisation models for buildings[J]. Energy Conversion and Management,2011,52(4): 1934-1942.

[75] SEPEHR SANAYE N K. Simultaneous use of MRM (maximum rectangle method) and optimization methods in determining nominal capacity of gas engines in CCHP (combined cooling,heating and power) systems[J]. Energy,2014,72: 145-158.

[76] EBRAHIMI M,KESHAVARZ A. Combined cooling, heating and power: decisionmaking,design and optimization[M]. Amsterdam: Elsevier,2014.

[77] PIACENTINO A,GALLEA R, CARDONA F, et al. Optimization of trigeneration systems by Mathematical Programming: Influence of plant scheme and boundary conditions[J]. Energy Conversion and Management,2015,104: 100-114.

[78] BUORO D,PINAMONTI P,REINI M. Optimization of a distributed cogeneration system with solar district heating[J]. Applied Energy,2014,124: 298-308.

[79] GHAEBI H,SAIDI M H, AHMADI P. Exergoeconomic optimization of a trigeneration system for heating,cooling and power production purpose based on TRR method and using evolutionary algorithm[J]. Applied Thermal Engineering, 2012,36: 113-125.

[80] STOPPATO A,BENATO A,DESTRO N,et al. A model for the optimal design and management of a cogeneration system with energy storage[J]. Energy and

　　　　Buildings,2016,124：241-247.

[81]　中华人民共和国建设部.办公建筑设计规范[M].北京：中国建筑工业出版社,2007.

[82]　MEDRANO M,BROUWER J,MCDONELL V,et al. Integration of distributed generation systems into generic types of commercial buildings in California[J]. Energy and Buildings,2008,40(4)：537-548.

[83]　MAGO P J,SMITH A D. Evaluation of the potential emissions reductions from the use of CHP systems in different commercial buildings[J]. Building and Environment,2012,53：74-82.

[84]　WU Q,REN H,ZHOU J,et al. Feasibility and potential assessment of BCHP systems for commercial buildings in Shanghai[J]. Energy Procedia,2016,104：251-256.

[85]　JIANG J,GAO W,GAO Y,et al. Performance analysis of CCHP system for university campus in North China[J]. Procedia - Social and Behavioral Sciences,2016,216：361-372.

[86]　WANG J,SUI J,JIN H. An improved operation strategy of combined cooling heating and power system following electrical load[J]. Energy,2015,85：654-666.

[87]　LI M,MU H,LI H. Analysis and assessments of combined cooling,heating and power systems in various operation modes for a building in China,Dalian[J]. Energies,2013,6(5)：2446-2467.

[88]　LI M,MU H,LI N,et al. Optimal option of natural-gas district distributed energy systems for various buildings[J]. Energy and Buildings,2014,75：70-83.

[89]　MAGO P J,FUMO N,CHAMRA L M. Performance analysis of CCHP and CHP systems operating following the thermal and electric load[J]. International Journal of Energy Research,2009,33(9)：852-864.

[90]　CHO H,MAGO P J,LUCK R,et al. Evaluation of CCHP systems performance based on operational cost, primary energy consumption, and carbon dioxide emission by utilizing an optimal operation scheme[J]. Applied Energy,2009,86(12)：2540-2549.

[91]　YANG G,ZHENG C Y,ZHAI X Q. Influence analysis of building energy demands on the optimal design and performance of CCHP system by using statistical analysis[J]. Energy and Buildings,2017,153：297-316.

[92]　TEYMOURIHAMZEHKOLAEI F, SATTARI S. Technical and economic feasibility study of using Micro CHP in the different climate zones of Iran[J]. Energy,2011,36(8)：4790-4798.

[93]　EBRAHIMI M,KESHAVARZ A. Sizing the prime mover of a residential micro-combined cooling heating and power (CCHP) system by multi-criteria sizing

method for different climates[J]. Energy,2013,54: 291-301.

[94] WU Q,REN H,GAO W,et al. Multi-criteria assessment of combined cooling, heating and power systems located in different regions in Japan[J]. Applied Thermal Engineering,2014,73(1): 660-670.

[95] FONG K F,LEE C K. Investigation of climatic effect on energy performance of trigeneration in building application[J]. Applied Thermal Engineering,2017,127: 409-420.

[96] PAGLIARINI G,RAINIERI S,VOCALE P. Energy efficiency of existing buildings: optimization of building cooling,heating and power (BCHP) systems [J]. Energy & Environment,2014,25: 1423-1438.

[97] WANG J J,ZHANG C F,JING Y Y. Multi-criteria analysis of combined cooling, heating and power systems in different climate zones in China[J]. Applied Energy,2010,87(4): 1247-1259.

[98] ZHENG C Y,WU J Y,ZHAI X Q,et al. Impacts of feed-in tariff policies on design and performance of CCHP system in different climate zones[J]. Applied Energy,2016,175: 168-179.

[99] WU Q,REN H,GAO W,et al. Multi-criteria assessment of building combined heat and power systems located in different climate zones: Japan-China comparison[J]. Energy,2016,103: 502-512.

[100] REN H,ZHOU W,GAO W. Optimal option of distributed energy systems for building complexes in different climate zones in China[J]. Applied Energy, 2012,91(1): 156-165.

[101] 陈晓利,吴少华.燃气轮机调节方式对 IGCC 系统变工况性能的影响[J].燃气轮机技术,2011,24(1): 1-6.

[102] HAN W,CHEN Q,LIN R M,et al. Assessment of off-design performance of a small-scale combined cooling and power system using an alternative operating strategy for gas turbine[J]. Applied Energy,2015,138: 160-168.

[103] WANG Z,HAN W,ZHANG N,et al. Effect of an alternative operating strategy for gas turbine on a combined cooling heating and power system[J]. Applied Energy,2017,205: 163-172.

[104] MAGO P J,CHAMRA L M. Analysis and optimization of CCHP systems based on energy, economical, and environmental considerations [J]. Energy and Buildings,2009,41(10): 1099-1106.

[105] MAGO P J,HUEFFED A K. Evaluation of a turbine driven CCHP system for large office buildings under different operating strategies [J]. Energy and Buildings,2010,42: 1628-1636.

[106] YANG G,ZHAI X. Optimization and performance analysis of solar hybrid CCHP systems under different operation strategies [J]. Applied Thermal

Engineering,2018,133: 327-340.

[107] WANG Z,HAN W,ZHANG N,et al. Analysis of inlet air throttling operation method for gas turbine in performance of CCHP system under different operation strategies [J]. Energy Conversion and Management, 2018, 171: 298-306.

[108] JALALZADEH-AZAR A A. A comparison of electrical- And thermal-load-following CHP systems[J]. ASHRAE Transactions,2004,110: 85-94.

[109] TENG X G,CHEN Y L,SHI W X. A simple method to determine the optimal gas turbine capacity andoperating strategy in building cooling,heating and power system[J]. Energy and Buildings,2014,80: 623-630.

[110] LIU M,SHI Y,FANG F. A new operation strategy for CCHP systems with hybrid chillers[J]. Applied Energy,2012,95: 164 173.

[111] MAGO P J,CHAMRA L M,RAMSAY J. Micro-combined cooling,heating and power systems hybrid electric-thermal load following operation[J]. Applied Thermal Engineering,2010,30(8-9): 800-806.

[112] FANG F,WANG Q H,SHI Y. A novel optimal operational strategy for the CCHP system based on two operating modes[J]. IEEE Transactions on Power Systems,2012,27(2): 1032-1041.

[113] CARDONA E,SANNINO P,PIACENTINO A,et al. Energy saving in airports by trigeneration. Part Ⅱ: Short and long term planning for the Malpensa 2000 CHCP plant[J]. Applied Thermal Engineering,2006,26(14-15): 1437-1447.

[114] FUMO N,CHAMRA L M. Analysis of combined cooling,heating,and power systems based on source primary energy consumption[J]. Applied Energy, 2010,87(6): 2023-2030.

[115] ZHENG C Y,WU J Y,ZHAI X Q. A novel operation strategy for CCHP systems based on minimum distance[J]. Applied Energy,2014,128: 325-335.

[116] AFZALI S F,MAHALEC V. Novel performance curves to determine optimal operation of CCHP systems[J]. Applied Energy,2018,226: 1009-1036.

[117] HAESELDONCKX D,D'HAESELEER W. The environmental impact of decentralised generation in an overall system context [J]. Renewable and Sustainable Energy Reviews,2008,12(2): 437-454.

[118] HAESELDONCKX D,PEETERS L,HELSEN L,et al. The impact of thermal storage on the operational behaviour of residential CHP facilities and the overall CO_2 emissions[J]. Renewable and Sustainable Energy Reviews,2007,11(6): 1227-1243.

[119] ZHENG C Y,WU J Y,ZHAI X Q,et al. A novel thermal storage strategy for CCHP system based on energy demands and state of storage tank [J]. International Journal of Electrical Power & Energy Systems,2017,85: 117-129.

[120] VERDA V,COLELLA F. Primary energy savings through thermal storage in district heating networks[J]. Energy,2011,36(7): 4278-4286.

[121] WANG S,MA Z. Supervisory and optimal control of building HVAC systems: A review[J]. HVAC & R Research,2008,14(1): 3-32.

[122] HENZE G P,BIFFAR B,KOHN D,et al. Optimal design and operation of a thermal storage system for a chilled water plant serving pharmaceutical buildings[J]. Energy and Buildings,2008,40(6): 1004-1019.

[123] SMITH A D,MAGO P J,FUMO N. Benefits of thermal energy storage option combined with CHP system for different commercial building types [J]. Sustainable Energy Technologies and Assessments,2013,1: 3-12.

[124] WANG L,LU J,WANG W,et al. Feasibility analysis of CCHP system with thermal energy storage driven by micro turbine[J]. Energy Procedia,2017,105: 2396-2402.

[125] 中华人民共和国国家质量监督检验检疫总局,中国国家标准化管理委员会. GB 50189-2015[S]. 公共建筑节能设计标准. 北京: 中国建筑工业出版社,2015.

[126] 中国建筑科学研究院. 民用建筑设计通则[M]. 北京: 中国建筑工业出版社,2018.

[127] SMITH A D,MAGO P J. Effects of load-following operational methods on combined heat and power system efficiency[J]. Applied Energy,2014,115: 337-351.

[128] PAGLIARINI G,RAINIERI S,VOCALE P. Energy efficiency of existing buildings: optimization of building cooling,heating and power (BCHP) systems [J]. Energy & Environment,2014,25(8): 1423-1438.

[129] PAGLIARINI G,RAINIERI S. Modeling of a thermal energy storage system coupled with combined heat and power generation for the heating requirements of a university campus [J]. Applied Thermal Engineering, 2010, 30 (10): 1255-1261.

[130] ZHANG N,CAI R X. Analytical solutions and typical characteristics of part-load performances of single shaft gas turbine and its cogeneration[J]. Energy Conversion and Management,2002,43: 1323-1337.

[131] WANG W,CAI R X,ZHANG N. General characteristics of single shaft microturbine set at variable speed operation and its optimization[J]. Applied Thermal Engineering, 2004,24(13): 1851-1863.

[132] Catalog of CHP technologies,U. S. Environmental Protection Agency[R/OL]. 2017. https://www. epa. gov/sites/production/files/201507/documents/catalog _of_chp_technologies. pdf.

[133] CARLES B J,VALERO A,CORONAS A. Performance analysis of combined microgas turbines and gas fired water/LiBr absorption chillers with post-combustion[J]. Applied Thermal Engineering,2005,25(1): 87-99.

[134] LI M,JIANG X Z,ZHENG D,et al. Thermodynamic boundaries of energy saving in conventional CCHP (Combined Cooling,Heating and Power) systems [J]. Energy,2016,94: 243-249.

[135] LIN P,WANG R Z,XIA Z Z. Numerical investigation of a two-stage air-cooled absorption refrigeration system for solar cooling: Cycle analysis and absorption cooling performances[J]. Renewable Energy,2011,36(5): 1401-1412.

[136] CHEN Q,HAN W,ZHENG J J,et al. The exergy and energy level analysis of a combined cooling,heating and power system driven by a small scale gas turbine at off design condition [J]. Applied Thermal Engineering, 2014, 66 (1-2): 590-602.

[137] 中华人民共和国国家质量监督检验检疫总局,中国国家标准化管理委员会. GB/T 33757.1-201[S].分布式冷热电能源系统的节能率 第 1 部分:化石能源驱动系统. 北京:中国标准出版社,2017.

[138] ROSATO S S,GIOVANNI C. Dynamic performance assessment of a building-integratedcogeneration system for an Italian residential application[J]. Energy and Buildings,2013,64: 343-358.

[139] ZHANG J,CAO S,YU L,et al. Comparison of combined cooling, heating and power (CCHP) systems with different cooling modes based on energetic, environmental and economic criteria[J]. Energy Conversion and Management, 2018,160: 60-73.

[140] SHARMA R K,GANESAN P,TYAGI V V, et al. Developments in organic solid-liquid phase change materials and their applications in thermal energy storage[J]. Energy Conversion and Management,2015,95: 193-228.

[141] HUANG X,CHEN X,LI A,et al. Shape-stabilized phase change materials based on porous supports for thermal energy storage applications[J]. Chemical Engineering Journal,2019,356: 641-661.

[142] KNYAZEV A V,EMEL'YANENKO V N, Shipilova A S, et al. Thermodynamic properties of myo-inositol[J]. The Journal of Chemical Thermodynamics,2018,116: 76-84.

[143] PALOMO DEL BARRIO E,CADORET R, DARANLOT J, et al. New sugar alcohols mixtures for long-term thermal energy storage applications at temperatures between 70℃ and 100℃ [J]. Solar Energy Materials and Solar Cells,2016,155: 454-468.

[144] SINGH D K,SURESH S,SINGH H. Graphene nanoplatelets enhanced myo-inositol for solar thermal energy storage[J]. Thermal Science and Engineering Progress,2017,2: 1-7.

[145] SINGH D K,SURESH S,SINGH H,et al. Myo-inositol based nano-PCM for solar thermal energy storage[J]. Applied Thermal Engineering, 2017, 110: 564-572.

[146] AHMET K K. Thermal performance of palmitic acid as a phase change energy storage material[J]. Energy Conversion and Management,2002,43: 863-876.

[147] ISMAIL J R. Solidication of pcm inside a spherical capsule [J]. Energy Conversion and Management,2000,41: 173-187.

在学期间发表的学术论文与研究成果

发表的学术论文

[1] FENG L J,JIANG X Z,CHEN J,et al. Time-based category of combined cooling, heating and power (CCHP) users and energy matching regimes[J]. Applied Thermal Engineering,2017,127：266-274.(SCI 收录,检索号 FK6IW)

[2] FENG L J,DAI X Y,MO J R,et al, Analysis of energy matching performance between CCHP systems and users based on different operation strategies[J]. Energy Conversion and Management, 2019, 182：60-71.(SCI 收录,检索号 HK8GP)

[3] FENG L J,DAI X Y,MO J R,et al. Comparison of capacity design modes and operation strategies and calculation of thermodynamic boundaries of energy-saving for CCHP systems in different energy supply scenarios[J]. Energy Conversion and Management,2019,188：296-309.(SCI 收录,检索号 IB1US)

[4] FENG L J,DAI X Y,MO J R,et al. Performance assessment of CCHP systems with different cooling supply modes and operation strategies [J]. Energy Conversion and Management,2019,192：188-201.(SCI 收录,检索号 IC6LL)

[5] FENG L J,DAI X Y, MO J R,et al, Analysis of simplified CCHP users and energy-matching relations between system provision and user demands[J]. Applied Thermal Engineering,2019,152：532-542.(SCI 收录,检索号 HU1VA)

[6] FENG L J,DAI X Y,MO J R,et al. Analysis of energy-matching performance and suitable users of conventional CCHP systems coupled with different energy storage systems[J]. Energy Conversion and Management,2019,200：112093(SCI 收录,检索号 JL4SQ)

[7] FENG L J,DAI X Y,MO J R,et al,Feasibility analysis of the operation strategies for combined cooling,heating and power systems (CCHP) based on the energy-matching regime[J]. Journal of Thermal Science,2020,29：1149-1164(SCI 收录,检索号 NMIUJ)

[8] FENG L J,ZHENG D X,CHEN J, et al, Exploration and Analysis of CO_2 + Hydrocarbons Mixtures as Working Fluids for Trans-critical ORC[J]. Energy Procedia,2017,129：145-151.(EI 收录,检索号 20173904209365)

[9]　**冯乐军**,郑丹星,陈静,等.CO_2＋DME 跨临界吸收式动力循环热转换机理[J].工程热物理学报,2019,40：968-973.(EI 收录,检索号 20193207280946)

[10]　**冯乐军**,陈静,马跃征,等.CCHP 系统用户负荷特征普适性分析[J].工程热物理学报,2019,40：31-37.(EI 收录,检索号 20194307591522)

[11]　**FENG L J**,ZHENG D X,CHEN J, et al. Exploration and Analysis of CO_2 ＋ Hydrocarbons Mixtures as Working Fluids for Trans-critical ORC[C]. Mialno: 4th International Organic Ranking Cycle Conference,2017.

[12]　**冯乐军**,郑丹星,陈静,等.CO_2＋DME 跨临界吸收式动力循环热转换机理[C].广州：中国工程热物理年会热力学分会,2016.

[13]　**冯乐军**,陈静,马跃征,等.CCHP 系统用户负荷特征普适性分析[C].宁波：中国工程热物理年会热力学分会,2017.

[14]　**冯乐军**,莫俊荣,史琳.用户负荷特征参数对分布式系统节能性的影响规律研究[C].大连：中国工程热物理年会热力学分会,2018.

[15]　JIANG X Z,WANG X Y,FENG L J, et al. Adapted computational method of energy level and energy quality evolution for combined cooling,heating and power systems with energy storage units[J]. Energy,2017,120：209-216.(SCI 收录,检索号 EN4BQ)

[16]　HUANG W J,ZHENG D X,XIA C X, et al. Affinity regulation of the NH_3 ＋ H_2O system by ionic liquids with molecular interaction analysis[J]. Physical Chemistry Chemical Physics,2017,19：16242-16250.(SCI 收录,检索号 EY4RP)

研 究 成 果

[1]　**冯乐军**,莫俊荣,戴晓业,等.一种全天候废弃制冷剂光热协同降解系统：CN10996691A[P].2019-07-05.(中国专利公开号)

[2]　戴晓业,陈忠梁,**冯乐军**,等.一种废弃制冷剂光热催化降解设备：CN10996699A. 2019-07-05.(中国专利公开号)

[3]　史琳,马跃征,**冯乐军**,等.一种动力驱动两相环路主动调控式蓄能释能系统与方法：CN107024127A.2017-08-08.(中国专利公开号)

[4]　史琳,马跃征,陈静,等.一种主动式两相环路与相变蓄热复合的热控系统：CN106954373A.2017-07-14.(中国专利公开号)

致　　谢

　　时光飞逝，在这三年半的博士学习阶段，我非常感谢史琳老师的指导、帮助与支持。史老师的大局观及严谨的学术态度将我引向正确的科研道路，引领我不断前行。史老师不管有多忙，都会抽出时间来帮助我解决科研与生活中遇到的问题。在科研上的困惑、困难和困境，史老师都不厌其烦地给予我启发与帮助，给了我强有力的支持与信任。在生活上的迷惑与迷茫，史老师都会无微不至地关心和关爱，同时也向我分享了很多人生经验，这将是我人生履历中宝贵的财富。

　　同时，也要感谢郑丹星教授，郑老师是我的科研启蒙老师，手把手带我进入科研之路。即使已毕业，郑老师都会在生活和科研上给予我无私的支持与指导。郑老师投身科研工作的忘我精神让我深刻体会到敬业奉献的含义，也激励着我努力提高自己的"热力学完善度"。

　　在论文截稿之际，我的学生生涯也将画上句号，感谢史老师和郑老师两位老师无私的帮助、支持与鼓励，是你们给了我做学术的机会与平台，你们是我人生中的贵人，心中的感激难以用语言描述，学生此生难忘。

　　此外，也要感谢课题组的师弟师妹们，虽然大家来自五湖四海，年龄各有差异，但在科研和生活上都能"融会贯通"、互助互爱。特别感谢师妹陈静、张元雪，师弟张文壮、金玉龙和莫俊荣，作为分布式小组的一员，很荣幸与你们一起并肩作战，你们的帮助与支持坚定了我深入系统分析的信心与决心。感谢姜曦灼师姐在我科研困惑和写文章之际给予的关心与帮助。感谢李辉老师、王东泽老师、连师傅、马跃征师兄在搭建蓄能实验台时给予我的无私帮助。同时感谢陈静、韩云超、田冉的陪伴，你们的欢声笑语让我的博士生涯不再枯燥与寂寞，与你们建立的深厚友谊是上天给予的惊喜。此外也要感谢翟慧星、常思远、许强辉、戴晓业等师兄师姐的关心与帮助，感谢黄超、王大彪、李赫、杨君宇、杜晓杰、刘志颖、陈忠梁、许云婷等同学的帮助。

　　感谢家人一直以来无私的鼓励、支持与关心，让我能够在求学道路上一直前行。感谢女朋友楚家玉的理解与鼓励,让我的学术和生活之路不再孤单。最后也要感谢挚友裴建军、曾克成、黄维佳的帮助与陪伴。

本课题承蒙国家重点研发计划(2016YFB0901405)和国家自然科学基金创新研究群体(No.51621062,No.51321002)的资助,特此致谢。